Oberstufe

Chemie-KOMPAKT

STARK

Umschlagbild: © RomoloTavani / iStockphoto

www.stark-verlag.de

Inhalt

Chemische Thermodynamik

Reaktionskinetik und chemisches Gleichgewicht

Redoxreaktionen und Elektrochemie

Kohlenwasserstoffe – zwei Elemente, viele Verbindungen

Sauerstoff und Stickstoff in organischen Molekülen

Aromatische Verbindungen – Benzol und seine Verwandten

Naturstoffe – Baupläne der Biomoleküle

Kunststoffe, Farbstoffe und waschaktive Stoffe

Autoren: Gerald Kiefer, Steffen Schäfer

Hinweis:
Die entsprechend gekennzeichneten Kapitel enthalten ein **Lernvideo**. An den jeweiligen Stellen im Buch befindet sich ein QR-Code, den Sie mithilfe Ihres Smartphones oder Tablets scannen können.
Im Hinblick auf eine eventuelle Begrenzung des Datenvolumens wird empfohlen, dass Sie sich beim Ansehen der Videos im WLAN befinden. Haben Sie keine Möglichkeit, den QR-Code zu scannen, finden Sie die Lernvideos auch unter:
https://www.stark-verlag.de/qrcode/lernvideos_947309v

Vorwort

Liebe Schülerin, lieber Schüler,

dieser Band bietet Ihnen eine komprimierte, gleichzeitig vollständige und leicht nachvollziehbare Darstellung des **prüfungsrelevanten Unterrichtsstoffes** der Chemie. Das Buch eignet sich daher sowohl ausgezeichnet für den Schulalltag, parallel zu Ihren persönlichen Aufzeichnungen, als auch zur effektiven Vorbereitung auf Klausuren und das Abitur.

- Alle relevanten Fakten und Zusammenhänge stehen Ihnen damit **schnell und übersichtlich** zur Verfügung.
- Wichtige **Fachbegriffe** sind **farbig** hervorgehoben.
- Die Inhalte werden durch zahlreiche verständliche und schnell erfassbare **Grafiken, Diagramme und Schemata** veranschaulicht.
- Das **umfangreiche Stichwortverzeichnis** ermöglicht Ihnen die gezielte Suche nach bestimmten Begriffen und Inhalten.
- **Querverweise** erleichtern das Auffinden von themenübergreifenden und vertiefenden Darstellungen.

Zu ausgewählten Themen gibt es **Lernvideos**, in denen wichtige chemische Zusammenhänge dargestellt werden. An den entsprechenden Stellen im Buch befindet sich ein QR-Code, den Sie mithilfe Ihres Smartphones oder Tablets scannen können.

Eine Zusammenstellung aller Videos ist über den nebenstehenden QR-Code abrufbar.

Wir wünschen Ihnen viel Freude und Erfolg bei der Arbeit mit diesem Buch und bei der Anwendung Ihres Wissens in allen Prüfungen.

Gerald Kiefer

Steffen Schäfer

Chemische Thermodynamik

1 Energieumwandlung bei chemischen Reaktionen

Neben der Stoffumwandlung ist die Energieumwandlung ein Merkmal der chemischen Reaktion. Die mit Wärmeerscheinungen verbundenen energetischen Effekte chemischer Reaktionen sind Untersuchungsgegenstand der chemischen Thermodynamik.

1.1 Formen der Energieumwandlung

Nach dem **Energieerhaltungssatz** kann Energie weder vernichtet noch erzeugt werden; es ist nur die **Umwandlung** verschiedener **Energieformen** untereinander möglich. Bei chemischen Reaktionen ist die Umwandlung von chemischer Energie in thermische, mechanische, elektrische und Lichtenergie möglich. Neben der Energieumwandlung kann auch der **Energietransport** bei chemischen Reaktionen eine Rolle spielen. Die Erfassung energetischer Veränderungen bei chemischen Reaktionen setzt Messungen voraus:

- Temperaturmessungen lassen Aussagen über Wärmeerscheinungen zu.
- Spannungs- und Stromstärkemessungen geben Aufschluss über elektrische Energie bei chemischen Reaktionen.
- Volumenmessungen sind für die Beurteilung mechanischer Energie notwendig.

Für die Erfassung insbesondere thermischer Effekte ist die Durchführung der Messungen in einem **isolierten System** notwendig. Man unterscheidet offene, geschlossene und isolierte Systeme, die sich in ihren Möglichkeiten des Energie- und Materieaustausches mit der Umgebung unterscheiden.

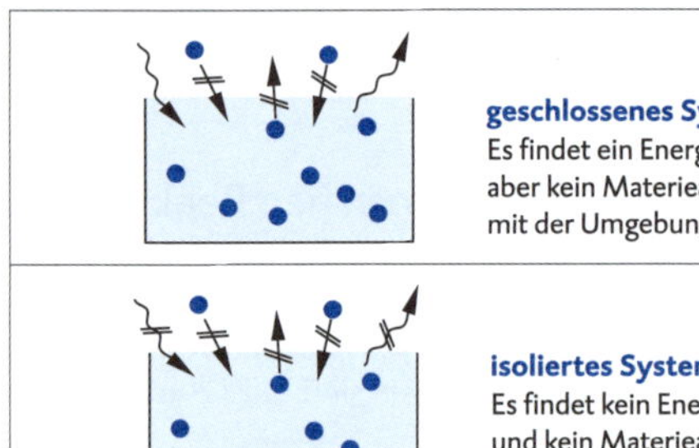

1.2 Von der inneren Energie zum Ersten Hauptsatz der Thermodynamik

Die innere Energie *U* kann vereinfacht als die Gesamtenergie eines Systems bezeichnet werden. Ihr Wert wird durch die Summe der kinetischen und potenziellen Energie aller im System enthaltenen Teilchen bestimmt. In die **Innere Energie *U*** fließt u. a. ein:

- Rotations- und Schwingungsenergie der Atome bzw. Moleküle,
- Bindungsenergie im Molekül,
- die den Atomkernen innewohnende Energie.

Die Messung dieser extensiven Größe ist nicht möglich; es ist aber möglich, die Änderung der inneren Energie zu bestimmen, wenn das System bei einer chemischen Reaktion Arbeit *W* oder Wärme *Q* mit seiner Umgebung austauscht:

$$\Delta U = Q + W$$

Gibt ein System bei einer chemischen Reaktion Wärme ab bzw. verrichtet Arbeit (siehe S. 5), so ist die innere Energie der Reaktionsprodukte **geringer** als die innere Energie der Ausgangsstoffe. Ein Teil der inneren Energie ist in thermische und/oder mechanische Energie umgewandelt worden. Umgekehrt kann zugeführte Wärme oder Arbeit auch in innere Energie der Stoffe umgewandelt werden; dann ist die innere Energie der Reaktionsprodukte **höher** als die innere Energie der Ausgangsstoffe.

Diese Energieumwandlungen folgen streng dem **1. Hauptsatz der Thermodynamik:**

Energie kann weder gewonnen werden noch verloren gehen; Energieformen können nur ineinander umgewandelt werden.

Ein System, das Arbeit leistet, verringert stets seine innere Energie. Deshalb gilt auch die folgende Formulierung des 1. Hauptsatzes: Es gibt kein Perpetuum mobile erster Art. Dieser Hauptsatz stellt eine Erweiterung des Energieerhaltungssatzes der klassischen Mechanik dar; in diesem wird das Phänomen der Wärme nicht berücksichtigt.

1.3 Arbeit und Wärme – Reaktionsenergie und Reaktionsenthalpie

Bei allen chemischen Reaktionen findet eine Abgabe oder Aufnahme von Wärme statt.

Bei einer **exothermen Reaktion** wird Wärme an die Umgebung abgegeben, bei einer **endothermen Reaktion** wird Wärme aus der Umgebung aufgenommen.

Unter **isochorer** Prozessführung (Reaktion unter konstantem Volumen) kommt es nur zu einer Umwandlung von innerer Energie in Wärme (oder umgekehrt). Die Umwandlung eines Teils der inneren Energie in Arbeit (oder umgekehrt) findet nur bei **isobarer** Prozessführung (Reaktion unter konstantem Druck) statt.

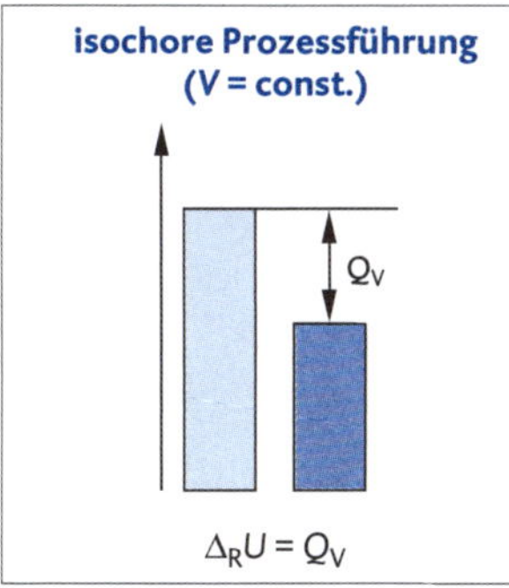

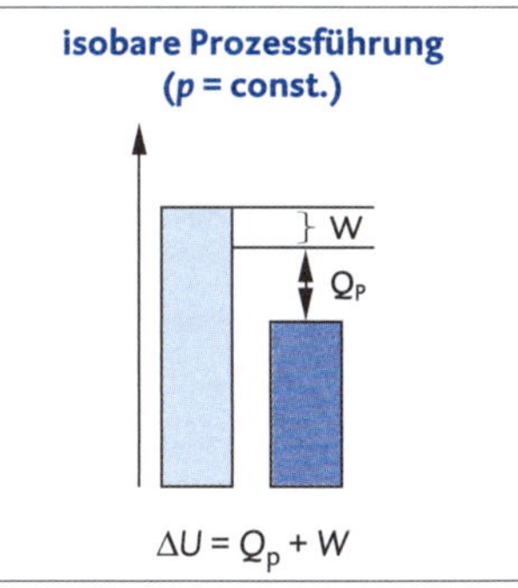

Die unter isochoren Bedingungen freiwerdende oder aufgewandte Wärmeenergie Q_V wird als **Reaktionsenergie $\Delta_R U$** bezeichnet. Die unter isobaren Bedingungen freiwerdende oder aufgewandte Wärmeenergie Q_P wird als **Reaktionsenthalpie $\Delta_R H$** bezeichnet.

Oftmals finden chemische Reaktionen unter konstantem Druck statt. Somit tritt neben der Reaktionsenthalpie bei einer Vielzahl chemischer Reaktionen die **Volumenarbeit** als Energieform auf:

$$\Delta_R U = \Delta_R H + W_m$$

Beispiele dafür sind die Bildung von Wasserstoff bei der Reaktion von unedlen Metallen mit verdünnten Säurelösungen oder die Zersetzung von Carbonaten durch Säuren, wobei das Gas Kohlenstoffdioxid freigesetzt wird.

Großbuchstaben (z. B. *H*: molare Enthalpie) werden für molare Größen verwendet. Die molare Reaktionsenergie ($\Delta_R U$), molare Reaktionsenthalpie ($\Delta_R H$) und molare Volumenarbeit W_m erhalten die Einheit kJ je mol ($kJ \cdot mol^{-1}$). Die Bezeichnung „je mol“ bezieht sich auf den Formelumsatz. Wird z. B. für die Knallgasreaktion

$$2\,H_2 + O_2 \longrightarrow 2\,H_2O$$

eine molare Reaktionsenthalpie von $\Delta_R H = -484\ kJ \cdot mol^{-1}$ angegeben, so bezieht sich diese Angabe auf die Bildung von 2 mol Wasser. Kleinbuchstaben stehen für die extensiven Größen Reaktionsenergie ($\Delta_R u$) und Reaktionsenthalpie ($\Delta_R h$). Bei der Volumenarbeit *W* wird der Index m für die molare Größe weggelassen. Die Umrechnung der Reaktionsenthalpie, der Reaktionsenergie und der Volumenarbeit in die entsprechenden molaren Größen erfolgt nach den Gleichungen:

$$\Delta_R H = \frac{\Delta_R h}{n} \qquad \Delta_R U = \frac{\Delta_R u}{n} \qquad \Delta W_m = \frac{W}{n}$$

2 Experimentelle Ermittlung und Berechnung der Volumenarbeit

Unterscheiden sich die Volumina der Ausgangsstoffe und Reaktionsprodukte voneinander, so wird Volumenarbeit geleistet bzw. in das System hineingesteckt: $w \neq 0$.
Dies gilt, wenn
- Gase an der Reaktion beteiligt sind und
- sich die Stoffmengen der gasförmigen Ausgangsstoffe und Reaktionsprodukte unterscheiden: $\Delta n \neq 0$.

Geringe Volumenveränderungen bei chemischen Reaktionen ohne Beteiligung von Gasen sind vernachlässigbar.

Die Berechnung der Volumenarbeit erfolgt nach der Gleichung:

$$W = -p \cdot \Delta V$$

Für die molare Volumenarbeit gilt entsprechend:

$$W_m = -p \cdot \Delta V_m$$

Unter Laborbedingungen können mit Kolbenprobern Volumenveränderungen bei einer chemischen Reaktion bestimmt werden. Nach Messung des Druckes kann die Volumenarbeit berechnet werden. Für die Umrechnung der Einheiten gilt: 1 hPa · L = 1 J. Nimmt das Volumen bei einer chemischen Reaktion ab ($\Delta V < 0$), wird Volumenarbeit in das System gesteckt ($w > 0$). Bei steigendem Volumen wird vom System Volumenarbeit geleistet ($w < 0$). Bei **Explosionen** finden Reaktionen unter starker Volumenzunahme und mit hoher Geschwindigkeit statt. Eine Besonderheit stellt die **Wärmeexplosion** dar, wie sie z. B. bei der Knallgasreaktion

$$2\,H_2\,(g) + O_2\,(g) \longrightarrow 2\,H_2O\,(g)$$

auftritt. Obwohl das Volumen laut Reaktionsgleichung abnimmt, tritt durch die stark exotherm und mit sehr hoher Geschwindigkeit verlaufende Kettenreaktion in der Realität eine hohe Volumenzunahme auf.

3 Experimentelle Ermittlung und Berechnung der Reaktionsenthalpie

3.1 Die Grundgleichung der Kalorimetrie

Zur Bestimmung von Reaktionsenthalpien ist die Messung der Temperaturänderung während einer chemischen Reaktion notwendig. Der Forderung, energetische Messungen in einem isolierten System durchzuführen, kommt das **Kalorimeter** sehr nahe. Der Wärmeaustausch mit der Umgebung wird durch diese Experimentieranordnung stark eingeschränkt.

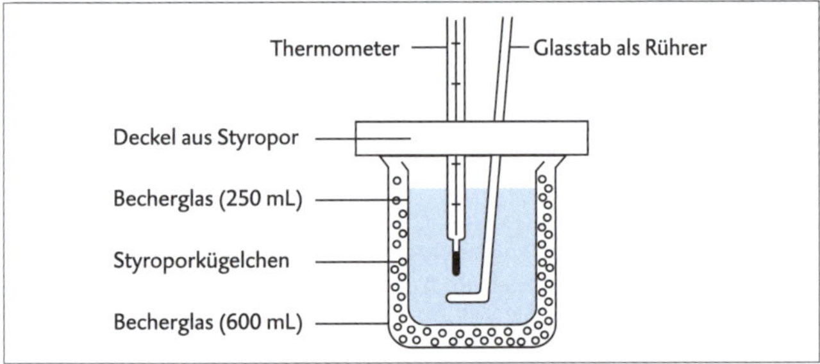

Es wird die Temperatur vor, während und nach der Reaktion gemessen. Bei Reaktionen in wässrigen Lösungen wird direkt die Temperaturänderung in der Lösung bestimmt, bei der Reaktion von Feststoffen misst man die Temperaturänderung des umgebenden Wassers. Je größer die gemessene Temperaturdifferenz, desto höher ist der Betrag der Reaktionsenthalpie.

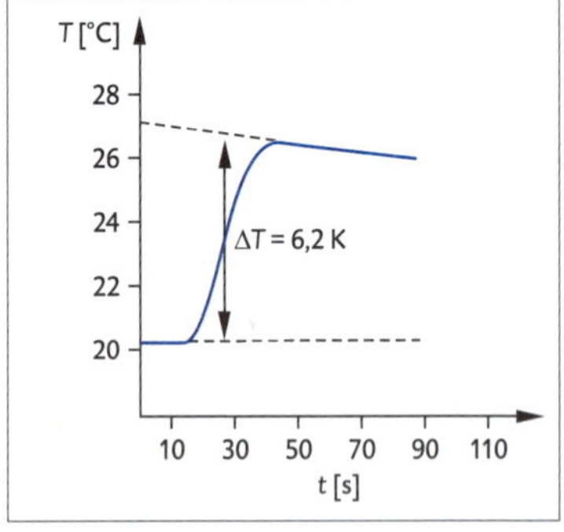

kalorimetrische Messung

Nach der **Grundgleichung der Kalorimetrie** lässt sich die Reaktionsenthalpie $\Delta_R h$ berechnen:

$$\Delta_R h = -m \cdot c_P \cdot \Delta T$$

m: Masse des wärmeaufnehmenden oder -abgebenden Stoffes (meist Wasser)

c_P: spezifische Wärmekapazität des wärmeaufnehmenden oder -abgebenden Stoffes

ΔT: Temperaturänderung

Für molare Reaktionsenthalpien:

$$\Delta_R H = \frac{m \cdot c_P \cdot \Delta T}{n}$$

Die **spezifische Wärmekapazität** eines Stoffes gibt an, welche Wärmemenge dieser Stoff aufnimmt, wenn genau 1 g des Stoffes um 1 K erwärmt wird.

Für exakte Messungen ist zu berücksichtigen, dass das gesamte Kalorimeter Wärme aufnimmt. Deshalb muss vor der Nutzung des Kalorimeters dessen Wärmekapazität (c_K in $J \cdot K^{-1}$) bestimmt werden. Dazu mischt man im Kalorimeter unterschiedlich warmes Wasser – deren Massen m_1 bzw. m_2 und Temperaturen θ_1 bzw. θ_2 vorher gemessen wurden – und misst die Mischungstemperatur θ_m. Die Wärmekapazität des Kalorimeters berechnet man nach der Gleichung:

$$c_K = c_P(H_2O) \cdot m_2 \cdot \frac{\theta_2 - \theta_m}{\theta_m - \theta_1} - c_P(H_2O) \cdot m_1$$

Die Enthalpieänderung muss sich immer auf eine bestimmte Temperatur beziehen. Meist werden Standardbedingungen festgelegt. Der ermittelte Wert ist die **Standardreaktionsenthalpie $\Delta_R H^0$**.

Spezielle Reaktionsenthalpien:

Molare Verbrennungsenthalpie $\Delta_V H$	bezieht sich auf 1 Mol des zu verbrennenden Stoffes
Molare Neutralisationsenthalpie $\Delta_N H$	$\Delta_N H \approx -56\ kJ \cdot mol^{-1}$

Bildungsenthalpie $\Delta_B H$ oder $\Delta_F H$ F: formation (engl.)	bezieht sich auf die Bildung von 1 Mol des Stoffes $2\,H_2 + O_2 \longrightarrow 2\,H_2O$ $\Delta_R H = -484\ kJ \cdot mol^{-1}$ $H_2 + ½\,O_2 \longrightarrow H_2O$ $\Delta_F H = -242\ kJ \cdot mol^{-1}$ Die Bildungsenthalpie von Elementen ist 0.
Molare Lösungsenthalpie $\Delta_L H$	bezieht sich auf 1 Mol des zu lösenden Stoffes

Wichtig sind auch die Aggregatzustände der Reaktionspartner, da es bei der Änderung des Aggregatzustandes auch zu einer Enthalpieänderung kommt:

- molare Schmelzenthalpie $\Delta_{fus}H$,
- molare Verdampfungsenthalpie $\Delta_{vap}H$,
- molare Sublimationsenthalpie $\Delta_{sub}H$.

Bedeutend ist dies z. B. für die Bildungsenthalpie des Wassers:

$$\Delta_F H\,(H_2O\,(g)) = -\,242\ kJ \cdot mol^{-1}$$

$$\Delta_F H\,(H_2O\,(l)) = -\,286\ kJ \cdot mol^{-1}$$

Dieser Unterschied ergibt sich aus der molaren Verdampfungsenthalpie des Wassers:

$$\Delta_{vap}H\,(H_2O) = 44\ kJ \cdot mol^{-1}$$

Bei Verbrennungsreaktionen wird an Stelle der Reaktionsenthalpie häufig der **Brenn- oder Heizwert** angegeben:

$$\text{Heizwert} = \frac{\Delta_R H}{M}\,[kJ \cdot kg^{-1}] \qquad M = \text{molare Masse}$$

Zur Bestimmung dieser Reaktionsenthalpien bzw. Heizwerte werden **Bombenkalorimeter** verwendet, in denen der brennbare Stoff in einer in einem Stahlcontainer enthaltenen „Bombe“ durch einen Lichtbogen gezündet und verbrannt wird.

3.2 Ermittlung von Lösungsenthalpien

Das Lösen von Salzkristallen in Wasser kann exotherm oder endotherm verlaufen. Zur Bestimmung der Lösungsenthalpie $\Delta_L h$ kann ebenfalls ein Kalorimeter verwendet werden. Für die Berechnung verwendet man vereinfacht die spezifische Wärmekapazität des Wassers ($c_P(H_2O) = 4{,}19\,J \cdot g^{-1} \cdot K^{-1}$), die gut der der entstehenden Lösung entspricht.

Teilchenveränderung beim Lösen von Salzkristallen in Wasser
Das regelmäßige Ionengitter wird beim Lösungsvorgang zerstört. Dazu greifen die Dipolmoleküle des Wassers bevorzugt an den Ecken und Kanten des Kristalls an und lösen nach und nach Kationen und Anionen aus dem Gitter heraus. Die herausgelösten Ionen werden von einer Hydrathülle umgeben. Diesen Vorgang bezeichnet man als **Hydratisierung**. Dadurch wird die Rückbildung des Ionengitters verhindert.

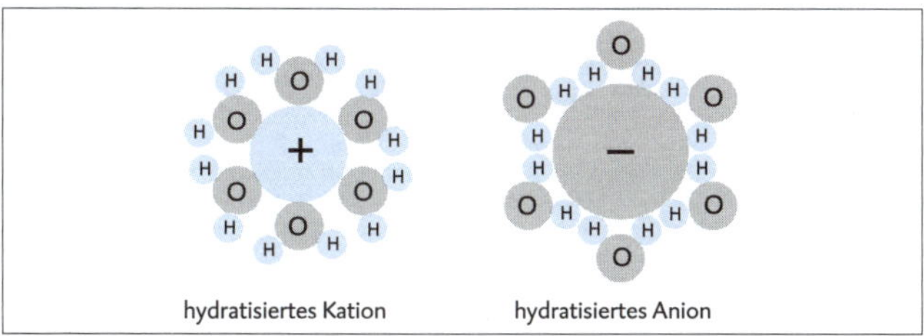

hydratisiertes Kation hydratisiertes Anion

Energetische Veränderungen beim Lösen von Salzkristallen in Wasser
Um die elektrostatischen Anziehungskräfte zwischen Kationen und Anionen zu überwinden, muss der Betrag der Gitterenthalpie aufgebracht werden.

Die **Gitterenthalpie** $\Delta_G H$ ist die bei der Bildung des Ionengitters aus den gasförmigen Ionen freiwerdende Energie.

Bei der Hydratisierung der Ionen wird Hydratationsenthalpie freigesetzt.

Die **Hydratationsenthalpie** $\Delta_H H$ ist die bei der Bildung einer Hydrathülle um die gasförmigen Ionen freiwerdende Energie.

Die Entscheidung, ob ein Lösungsvorgang exo- oder endotherm verläuft, hängt von den Beträgen dieser beiden Enthalpien ab:

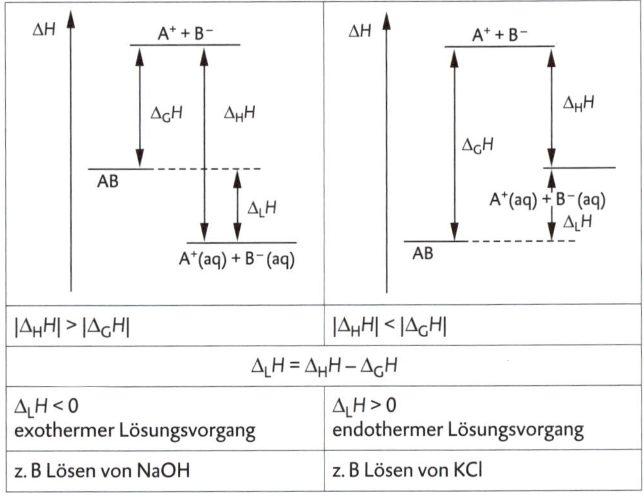

$\lvert\Delta_H H\rvert > \lvert\Delta_G H\rvert$	$\lvert\Delta_H H\rvert < \lvert\Delta_G H\rvert$
$\Delta_L H = \Delta_H H - \Delta_G H$	
$\Delta_L H < 0$ exothermer Lösungsvorgang	$\Delta_L H > 0$ endothermer Lösungsvorgang
z. B Lösen von NaOH	z. B Lösen von KCl

Aus der Formel oder der Struktur des Stoffes lässt sich nicht ableiten, ob der Stoff sich unter Wärmeabgabe oder Wärmeaufnahme löst.

3.3 Ermittlung von Reaktionsenthalpien mit dem Satz von HESS

Nicht alle Reaktionsenthalpien müssen experimentell bestimmt werden. Der schweizerisch-russische Chemiker Germain Henri HESS (1802–1850) formulierte 1840 eine Gesetzmäßigkeit über die Reaktionsenthalpien einer Abfolge von chemischen Reaktionen.

Nach dem **Satz von HESS** ist die Reaktionsenthalpie nur abhängig vom Anfangs- und Endzustand der Stoffe, aber unabhängig vom Reaktionsweg.

Der Satz von Hess ist eine Sonderform des 1. Hauptsatzes der Thermodynamik.

$\Delta_R H_1 = \Delta_R H_2 + \Delta_R H_3$

Wird Stoff A in Stoff C umgewandelt, wird die gleiche Energie frei oder gebraucht, wie bei der Umwandlung des Stoffes A in den Stoff B und der anschließenden Reaktion des Stoffes B zum Produkt C zusammen.

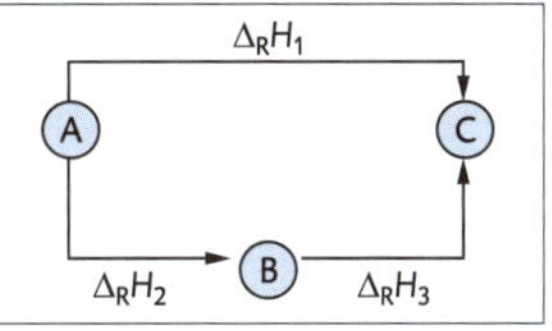

Satz von Hess

Dies gilt unabhängig davon, in wie viele Einzelreaktionen eine Gesamtreaktion zerlegt werden kann.

Typische Anwendungen des Satzes von HESS sind z. B.

- die Berechnung von Reaktionsenthalpien aus Bildungsenthalpien:

  $\Delta_R H = \sum[\nu(\text{Rp}) \cdot \Delta_F H(\text{Rp})] - \sum[\nu(\text{As}) \cdot \Delta_F H(\text{As})]$

  ν = Stöchiometriezahl
  Rp = Reaktionsprodukte
  As = Ausgangsstoffe

  Beispiel: Bei der Konvertierung reagieren Kohlenstoffmonoxid und Wasserdampf in einer Gleichgewichtsreaktion zu Kohlenstoffdioxid und Wasserstoff:

  $CO + H_2O(g) \rightleftharpoons CO_2 + H_2$

  $\Delta_R H = \Delta_F H(CO_2) - [\Delta_F H(CO) + \Delta_F H(H_2O(g))]$

  $= -393\ \text{kJ} \cdot \text{mol}^{-1} + 111\ \text{kJ} \cdot \text{mol}^{-1} + 242\ \text{kJ} \cdot \text{mol}^{-1} = -40\ \text{kJ} \cdot \text{mol}^{-1}$

  Die Reaktion verläuft exotherm.

- die Berechnungen von Reaktionsenthalpien aus Verbrennungsenthalpien:

  $\Delta_R H = \sum[\nu(\text{As}) \cdot \Delta_V H(\text{As})] - \sum[\nu(\text{Rp}) \cdot \Delta_V H(\text{Rp})]$

  Beispiel: Wie groß ist die molare Reaktionsenthalpie bei der Veresterung von Ethansäure mit Ethanol?

  $CH_3COOH + C_2H_5OH \rightleftharpoons CH_3COOC_2H_5 + H_2O$

  $\Delta_R H = \Delta_V H(CH_3COOH) + \Delta_V H(C_2H_5OH) - \Delta_V H(CH_3COOC_2H_5)$

  $= -727{,}1\ \text{kJ} \cdot \text{mol}^{-1} - 873{,}4\ \text{kJ} \cdot \text{mol}^{-1} + 1\,641{,}7\ \text{kJ} \cdot \text{mol}^{-1}$

  $= -41{,}2\ \text{kJ} \cdot \text{mol}^{-1}$

4 Entropie und Freie Enthalpie – Richtung chemischer Prozesse

Da es freiwillig verlaufende endotherme Reaktionen gibt, kann für die Freiwilligkeit einer chemischen Reaktion die Enthalpie nicht das alleinige Kriterium sein.

4.1 Entropie – ein Maß für die Unordnung

Die entscheidende thermodynamische Größe zur Beantwortung der Frage nach der Spontanität einer chemischen Reaktion ist die **Entropie**.

> Die **Entropie S** ist eine Maß für den Ordnungszustand eines Systems. Je geringer der Ordnungszustand – und damit je höher die „Unordnung" – desto größer ist der Wert der Entropie.

Die Entropie ist eine Zustandsgröße, deren Wert vom momentanen Ordnungszustand eines Systems abhängt. Für die quantitative Betrachtung von Entropieänderungen ist die folgende Definition notwendig:

> Die **Entropieänderung** eines Stoffes ist der Quotient aus reversibel ausgetauschter Wärme und der Temperatur, bei der dieser Vorgang durchgeführt wird.
>
> $$\Delta S = \frac{q_{rev.}}{T}$$

Damit ergibt sich als Einheit der Entropie $J \cdot K^{-1}$, als Einheit der molaren Entropie $J \cdot K^{-1} \cdot mol^{-1}$.
Unter der „reversiblen Übertragung von Wärme" versteht man eine maßvolle Übertragung dieser zwischen zwei Körpern, deren Temperaturunterschied gegen Null geht. Bei einer theoretischen Temperatur von $T = 0$ K ist die Entropie aufgrund des Fehlens jeglicher Teilchenbewegung und des Vorliegens idealer Kristalle gleich Null. Eine häufig verwendete Größe ist die **molare Standardentropie**. Sie beschreibt die Entropie von 1 Mol eines Stoffes bei $T = 298$ K. Die Zahlenwerte sind alle größer Null, da eine Temperaturerhöhung – ausgehend von 0 K – immer zu einer Zunahme der Unordnung führt. Die molaren Standardentropien von Gasen sind deshalb im Allgemeinen höher als die von Flüssigkeiten und diese haben wiederum eine höhere molare Standardentropie als Feststoffe.

Die Standardreaktionsentropie

Für die Berechnung von Standardreaktionsentropien kann wiederum der **Satz von HESS** angewendet werden. Aus der Differenz der (molaren) Standardbildungsentropien der Produkte $\Delta_F S(Rp)$ und der (molaren) Standardbildungsentropien der Edukte $\Delta_F S(As)$ ergibt sich die (molare) Standardreaktionsentropie $\Delta_R S$:

$$\Delta_R S = \sum[\nu(Rp) \cdot \Delta_F S(Rp)] - \sum[\nu(As) \cdot \Delta_F S(As)] \quad (\nu = \text{Stöchiometriezahl})$$

- Wenn $\Delta_R S < 0$, nimmt die Unordnung bei dieser Reaktion ab.
- Wenn $\Delta_R S > 0$, nimmt die Unordnung bei dieser Reaktion zu.

Bereits die stoffliche und quantitative Interpretation einer Reaktionsgleichung lassen Rückschlüsse auf die Entropieänderung zu:

- Werden keine Gase als Ausgangsstoffe eingesetzt, als Reaktionsprodukt entsteht aber mindestens ein Gas, nimmt die Entropie zu.
- Erhöht sich bei einer chemischen Reaktion durch die Umwandlung der Edukte in die Produkte die Anzahl der Teilchen ($\nu(Rp) > \nu(As)$), so nimmt die Entropie ebenfalls zu.

Der 2. Hauptsatz der Thermodynamik

Die Zunahme der Entropie kann sowohl durch eine zunehmend ungeordnete Verteilung von **Materie** als auch von **Energie** verursacht sein.

- Zwei verschiedene Stoffe in einem gemeinsamen Raum streben danach, sich gleichmäßig zu verteilen. Es kommt aufgrund der **BROWN'schen Molekularbewegung** zur **Diffusion**. Die Diffusionsgeschwindigkeit nimmt von Gasen über Flüssigkeiten bis zu den Feststoffen stark ab.
- Berühren sich zwei Körper mit unterschiedlicher Temperatur, so erfolgt die Übertragung von Wärmeenergie stets vom heißeren auf den kälteren Körper.

Die Erkenntnisse über die Verlaufsrichtung eines Prozesses – und damit auch einer chemischen Reaktion – werden im **2. Hauptsatz der Thermodynamik** formuliert:

> Wärme kann niemals spontan – also ohne Verrichtung von Arbeit – von einem kälteren auf einen wärmeren Körper übertragen werden.
> Oder: Die Entropie des Universums nimmt zu.

Während der 1. Hauptsatz der Thermodynamik praktisch alle Energieumwandlungen zulässt, schließt der 2. Hauptsatz jene Energieumwandlungen aus, die eine Erhöhung des Ordnungszustandes eines Systems bedeuten würden.

Statistische Deutung der Entropie

Der österreichische Physiker und Philosoph Ludwig BOLTZMANN (1844–1906) deutete die Entropie als eine statistische Größe. Er führte die **thermodynamische Wahrscheinlichkeit W** ein, die umso größer ist, je höher die Anzahl der Mikrozustände in einem makroskopischen System ist. Anders ausgedrückt: Ein hoher Grad an Unordnung tritt mit hoher Wahrscheinlichkeit auf, ein hoher Ordnungszustand hat eine geringe Wahrscheinlichkeit. Bei verschiedenen Kartenspielen (z. B. Rommé, Canasta, Poker) wird dieses Prinzip ausgenutzt: Ein Blatt ist umso mehr wert, je höher sein Ordnungszustand ist, da dieser nur mit geringer Wahrscheinlichkeit eintritt. Von der thermodynamischen Wahrscheinlichkeit zur Entropie gelangt man über die Gleichung:

$$S = k \cdot \ln W \qquad k = R \cdot N_A^{-1} = 1{,}38 \cdot 10^{-23}\,\mathrm{J \cdot K^{-1}}$$

4.2 Freie Enthalpie – GIBBS-HELMHOLTZ-Gleichung

Chemische Reaktionen verlaufen nur freiwillig, wenn die **Gesamtentropie des Systems UND seiner Umgebung** zunimmt. Ende des 19. Jahrhunderts fand der amerikanische Physiker Josiah Willard GIBBS (1839–1903) eine Möglichkeit, die Entropieänderung der Umgebung bei konstantem Druck und konstanter Temperatur über die Enthalpieänderung des Systems auszudrücken. Für die Beurteilung des freiwilligen Verlaufs einer chemischen Reaktion sind demnach die **Enthalpie- und Entropieänderung** des Systems wichtig. Eine Kombination dieser beiden thermodynamischen Größen wird als die **Freie Enthalpie** (auch **GIBBS'sche Freie Enthalpie**) bezeichnet.

Die **Freie Enthalpie G** ist eine thermodynamische Größe, welche Entropie, Enthalpie und Temperatur miteinander verbindet. Sie ist definiert:

$$G = H - T \cdot S$$

Für eine bestimmte Temperatur ist die Änderung der Freien Enthalpie $\Delta_R G$ nur von der Änderung der Reaktionsenthalpie $\Delta_R H$ und der Änderung der Reaktionsentropie $\Delta_R S$ abhängig. Deshalb gilt bei konstanter Temperatur T für die **Freie Reaktionsenthalpie:**

$$\Delta_R G = \Delta_R H - T \cdot \Delta_R S$$

Diese Gleichung wird auch als die **GIBBS-HELMHOLTZ-Gleichung** bezeichnet.

- Eine Reaktion verläuft freiwillig, wenn $\Delta_R G < 0$; die Reaktion ist **exergonisch**.
- Eine Reaktion verläuft nicht freiwillig, wenn $\Delta_R G > 0$; die Reaktion ist **endergonisch**.
- Bei $\Delta_R G = 0$ befindet sich ein System im chemischen Gleichgewicht

	ΔH	**ΔS**	**ΔG**
①	$\Delta H < 0$	$\Delta S > 0$	$\Delta G < 0 \rightarrow$ immer freiwillig
②	$\Delta H > 0$	$\Delta S < 0$	$\Delta G > 0 \rightarrow$ nie freiwillig
③	$\Delta H > 0$	$\Delta S > 0$	$\Delta G < 0$ nur bei hohen Temperaturen $\lvert\Delta H\rvert < \lvert T\Delta S\rvert$
④	$\Delta H < 0$	$\Delta S < 0$	$\Delta G < 0$ nur bei niedrigen Temperaturen $\lvert\Delta H\rvert > \lvert T\Delta S\rvert$

Entsprechend der GIBBS-HELMHOLTZ-Gleichung ergibt sich eine **lineare Abhängigkeit** der Freien Enthalpie von der Temperatur.
Nach der allgemeinen Form einer linearen Funktion $y = mx + n$ bedeutet dies für die Freie Enthalpie:

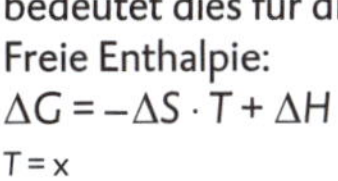

$\Delta G = -\Delta S \cdot T + \Delta H$

$T = x$

$\Delta G = y$

ΔH = y-Achsenabschnitt

$-\Delta S$ = Steigung

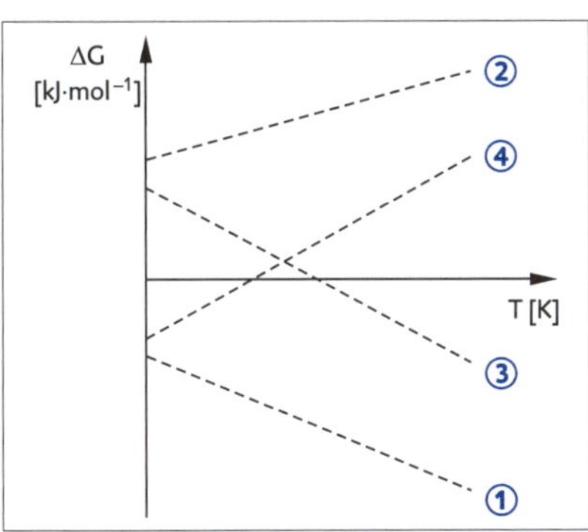

Abhängigkeit der Freien Enthalpie von der Temperatur

Unter Anwendung des Satzes von Hess lässt sich die Freie molare Reaktionsenthalpie $\Delta_R G$ auch aus den **Freien molaren Bildungsenthalpien** aller an der Reaktion beteiligten Stoffe berechnen:

$$\Delta_R G = \sum[\nu(Rp) \cdot \Delta_F G(Rp)] - \sum[\nu(As) \cdot \Delta_F G(As)] \; (\nu = \text{Stöchiometriezahl})$$

Reaktionskinetik und chemisches Gleichgewicht

1 Reaktionsgeschwindigkeit

In Natur und Technik kommen einerseits sehr langsam verlaufende chemische Reaktionen (wie z. B. Korrosionsvorgänge), andererseits sehr schnell ablaufende Reaktionen (z. B. Explosionen) vor. Chemische Reaktionen verlaufen also mit unterschiedlicher Geschwindigkeit. Mit den Gesetzmäßigkeiten des **Verlaufs chemischer Reaktionen** befasst sich die **Reaktionskinetik**.

1.1 Definition der Reaktionsgeschwindigkeit

Als Maß für die Reaktionsgeschwindigkeit dient die Konzentration zu verschiedenen Zeitpunkten im Verlauf einer chemischen Reaktion.

Unter der Reaktionsgeschwindigkeit v_R versteht man die Konzentrationsänderung pro Zeiteinheit.

$$v_R = \frac{\Delta c}{\Delta t} = \left[\frac{\text{mol}\cdot\text{L}^{-1}}{\text{min}}; \frac{\text{mmol}\cdot\text{L}^{-1}}{\text{s}}\right]$$

Im Laufe einer Reaktion nimmt die Konzentration der Ausgangsstoffe c(As) ab. Dies kann man mit einem **Konzentrations-Zeit-Diagramm** darstellen (siehe nächste Seite).
Es ist zu erkennen, dass die Konzentration nicht linear mit der Zeit abnimmt, sondern im Verlauf der Reaktion in einem festgelegten Zeitintervall immer weniger Ausgangsstoffe umgesetzt werden, bis sich die Kurve asymptotisch der Zeitachse nähert. Es gibt damit keine zwei Zeitpunkte während einer chemischen Reaktion, in der die Geschwindigkeiten absolut gleich sind. Die Angabe der Konzentrationsänderung Δc in einem bestimmten Zeitintervall beschreibt deshalb nur die **Durchschnittsgeschwindigkeit**. Im Diagramm ist diese Geschwindigkeit der Anstieg der Sekante (tan α), die zu zwei Zeitpunkten durch die Kurve gelegt wird. Verkleinert man das Zeitintervall immer mehr, lässt sich an

Stelle der Sekante zwischen zwei Punkten nun eine Tangente an einen Punkt der Kurve anlegen. Deren Anstieg stellt die **Momentangeschwindigkeit** dar.

Es wurde der Grenzwert gebildet: $v_R = \lim\limits_{\Delta t \to 0} \frac{\Delta c}{\Delta t} = \frac{dc}{dt} = \tan\beta$

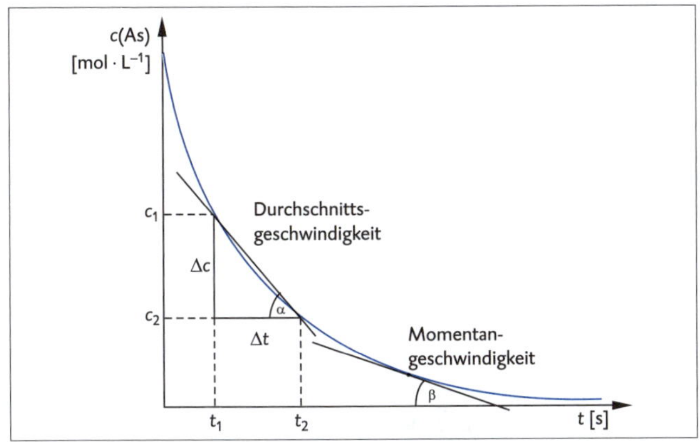

1.2 Abhängigkeit der Reaktionsgeschwindigkeit

Die Reaktionsgeschwindigkeit ist unter anderem von der Konzentration, der Temperatur und dem Verteilungsgrad der Ausgangsstoffe abhängig. Die Reaktionsgeschwindigkeit ist umso höher,

- je höher die Konzentration der Ausgangsstoffe ist,
- je höher die Temperatur ist,
- je höher der Verteilungsgrad der Ausgangsstoffe ist.

Verständlich werden diese Zusammenhänge durch die Anwendung der **Stoßtheorie**. Zwei Teilchen können miteinander reagieren, wenn sie die notwendige Mindestenergie besitzen, die bei höherer Temperatur von mehr Teilchen erreicht wird. Nach der **Reaktionsgeschwindigkeits-Temperatur-Regel (RGT-Regel)** steigt die Geschwindigkeit einer chemischen Reaktion bei einer Temperaturerhöhung um 10 K auf das Zwei- bis Dreifache. Die Wahrscheinlichkeit wirksamer Zusammenstöße nimmt bei hoher Konzentration und einem hohen Verteilungsgrad der Ausgangsstoffe zu. Für große Moleküle mit einem reaktiven Zentrum (z. B. einer funktionellen Gruppe) spielt außerdem die räumliche Orientierung der Teilchen eine Rolle, um wirksame Zusammenstöße zu erreichen.

1.3 Experimentelle Bestimmung der Reaktionsgeschwindigkeit

Nur in manchen Fällen ist die Bestimmung der Reaktionsgeschwindigkeit mit einfachen Mitteln möglich. Bei relativ langsamen Reaktionen verwendet man **statische** Methoden, bei denen in bestimmten Zeitabständen Messwerte zur Konzentrationsbestimmung erfasst werden.

Volumenmessungen
Bei chemischen Reaktionen unter Bildung eines Gases kann in festgelegten Abständen das entstandene Volumen dieses Gases gemessen werden. Durch Berechnung lässt sich die Konzentrationsänderung der Ausgangsstoffe und damit die Durchschnittsgeschwindigkeit ermitteln.

Extinktionsmessungen
Verschiedene Reaktionen (z. B. einige Redoxreaktionen mit Nebengruppenelementen) weisen den Effekt auf, dass sich aus farbigen Edukten farblose Produkte (oder aus farblosen Edukten farbige Produkte) bilden. Dabei ändert sich die Lichtdurchlässigkeit des Gemisches. In einem Photometer misst man die **Extinktion**, die ein Maß für die Lichtundurchlässigkeit einer Probe ist. Nach dem **Lambert-Beer'schen Gesetz** lässt sich die Konzentration eines Stoffes in einer Probe bestimmen:

$$c = \frac{E}{\varepsilon \cdot d}$$

$$E = \log \frac{I_0}{I_D}$$

E Extinktion
I_0 Intensität der einfallenden Strahlung
I_D Intensität der durchgelassenen Strahlung
ε Extinktionskoeffizient (bei gegebener Wellenlänge eine konzentrationsunabhängige Stoffkonstante) $[m^2 \cdot mol^{-1}]$
d Schichtdicke der Probe

Bei schnelleren Reaktionen nutzt man **Strömungsmethoden**. Ein Reaktionsgemisch strömt mit konstanter Geschwindigkeit durch einen Reaktionskanal und wird vor dem Eintritt und nach dem Austritt quantitativ analysiert.

2 Aktivierungsenergie

Nicht jede exotherm und unter Entropiezunahme verlaufende chemische Reaktion kommt spontan in Gang. Eine Erklärung dafür liefert die **Theorie des aktivierten Komplexes**.

Die zu Beginn einer chemischen Reaktion vorliegenden Edukte werden durch die Zufuhr von Energie in einen aktivierten Komplex überführt. Die Bindungen in den Teilchen der Edukte werden gelockert, neue Wechselwirkungen entstehen; dieser aktivierte Komplex stellt einen Übergangszustand im Reaktionsverlauf dar. Durch das Ausbilden neuer Bindungen entstehen die Produkte, deren Energie wieder geringer ist.

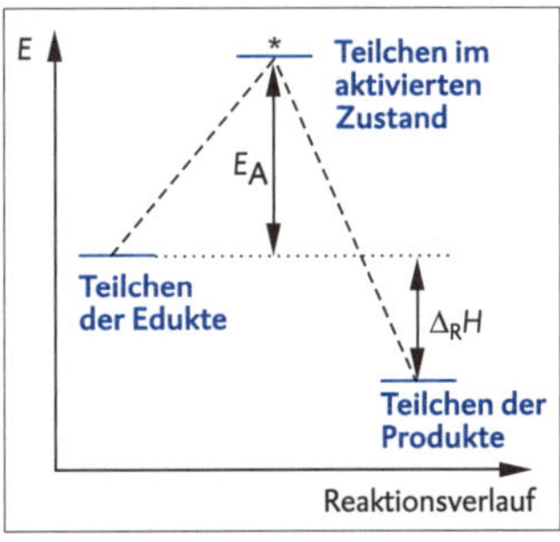

Die **Aktivierungsenergie E_A** ist die notwendige Mindestenergie, die man den Stoffen zuführen muss, damit sie reagieren.

Die jedem einzelnen Teilchen zuzuführende Aktivierungsenergie ist die **molekulare Aktivierungsenergie ε**. Aus dem Produkt der molekularen Aktivierungsenergie und der Avogadrokonstante ergibt sich die **molare Aktivierungsenergie E_A:**

$$E_A = \varepsilon \cdot N_A \qquad [\text{kJ} \cdot \text{mol}^{-1}]$$

ARRHENIUS-Gleichung

Die Abhängigkeit der Geschwindigkeitskonstanten *k* (und damit der Reaktionsgeschwindigkeit) von der Temperatur wird in der Arrhenius-Gleichung beschrieben. Der schwedische Chemiker Svante ARRHENIUS (1859–1927) stellte eine lineare Abhängigkeit zwischen dem natürlichen Logarithmus der Geschwindigkeitskonstanten und dem Reziproken der Temperatur fest und fand den Proportionalitätsfaktor $-E_A \cdot R^{-1}$. Das Ergebnis ist die nach ihm benannte **ARRHENIUS-Gleichung:**

$$k = e^{-\frac{E_A}{R \cdot T}}$$

R allgemeine Gaskonstante (8,314 J · mol^{-1} · K^{-1})
E_A Aktivierungsenergie
e = 2,718

An dieser Gleichung ist folgendes erkennbar:

- Je höher die Temperatur desto größer ist die Geschwindigkeitskonstante.
- Je höher die Aktivierungsenergie desto kleiner ist die Geschwindigkeitskonstante.
- Die Geschwindigkeit einer Reaktion mit hoher Aktivierungsenergie ist stark temperaturabhängig.
- Eine niedrige Aktivierungsenergie führt zu einer geringen Temperaturabhängigkeit der Reaktionsgeschwindigkeit.

3 Katalysatoren – Beschleuniger chemischer Reaktionen

Manche chemischen Reaktionen verlaufen auch bei höherer Temperatur nur mit sehr geringer Geschwindigkeit. Bei einigen Reaktionen ist eine Temperaturerhöhung gar nicht möglich, da sich die Ausgangsstoffe bei höheren Temperaturen zersetzen, wie z. B. viele organische Stoffe. Die Lösung dieser Probleme gelingt durch den Einsatz von **Katalysatoren**.

Katalysatoren sind Stoffe, die die Geschwindigkeit einer chemischen Reaktion stark erhöhen.

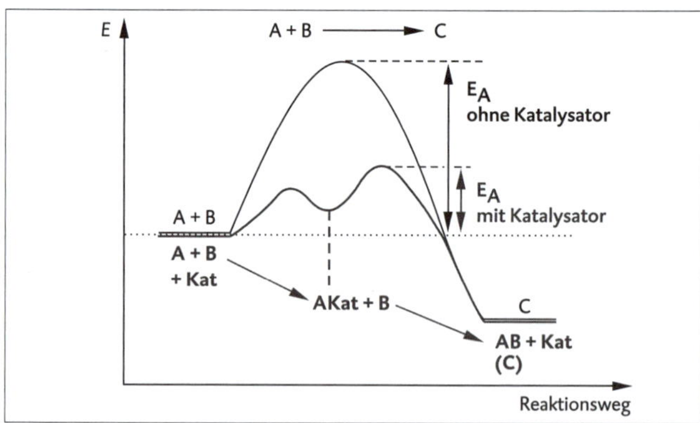

Senkung der Aktivierungsenergie mit einem Katalysator

Die grafische Darstellung verdeutlicht typische Eigenschaften von Katalysatoren:

- Katalysatoren verringern die Aktivierungsenergie einer chemischen Reaktion.
- Katalysatoren nehmen unter Bildung instabiler Zwischenprodukte an der Reaktion teil.
- Nach der chemischen Reaktion liegt der Katalysator unverändert vor; er ist somit wiederverwendbar.

Katalysatoren wirken außerdem selektiv, d. h., dass von mehreren chemischen Reaktionen, die mit den eingesetzten Ausgangsstoffen möglich sind, nur eine katalysiert wird.

homogene Katalyse	**heterogene Katalyse**
Katalysator und Edukte liegen in gleicher Phase vor (z. B. beide im gleichen Aggregatzustand oder gelöst im gleichen Lösungsmittel)	Katalysator und Edukte liegen in unterschiedlichen Phasen (Aggregatzuständen) vor (z. B. fester Katalysator und gasförmige Edukte)
Beispiele	
• säurekatalysierte Bildung von Halbacetalen und Acetalen • Polyethylensynthese mit $TiCl_4$ und $Al(C_2H_5)_3$	• Ammoniak-Synthese mit Eisenoxid- Katalysator • Autoabgasreinigung mit Pt/Rh-Katalysator

Bei manchen chemischen Reaktionen hat ein Produkt die Eigenschaft auf die Reaktion katalytisch zu wirken; d.h. der Katalysator bildet sich im Laufe der Reaktion selbst. Dieser Vorgang heißt **Autokatalyse**. Bei diesen Reaktionen nimmt die Geschwindigkeit der Reaktion im Reaktionsverlauf zu.

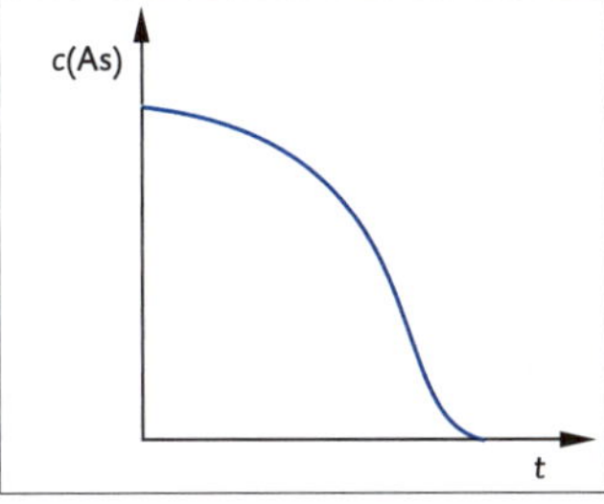

Reaktionsgeschwindigkeit bei Autokatalyse

Eine besondere Rolle kommt Katalysatoren in lebenden Systemen zu. Diese Biokatalysatoren werden als **Enzyme** (siehe S. 165) bezeichnet. Mit bestimmten Stoffen bilden Katalysatoren sehr stabile Verbindungen. Bei chemischen Reaktionen muss der Kontakt des Katalysators mit derartigen **Katalysatorgiften** vermieden werden.

Inhibitoren

Eine entgegengesetzte Wirkung im Vergleich zu den Katalysatoren haben **Inhibitoren**. Sie verzögern oder verhindern vollständig eine chemische Reaktion. Solche Inhibitoren werden z. B. als Antioxidantien zur Erhöhung der Haltbarkeit sauerstoffempfindlicher Stoffe oder im Korrosionsschutz eingesetzt. Inhibitoren setzen sich während der Reaktion irreversibel um und sind somit nicht – wie Katalysatoren – wieder verwendbar.

4 Grundlagen des chemischen Gleichgewichts

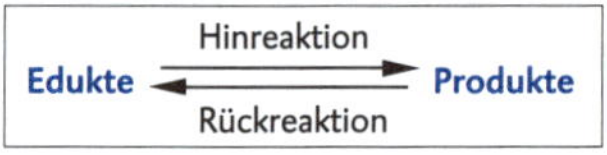

Bei vielen chemischen Reaktionen kann man keine 100 %-ige Umwandlung der Edukte in Produkte erreichen. Dieser **unvollständige Stoffumsatz** kann durch das gleich zeitige Stattfinden einer Hin- und einer Rückreaktion erklärt werden.

4.1 Wesen des chemischen Gleichgewichts

Bei einer chemischen Reaktion mit unvollständigem Stoffumsatz kommt es nach einer gewissen Zeit zur Ausbildung eines **chemischen Gleichgewichts**. Merkmale dieses dynamischen Gleichgewichts sind:

- Die Geschwindigkeit der Hinreaktion ist gleich der Geschwindigkeit der Rückreaktion.
- Die Konzentrationen aller an der Reaktion beteiligten Stoffe ändern sich nicht mehr.

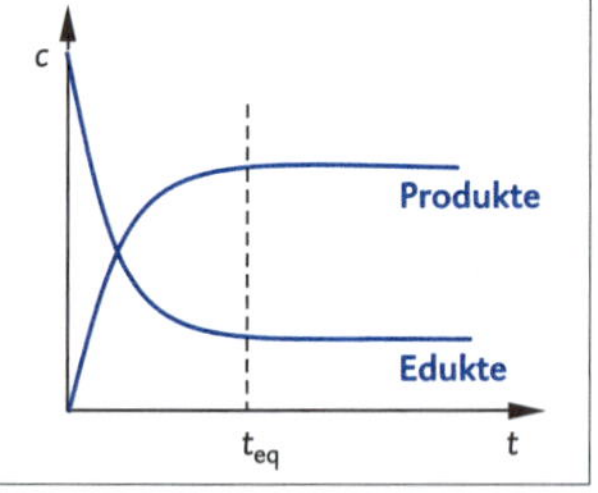

Konzentration der Edukte und Produkte bei einer Gleichgewichtsreaktion

Mit der Bildung der ersten Teilchen der Produkte setzt die Rückreaktion ein: die Produkte zerfallen wieder in die Edukte. Diese beiden gegensätzlichen Reaktionen verlaufen zunächst mit unterschiedlicher Geschwindigkeit. („eq“ = „equilibrium“ = Gleichgewicht). Das ab dem Zeitpunkt t_{eq} vorliegende chemische Gleichgewicht liegt je nach Reaktion und Reaktionsbedingungen mehr oder weniger auf der Seite der Produkte. Katalysatoren verringern die Einstellzeit des chemischen Gleichgewichts, beeinflussen aber dessen Lage nicht.

4.2 Das Massenwirkungsgesetz – quantitative Beschreibung des chemischen Gleichgewichts

Eine quantitative Beschreibung des chemischen Gleichgewichts ist durch das 1867 von den norwegischen Chemikern Cato Maximilian GULDBERG (1836–1902) und Peter WAAGE (1833–1900) formulierte **Massenwirkungsgesetz** möglich:

Für eine chemische Reaktion $\nu A + \nu B \rightleftharpoons \nu C + \nu D$ gilt:

$$K_c = \frac{c(C)^{\nu(C)} \cdot c(D)^{\nu(D)}}{c(A)^{\nu(A)} \cdot c(B)^{\nu(B)}}$$

K_c = Gleichgewichtskonstante
ν = Stöchiometriefaktor, Stoffmenge

Die Bezeichnung „Massenwirkungsgesetz" geht auf die im 19. Jahrhundert für die Konzentration noch übliche Bezeichnung „wirksame Masse" zurück. Allgemein gilt: Je größer die Gleichgewichtskonstante ist, desto mehr liegt das chemische Gleichgewicht auf der Seite der Produkte. Die Einheit der Gleichgewichtskonstante K_c ergibt sich aus den jeweiligen Stöchiometriefaktoren.

$$\Delta\nu = \sum \nu(\text{Produkte}) - \sum \nu(\text{Edukte})$$

$\Delta\nu$	K_c	$\Delta\nu$	K_c
0	[1]		
1	$[mol \cdot L^{-1}]$	–1	$[L \cdot mol^{-1}]$
2	$[mol^2 \cdot L^{-2}]$	–2	$[L^2 \cdot mol^{-2}]$

Für chemische Reaktionen, bei denen $\Delta\nu = 0$ ist, können in das Massenwirkungsgesetz anstelle der Konzentrationen auch Stoffmengen oder bei Gasen auch Volumina eingesetzt werden. Mithilfe des Massenwirkungsgesetzes lassen sich Gleichgewichtskonstanten sowie Ausgangs- und Gleichgewichtskonzentrationen bei chemischen Reaktionen berechnen.

4.3 Das Prinzip des kleinsten Zwangs – Veränderung der Gleichgewichtslage

Die meisten in der Technik durchgeführten Stoffumwandlungen erfolgen mit dem Ziel, einen möglichst hohen Anteil an Produkten im Reaktionsgemisch zu erhalten. Der französische Chemiker Henry Louis LE CHATELIER (1850–1936) und der deutsche Experimentalphysiker Ferdinand BRAUN (1850–1918) formulierten 1888 das **Prinzip des kleinsten Zwangs** (auch **Prinzip von LE CHATELIER und BRAUN** genannt), das die theoretischen Grundlagen zur Verschiebung der Gleichgewichtslage beschreibt:

Übt man auf ein im Gleichgewicht liegendes System einen äußeren Zwang aus, so verschiebt sich die Gleichgewichtslage so, dass die Wirkung des Zwangs minimiert wird.

So ist es möglich, über
- die Wahl der Temperatur,
- die Wahl des Drucks,
- die Änderung der Konzentrationsverhältnisse

die Lage des chemischen Gleichgewichts zu verschieben.

Einfluss der Temperatur

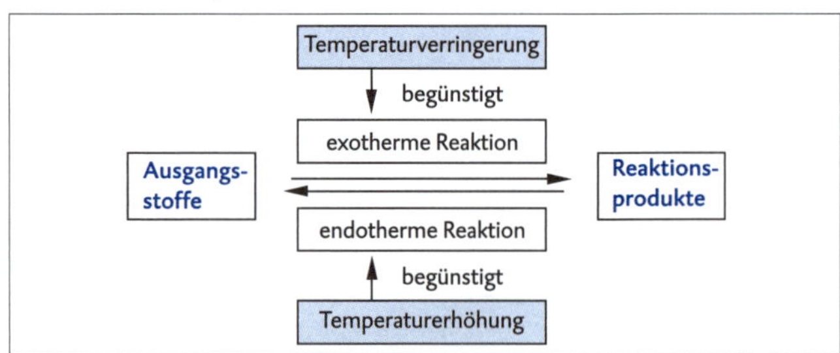

Den quantitativen Zusammenhang zwischen Gleichgewichtskonstante und Temperatur beschreibt die **VAN'T HOFF'sche Gleichung:**

$$\ln(K) = \frac{-\Delta_R G}{R \cdot T}$$

Unter Anwendung der **Gibbs-Helmholtz-Gleichung** (siehe Kapitel „Chemische Thermodynamik“) ergibt sich:

$$\ln(K) = \frac{-\Delta_R H}{R \cdot T} + \frac{\Delta_R S}{R}$$

Für eine exotherme Reaktion (Hinreaktion) sinkt der Wert der Gleichgewichtskonstante K bei zunehmender Temperatur. Bei einer endothermen Reaktion (Hinreaktion) steigt K mit zunehmender Temperatur.

Einfluss des Drucks

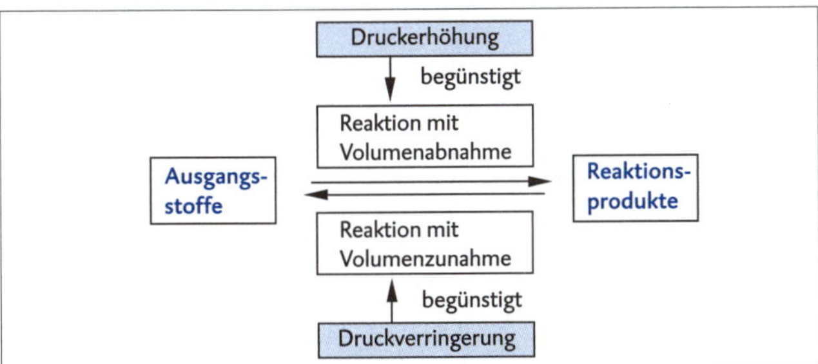

Bedeutende Druckänderungen finden nur bei chemischen Reaktionen unter Beteiligung von Gasen statt; somit ist nur in diesem Fall und unter der Bedingung $\Delta\nu \neq 0$ eine Verringerung oder Erhöhung des Druckes zur Erhöhung der Ausbeute sinnvoll.

Einfluss der Konzentration

Für den Einfluss der Konzentration auf das chemische Gleichgewicht gelten die folgenden Gesetzmäßigkeiten:

- Erhöht man die Konzentration eines an der Reaktion beteiligten Stoffes, so verschiebt sich das chemische Gleichgewicht auf die Seite, bei der der zugeführte Stoff verbraucht wird.
- Verringert man die Konzentration eines an der Reaktion beteiligten Stoffes, so verschiebt sich das Gleichgewicht auf die Seite, bei der der entzogene Stoff gebildet wird.

Zur Erhöhung der Ausbeute einer chemischen Reaktion kann damit ein Ausgangsstoff im Überschuss verwendet und/oder ein Reaktionsprodukt kontinuierlich entfernt werden.

Technische Anwendung: Das Haber-Bosch-Verfahren

Ammoniak ist die zentrale Grundchemikalie für den größten Teil der industriellen Stickstoffchemie. Somit dient der Hauptanteil der Ammoniakproduktion (ca. 140 Millionen Tonnen im Jahr) der Herstellung weiterer Produkte. Grundlage dafür ist das im Jahr 1910 von Carl BOSCH (1874–1940) und Fitz HABER (1868–1934) zum Patent angemeldete Verfahren der **Ammoniaksynthese**. Seit 1913 wird in dem heute als **HABER-BOSCH-Verfahren** bezeichneten Prozess Ammoniak aus den Elementen Stickstoff und Wasserstoff großtechnisch hergestellt:

$$N_2 + 3\,H_2 \rightleftharpoons 2\,NH_3 \qquad \Delta_R H = -92\ \text{kJ} \cdot \text{mol}^{-1}$$

Bei Betrachtung der Reaktion fällt auf, dass

- hoher **Druck** zu einer Erhöhung der Ammoniakkonzentration führt, da es sich um eine volumenvermindernde Reaktion handelt.
- niedrige **Temperatur** zu einer Erhöhung der Ammoniakkonzentration führt, da es sich um eine exotherme Reaktion handelt. Allerdings muss beachtet werden, dass bei einer niedrigen Temperatur die Reaktionsgeschwindigkeit langsam ist und bei einer hoher Temperatur eine Verschiebung des Gleichgewichts zur Eduktseite erfolgt.
- die Entfernung von Ammoniak zu einer höheren Ammoniakausbeute führt.

Für die großtechnischen Ammoniaksynthese wird Stickstoff aus der Luft isoliert und Wasserstoff v. a. aus der Reaktion von Erdgas mit Wasser gewonnen. Die Edukte werden als Gemisch in den Reaktor gegeben. Die bei einer exothermen Reaktion günstige Temperaturverringerung steht der hohen Dissoziationsenthalpie der Stickstoffmoleküle entgegen. Zur Lösung dieses Widerspruchs ist dabei der Einsatz eines **Katalysators** wichtig, sodass bei einer Temperatur von etwa 450 °C und einem Druck von ca. 30 MPa eine akzeptable Ausbeute an Ammoniak erreicht wird. Eine weitere Erhöhung des Drucks ist nicht möglich, weil das Platzen der Reaktionsgefäße droht. Im Anschluss an den Synthesereaktor gelangt das Reaktionsgemisch in einen Kühler, in dem Ammoniak verflüssigt und abgetrennt wird. Wasserstoff und Stickstoff werden wieder in die Reaktionsgefäße geführt, sodass die Ausbeute steigt.

Beim Haber-Bosch-Verfahren wird das chemische Gleichgewicht beeinflusst, um die Ausbeute an Ammoniak zu steigern. Hoher Druck, eine verminderte Ammoniakkonzentration und eine erhöhte Eduktkonzentration (Rückführung der nicht reagierten Edukte) sind entscheidend.

5 Säure-Base-Gleichgewichte

5.1 Historische Entwicklung der Begriffe Säure und Base

Der saure Geschmack bestimmter Stoffe, wie z. B. in Früchten, führte schon vor vielen Jahrhunderten zur Bildung des Begriffes „**Säure**“. Gleichzeitig kannte man Stoffe, die den sauren Geschmack von Säuren milderten, wie z. B. Soda, Natron oder Pottasche. Die Gewinnung dieser Stoffe aus Pflanzenasche (arabisch: *alqalian*) führte zur Namensgebung „**Alkalien**“. Mitte des 17. Jahrhunderts entdeckte man, dass sich Salze durch Reaktion von Säuren mit diesen Alkalien herstellen ließen – die Alkalien sind also die „Basis“ zur Herstellung von Salzen – der Begriff „**Base**“ entstand. Der französische Chemiker Antoine Laurent LAVOISIER (1743–1794) entdeckte, dass Säuren durch die Reaktion von Nichtmetalloxiden mit Wasser entstehen. Eine einfache Definition des Begriffes Säure entwickelte der deutsche Chemiker Justus von LIEBIG (1803–1873): Säuren sind Stoffe, die Wasserstoff enthalten, der durch Metalle ersetzt werden kann.

5.2 Säure-Base-Theorien

Es existieren verschiedene Theorien zur Beschreibung der Begriffe „Säure“ und „Base“. Eine neue Theorie entstand, wenn mit der bisherigen bestimmte Erscheinungen nicht mehr erklärt werden konnten.

Säure-Base-Theorie nach ARRHENIUS
Der schwedische Chemiker Svante ARRHENIUS (1859–1927) formulierte 1884 eine erste brauchbare Säure-Base-Theorie:

> **Säuren** sind Stoffe, die in wässriger Lösung unter Bildung von **Wasserstoffionen** H^+ dissoziieren. **Basen** sind Stoffe, die in wässriger Lösung unter Bildung von **Hydroxidionen** OH^- dissoziieren.

Grenzen dieser Theorie sind schnell erkennbar:
- Die Neutralisation $H^+ + OH^- \rightleftharpoons H_2O$ wäre die einzig denkbare Säure-Base-Reaktion.
- Die saure oder basische Reaktion verschiedener Salze in wässriger Lösung ist nicht erklärbar.
- Unter **amphoterem Verhalten** versteht man die Fähigkeit, sowohl als Säure als auch als Base reagieren zu können. Dieses Verhalten kann mit dieser Theorie nicht erklärt werden.

Säure-Base-Theorie nach BRØNSTED

Die Grenzen der ARRHENIUS-Theorie können durch die Säure-Base-Theorie des dänischen Chemikers Johannes Nikolaus BRØNSTED (1879–1947) überwunden werden. Zunächst wird in dieser Theorie berücksichtigt, dass es keine freien Wasserstoffionen gibt, sondern diese in wässriger Lösung an Wassermoleküle gebunden werden, wodurch **Oxoniumionen** entstehen:

$$H_2O + H^+ \rightleftharpoons H_3O^+ \qquad (1)$$

Die BRØNSTED'sche Säure-Base-Theorie beschreibt die Begriffe Säure und Base auf der Teilchenebene:

Säuren sind Stoffe, deren Teilchen **Protonen abgeben** können, sie sind **Protonendonatoren**. Basen sind Stoffe, deren Teilchen Protonen aufnehmen können, sie sind **Protonenakzeptoren**.

Neutralsäuren z.B. HNO_3	**Kationensäuren** z.B. NH_4^+	**Anionensäuren** z.B. HSO_4^-
Neutralbasen z.B. NH_3	**Kationenbasen** z.B. $[Al(H_2O)_5(OH)]^{2+}$	**Anionenbasen** z.B. CO_3^{2-}

Eine chemische Reaktion, bei der Protonen von einem zum anderen Reaktionspartner übertragen werden, heißt **Protolysereaktion**, Reaktion mit Protonenübergang oder Säure-Base-Reaktion.

Durch die Abgabe eines Protons wird damit aus einer Säure HA eine Base A^-, die wiederum durch die Aufnahme des Protons in eine Säure umgewandelt werden kann; es entsteht ein **korrespondierendes Säure-Base-Paar:**

$$HA \rightleftharpoons H^+ + A^- \qquad (HA/A^-) \qquad (2)$$

Die Kombination der Reaktionsgleichungen (1) und (2) ergibt die chemische Gleichung für die Protolyse einer Säure (HA) in Wasser. Analog ist dies auf eine Base (B) übertragbar:

$HA + H_2O \rightleftharpoons H_3O^+ + A^-$ $S_1 + B_2 \rightleftharpoons S_2 + B_1$	$B + H_2O \rightleftharpoons HB^+ + OH^-$ $B_1 + S_2 \rightleftharpoons S_1 + B_2$

Protonenabgabe	
$HA \rightleftharpoons H^+ + A^-$	$H_2O \rightleftharpoons H^+ + OH^-$
1. korrespondierendes Säure-Base-Paar	
HA/A^-	H_2O/OH^-
Protonenaufnahme	
$H_2O + H^+ \rightleftharpoons H_3O^+$	$B + H^+ \rightleftharpoons HB^+$
2. korrespondierendes Säure-Base-Paar	
H_2O/H_3O^+	B/HB^+
Rolle des Wassers	
Wassermoleküle fungieren als Base	Wassermoleküle fungieren als Säure

Wasser ist ein **Ampholyt**. Je nach Reaktionspartner kann dieser als Protonendonator (Säure) oder als Protonenakzeptor (Base) fungieren.

Säure-Base-Theorie nach LEWIS
Eine Erweiterung der Säure-Base-Theorie nach BRØNSTED entwickelte 1923 der amerikanische Chemiker Gilbert Newton LEWIS (1875–1946). Nach dieser Theorie gilt:

Säuren sind **Elektronenpaarakzeptoren**, **Basen** sind **Elektronenpaardonatoren**.

Durch die Reaktion einer LEWIS-Säure mit einer LEWIS-Base entsteht ein Produkt, in dem die beiden Reaktionspartner **koordinativ** miteinander verbunden sind.

5.3 Konzentration und pH-Wert

Konzentration und Aktivität
Um die Menge der Oxoniumionen bzw. Hydroxidionen in einer Lösung quantitativ zu beschreiben, bedient man sich der **Stoffmengenkonzentration *c*** bzw. der **Aktivität *a***.

Die Stoffmengenkonzentration ist der Quotient aus der Stoffmenge eines Stoffes X und dem Gesamtvolumen der Lösung:

$$c = \frac{n(X)}{V(\text{Lös.})} \quad [\text{mol} \cdot \text{L}^{-1}]$$

In konzentrierten Lösungen ist die freie Beweglichkeit der Ionen eingeschränkt. Die „wirksame Konzentration“ liegt dabei unter der tatsächlichen und wird als **Aktivität** bezeichnet:

$$a = \gamma \cdot c \qquad \gamma\text{: Aktivitätskoeffizient; } 0 < \gamma < 1$$

Aktivitätskoeffizienten lassen sich experimentell ermitteln.

Autoprotolyse und Ionenprodukt des Wassers

Die Konzentration der Oxonium- und der Hydroxidionen in reinem Wasser beträgt unter Standardbedingungen:

$$c(H_3O^+) = c(OH^-) = 10^{-7}\ mol \cdot L^{-1}$$

Diese Ionenkonzentration entsteht durch die **Autoprotolyse des Wassers:**

$$H_2O + H_2O \rightleftharpoons H_3O^+ + OH^-$$

Bei einer **Autoprotolyse** findet ein Protonenübergang zwischen gleichen Teilchen eines Stoffes statt.

Zur quantitativen Beschreibung des Autoprotolysegleichgewichts wird das Massenwirkungsgesetz angewendet:

$$K_c = \frac{c(H_3O^+) \cdot c(OH^-)}{c(H_2O)^2}$$

Das geringe Ausmaß der Autoprotolyse führt dazu, dass sich die Konzentration des Wassers im chemischen Gleichgewicht nur unwesentlich von der Ausgangskonzentration unterscheidet. Sie kann deshalb in die Gleichgewichtskonstante einbezogen werden. Dadurch entsteht das **Ionenprodukt des Wassers K_W:**

$$K_W = c(H_3O^+) \cdot c(OH^-)$$
$$= 10^{-7}\ mol \cdot L^{-1} \cdot 10^{-7}\ mol \cdot L^{-1} = 10^{-14}\ mol^2 \cdot L^{-2}$$

Anstelle des K_W-Wertes kann auch der pK_W-Wert angegeben werden:

$$pK_W = -\lg \frac{K_W}{mol^2 \cdot L^{-2}} = -\lg\{K_W\} = 14$$

pH-Wert

Saure, basische und neutrale Lösungen unterscheiden sich durch das Konzentrationsverhältnis der Oxoniumionen und Hydroxidionen.

Zur Charakterisierung des sauren, neutralen bzw. basischen Charakters wird der **pH-Wert** verwendet:

Der pH-Wert ist der negative dekadische Logarithmus der Oxoniumionenkonzentration. $pH = -\lg \frac{c(H_3O^+)}{mol \cdot L^{-1}} = -\lg\{c(H_3O^+)\}$

Anstelle des pH-Wertes kann auch der **pOH-Wert** als negativer dekadischer Logarithmus der Hydroxidionenkonzentration verwendet werden.

saure Lösung	**neutrale Lösung**	**basische Lösung**
$c(H_3O^+) > c(OH^-)$	$c(H_3O^+) = c(OH^-)$	$c(H_3O^+) < c(OH^-)$
$c(H_3O^+) > 10^{-7}\ mol \cdot L^{-1}$	$c(H_3O^+) = 10^{-7}\ mol \cdot L^{-1}$	$c(H_3O^+) < 10^{-7}\ mol \cdot L^{-1}$
$c(OH^-) < 10^{-7}\ mol \cdot L^{-1}$	$c(OH^-) = 10^{-7}\ mol \cdot L^{-1}$	$c(OH^-) > 10^{-7}\ mol \cdot L^{-1}$
$0 \leq pH < 7$	$pH = 7$	$14 \geq pH > 7$
$14 \geq pOH > 7$	$pOH = 7$	$0 \leq pOH < 7$
$c(H_3O^+) \cdot c(OH^-) = 10^{-14}\ mol^2 \cdot L^{-2}$		
$pH + pOH = 14$		

pH-Werte kleiner 0 oder größer 14 können bei sehr starken Säuren und Basen und einer Konzentration von größer als 1 $mol \cdot L^{-1}$ auftreten.

5.4 Stärke von Säuren und Basen

Säure-Base-Reaktionen sind Gleichgewichtsreaktionen. Das Gleichgewicht kann nahezu vollständig auf der Seite der Protolyseprodukte liegen; es gibt aber auch Säuren und Basen, die kaum zur Protolyse neigen.

Eine Säure bzw. eine Base sind umso stärker, je größer ihre Tendenz zur Protolyse ist.

Zur halbquantitativen Beschreibung dieses Gleichgewichts verwendet man z. B. die Begriffe „sehr stark“, „stark“, „mittelstark“, „schwach“ und „sehr schwach“. Mithilfe des Massenwirkungsgesetzes ist eine quantitative Beschreibung der **Säure- bzw. Basenstärke** möglich: Man verwendet die **Säurekonstante K_S** bzw. die **Basenkonstante K_B**.

Für die Protolyse einer Säure **HA in wässriger Lösung** gilt:

$$K_S = \frac{c(H_3O^+)\cdot c(A^-)}{c(HA)}\ [mol\cdot L^{-1}] \qquad \text{mit } c(HA) = c_0(HA) - c(H_3O^+)$$

Säureexponent $pK_S = -\lg\{K_S\}$

Für die Protolyse einer **Base B in wässriger Lösung** gilt:

$$K_B = \frac{c(HB)\cdot c(OH^-)}{c(B)}\ [mol\cdot L^{-1}] \qquad \text{mit } c(B) = c_0(B) - c(OH^-)$$

Basenexponent $pK_B = -\lg\{K_B\}$

- Je größer die Säurekonstante (bzw. je kleiner der Säureexponent), desto stärker ist die Säure.
- Je größer die Basenkonstante (bzw. je kleiner der Basenexponent), desto stärker ist die Base.

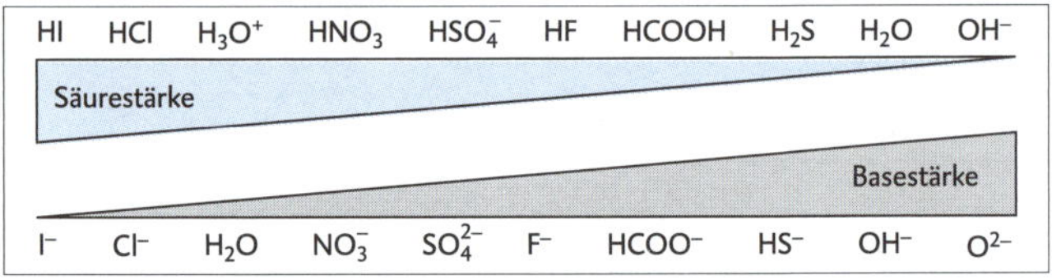

HI	HCl	H_3O^+	HNO_3	HSO_4^-	HF	HCOOH	H_2S	H_2O	OH^-
Säurestärke → abnehmend									
Basestärke → zunehmend									
I^-	Cl^-	H_2O	NO_3^-	SO_4^{2-}	F^-	$HCOO^-$	HS^-	OH^-	O^{2-}

Das Produkt der Säurekonstante K_S einer Säure HA und der Basenkonstante K_B ihrer korrespondierenden Base A^- ergibt das Ionenprodukt des Wassers K_W:

$$HA + H_2O \rightleftharpoons H_3O^+ + A^- \qquad A^- + H_2O \rightleftharpoons HA + OH^-$$

$$K_S = \frac{c(H_3O^+)\cdot c(A^-)}{c(HA)} \qquad K_B = \frac{c(OH^-)\cdot c(HA)}{c(A^-)}$$

$$K_S \cdot K_B = \frac{c(H_3O^+)\cdot c(A^-)\cdot c(OH^-)\cdot c(HA)}{c(HA)\cdot c(A^-)} = c(H_3O^+)\cdot c(OH^-) = K_W$$

Daraus folgt, dass die Summe des Säureexponenten pK_S und des Basenexponenten pK_B der korrespondierenden Base gleich pK_W, also 14, ist.

- Je stärker eine Säure ist, umso schwächer ist ihre korrespondierende Base.
- Je stärker eine Base ist, umso schwächer ist ihre korrespondierende Säure.

Bei **mehrprotonigen Säuren** werden die Protonen stufenweise abgegeben. Das in der ersten Dissoziationsstufe entstehende noch wasserstoffhaltige Säurerestion stellt einen **Ampholyten** dar und hat einen eigene Säure- bzw. Basenkonstante. Die Anzahl der in einem Säuremolekül vorhandenen Wasserstoffionen ist gleich der Anzahl der Protolysestufen der Säure:

$$H_2A + H_2O \rightleftharpoons H_3O^+ + HA^- \quad K_{S1} = \frac{c(H_3O^+) \cdot c(HA^-)}{c(H_2A)}$$

$$HA^- + H_2O \rightleftharpoons H_3O^+ + A^{2-} \quad K_{S2} = \frac{c(H_3O^+) \cdot c(A^{2-})}{c(HA^-)}$$

5.5 pH-Wert-Berechnungen

Die Säurestärke spielt für die Berechnung von pH-Werten eine entscheidende Rolle.

pH-Werte sehr starker Säuren bzw. Basen

($K > 55{,}5\ \text{mol} \cdot L^{-1}$)

Sehr starke Säuren bzw. Basen protolysieren nahezu vollständig. Die Konzentration der Oxoniumionen bzw. Hydroxidionen kann deshalb mit der Ausgangskonzentration der Säure bzw. der Base gleichgesetzt werden:

$$c(H_3O^+) = c_0(HA)$$

$$pH = -\lg\{c_0(HA)\}$$

$$c(OH^-) = c_0(B) \qquad pOH = -\lg\{c_0(B)\}$$

$$pH = 14 + \lg\{c_0(B)\}$$

pH-Wert starker Säuren bzw. Basen

($0{,}01\,\text{mol} \cdot L^{-1} < K \cdot c_0^{-1} < 55{,}5\,\text{mol} \cdot L^{-1}$)

Bei starken Säuren ist die Konzentration der Oxoniumionen kleiner als die Ausgangskonzentration der Säure: $c(H_3O^+) < c_0(HA)$. Bei der Berechnung des pH-Werts muss die Gleichgewichtslage berücksichtigt werden. Aus dem Massenwirkungsgesetz folgt:

$$K_S = \frac{c(H_3O^+) \cdot c(A^-)}{c(HA)}$$

mit $c(H_3O^+) = c(A^-)$ und $c(HA) = c_0(HA) - c(H_3O^+)$ folgt:

$$K_S = \frac{c(H_3O^+)^2}{c_0(HA) - c(H_3O^+)} \qquad (1)$$

Die Berechnung des pH-Wertes ergibt sich durch Lösung der quadratischen Gleichung:

$$0 = c(H_3O^+)^2 + K_S \cdot c(H_3O^+) - K_S \cdot c_0(HA)$$

$$c(H_3O^+) = -\frac{K_S}{2} + \sqrt{\left(\frac{K_S}{2}\right)^2 + K_S \cdot c_0(HA)} \qquad pH = -\lg\{c(H_3O^+)\}$$

Analog lassen sich für starke Basen die Hydroxidionenkonzentration bzw. der pH-Wert berechnen:

$$c(OH^-) = -\frac{K_B}{2} + \sqrt{\left(\frac{K_B}{2}\right)^2 + K_B \cdot c_0(B)} \qquad pH = 14 + \lg\{c(OH^-)\}$$

pH-Wert mittelstarker bis sehr schwacher Säuren bzw. Basen
($K < 0{,}01\ mol \cdot L^{-1}$)
Prinzipiell können die gerade abgeleiteten Gleichungen auch für die Berechnung von pH-Werten mittelstarker bis sehr schwacher Säuren bzw. Basen genutzt werden. Da bei mittelstarken bis sehr schwachen Säuren die Konzentration der Oxoniumionen **viel** kleiner als die Ausgangskonzentration der Säure ist ($c(H_3O^+) << c_0(HA)$), kann Gleichung (1) vereinfacht und der pH-Wert wie folgt berechnet werden:

$$K_S = \frac{c(H_3O^+)^2}{c_0(HA)} \qquad c(H_3O^+) = \sqrt{K_S \cdot c_0(HA)}$$

$$pH = \frac{1}{2}(pK_S - \lg\{c_0(HA)\})$$

Analog gilt für die Berechnung des pH-Wertes mittelstarker bis sehr schwacher Basen:

$$pH = 14 - \frac{1}{2}(pK_B - \lg\{c_0(B)\})$$

Protolysegrad

Das Ausmaß der Protolyse starker bis sehr schwacher Säuren und Basen hängt von der Säure- bzw. Basekonstante und der Ausgangskonzentration der Säure bzw. Base ab. Der Anteil der protolysierten Teilchen kann durch den **Protolysegrad α** quantitativ beschrieben werden. Bei der Protolyse von Säuren spricht man konkret vom **Deprotonierungsgrad**, bei der Protolyse von Basen vom **Protonierungsgrad**.

$$\alpha = \frac{c_0(HA) - c(HA)}{c_0(HA)} = \frac{c(A^-)}{c_0(HA)} = \frac{c(H_3O^+)}{c_0(HA)}$$

$$\alpha = \frac{c_0(B) - c(B)}{c_0(B)} = \frac{c(HB^+)}{c_0(B)} = \frac{c(OH^-)}{c_0(B)}$$

Der Protolysegrad kann damit Werte zwischen 0 und 1 annehmen. Sehr starke Säuren bzw. Basen haben einen Protolysegrad von 1.

Der **Deprotonierungsgrad** einer Säure ist der Quotient aus der Konzentration der Oxoniumionen und der Ausgangskonzentration der Säure. Der **Protonierungsgrad** einer Base ist der Quotient aus der Konzentration der Hydroxidionen und der Ausgangskonzentration der Base.

5.6 Protolyse wässriger Salzlösungen

Sauer reagierende Salzlösungen

Eine wässrige Lösung eines Salzes reagiert sauer, wenn

- die Anionen als Säure mit Wasser reagieren, z. B.
  $HSO_4^- + H_2O \rightleftharpoons H_3O^+ + SO_4^{2-}$
- die Kationen als Säure mit Wasser reagieren, z. B.
  $NH_4^+ + H_2O \rightleftharpoons H_3O^+ + NH_3$
- die hydratisierten Metallionen mit Wasser als Säure reagieren, z. B.
  $[Al(H_2O)_6]^{3+} + H_2O \rightleftharpoons H_3O^+ + [Al(H_2O)_5(OH)]^{2+}$

Basisch reagierende Salzlösungen

Eine wässrige Lösung eines Salzes reagiert basisch, wenn

- die Anionen als Base mit Wasser reagieren.
  z. B. $CO_3^{2-} + H_2O \rightleftharpoons OH^- + HCO_3^-$

Neutral reagierende Salzlösungen

- Eine wässrige Lösung eines Salzes reagiert neutral, wenn weder die Kationen noch die Anionen mit Wasser eine saure oder basische Reaktion zeigen
  z. B. $Na^+ + H_2O \longrightarrow$ keine Reaktion*
  z. B. $Cl^- + H_2O \longrightarrow$ keine Reaktion*
  **da sehr schwache Protolyse*
- die Kationen und die Anionen mit Wasser in gleichem Ausmaß als Säure und als Base reagieren.
  z. B. $NH_4^+ + H_2O \rightleftharpoons H_3O^+ + NH_3$
  z. B. $CH_3COO^- + H_2O \rightleftharpoons OH^- + CH_3COOH$

5.7 Pufferlösungen

Die Bildung oder der Verbrauch von Oxonium- bzw. Hydroxidionen führt zu einer deutlichen Änderung des pH-Wertes. Für eine Vielzahl biochemischer und chemisch-technischer Prozesse muss dies aber unbedingt verhindert werden. Dazu verwendet man **Pufferlösungen**.

Pufferlösungen sind wässrige Lösungen, deren pH-Wert sich bei Zugabe von Oxonium- oder Hydroxidionen nur unwesentlich ändert. Sie bestehen aus einer mittelstarken bis schwachen Säure (= Puffersäure) und ihrer korrespondierenden Base (= Pufferbase).

Als korrespondierende Base wird häufig das Salz der entsprechenden Säure verwendet. Die chemischen Gleichgewichte der Protolyse der Puffersäure und der Pufferbase liegen deutlich auf der Seite der nicht protolysierten Reaktionspartner, also der Edukte:

$$HA + H_2O \rightleftharpoons H_3O^+ + A^-$$

$$A^- + H_2O \rightleftharpoons OH^- + HA$$

Damit liegen in einer Pufferlösung hohe Anteile an Puffersäure (HA) und Pufferbase (A^-) vor.

- Bei Zugabe von Oxoniumionen werden diese durch die Pufferbase abgepuffert:
  $A^- + H_3O^+ \rightleftharpoons HA + H_2O$
  Der Anteil der Pufferbase sinkt, der der Puffersäure steigt.

- Bei Zugabe von Hydroxidionen werden diese durch die Puffersäure abgepuffert:
  $HA + OH^- \rightleftharpoons A^- + H_2O$
  Der Anteil der Puffersäure sinkt, der der Pufferbase steigt.

Puffer	Puffersäure	Pufferbase	pH-Wert [1]
„Essigsäure-Puffer“	CH_3COOH	$Na(CH_3COO)$ CH_3COO^-	4,75
„Kohlensäure-Puffer“	H_2CO_3	$NaHCO_3$ HCO_3^-	6,52
„Phosphat-Puffer“	NaH_2PO_4 $H_2PO_4^-$	Na_2HPO_4 HPO_4^{2-}	7,20
„Ammoniak-Puffer“	NH_4Cl NH_4^+	NH_3	9,25

1 Dieser pH-Wert gilt für **äquimolare** Lösungen, d. h. Lösungen mit gleicher Stoffmengenkonzentration.

Liegt ein äquimolares Verhältnis von Puffersäure und Pufferbase vor, hat das Puffergemisch seine größte **Pufferkapazität**.

Die Pufferkapazität ist die Stoffmenge einer einmolaren sehr starken Säure oder Base, die man einem Liter Pufferlösung zugeben kann, ohne dass sich der pH-Wert der Lösung entscheidend ändert ($\Delta pH < 1$).

Die Pufferkapazität hängt vom Konzentrationsverhältnis von Puffersäure zu Pufferbase und von der Gesamtkonzentration der Bestandteile ab. Zur quantitativen Beschreibung eines Puffers und seiner Wirkung wird die **HENDERSON-HASSELBALCH'sche Gleichung** genutzt:

$$c(H_3O^+) = K_S \cdot \frac{c(HA)}{c(A^-)} \qquad \text{bzw.} \qquad pH = pK_S + \lg\left\{\frac{c(A^-)}{c(HA)}\right\}$$

In äquimolaren Lösungen gilt: $c(HA) = c(A^-)$. Daraus folgt, dass der pH-Wert der Pufferlösung gleich dem pK_S-Wert der Puffersäure ist (da der Logarithmus von 1 gleich 0 ist und der konzentrationsabhängige Term der HENDERSON-HASSELBALCH-Gleichung somit entfällt).
Mit dieser Gleichung kann auch die Änderung des pH-Wertes bei Zugabe einer bestimmten Stoffmenge an Oxonium- oder Hydroxidionen be-

rechnet werden. Die Änderung des pH-Wertes einer Pufferlösung bei Zugabe einer sauren oder einer basischen Lösung kann in einer Pufferungskurve dargestellt werden.

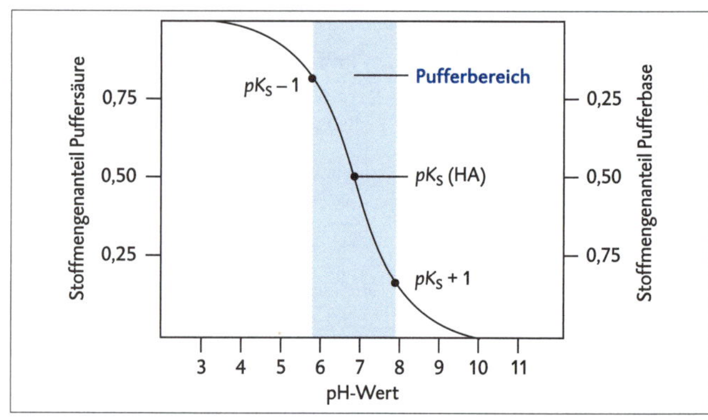

5.8 Indikatoren

Indikatoren sind Farbstoffe, die durch einen charakteristischen Farbwechsel eine bestimmte Konzentration einzelner Ionenarten anzeigen.

Zur Bestimmung von pH-Werten und für die Durchführung von **Neutralisationsreaktionen** werden pH-Indikatoren genutzt. Dies sind meist organische Säuren, die durch die Abgabe eines Protons einen Farbumschlag erfahren. Der Farbwechsel wird durch die Veränderung der Gleichgewichtslage zwischen **Indikatorsäure** (HInd) und **Indikatorbase** (Ind^-) verursacht:

$$HInd + H_2O \rightleftharpoons H_3O^+ + Ind^-$$

Farbe 1 der Indikatorsäure — Farbe 2 der Indikatorbase

Besitzen die Moleküle der Indikatorsäure mehrere Protonen, so weist der Indikator mehrere Umschlagbereiche auf. pH-Indikatoren lassen sich nach ihrem Farbumschlag einteilen:

- **Einfarbenindikatoren** weisen nur auf der einen Seite des Umschlagbereiches eine Farbe auf; die Indikatorsäure oder die Indikatorbase ist farblos (z. B. Phenolphthalein).

- **Zweifarbenindikatoren** weisen auf beiden Seiten des Umschlagbereiches eine charakteristische Farbe auf (z. B. Bromthymolblau).
- **Universalindikatoren** sind Gemische aus verschiedenen Indikatoren; sie weisen viele Farbumschläge auf, die anhand einer Farbskala einem bestimmten pH-Wert zugeordnet werden können (z. B. Unitest, Unisol).

Der **Umschlagbereich** eines Indikators wird durch den pK_S-Wert der Indikatorsäure bestimmt:

$$pH = pK_S\,(HInd) + \lg\left\{\frac{c(Ind^-)}{c(HInd)}\right\}$$

Wenn die Konzentrationen von Indikatorsäure und Indikatorbase gleich sind, schlägt der Indikator bei $pH = pK_S$ (HInd) in die entsprechend andere Farbe um. Dieser Punkt ist aber nicht genau bestimmbar. Das menschliche Auge kann den Farbumschlag erst gut erkennen, wenn das Konzentrationsverhältnis von Indikatorsäure zu Indikatorbase 10 : 1 bzw. 1 : 10 erreicht hat. Daraus ergibt sich der Umschlagbereich bei $pH = pK_S \pm 1$.

5.9 Säure-Base-Titrationen

Grundlagen und Durchführung

Die Konzentrationen einer Säure bzw. Base lassen sich durch Säure-Base-Titrationen bestimmen.

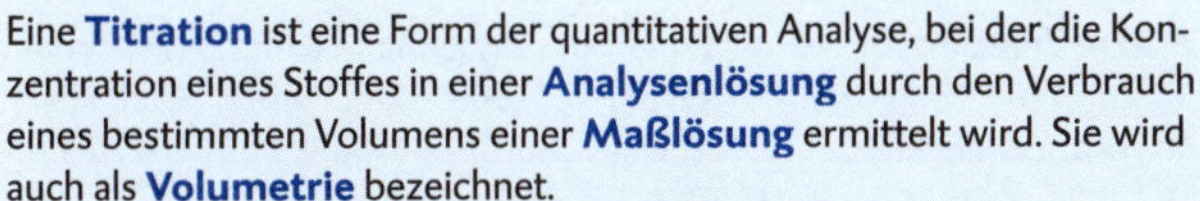

Eine **Titration** ist eine Form der quantitativen Analyse, bei der die Konzentration eines Stoffes in einer **Analysenlösung** durch den Verbrauch eines bestimmten Volumens einer **Maßlösung** ermittelt wird. Sie wird auch als **Volumetrie** bezeichnet.

Qualitative Grundlage sind **Neutralisationsreaktionen**.

Eine **Neutralisation** ist eine besondere Form der Protolysereaktion, bei der Oxoniumionen und Hydroxidionen zu Wassermolekülen reagieren.

$$H_3O^+ + OH^- \rightleftharpoons 2\,H_2O$$

Bei der Reaktion einer Säure mit einer Base bilden sich sowohl ein Salz als auch Wasser.

Nach Zugabe eines Indikators zu einem genau bestimmten Volumen der Analysenlösung lässt man aus der Bürette die Maßlösung bis zum Erreichen des **Äquivalenzpunktes** zutropfen. Für genaue Ergebnisse wird der Durchschnittswert aus drei Messungen bestimmt.

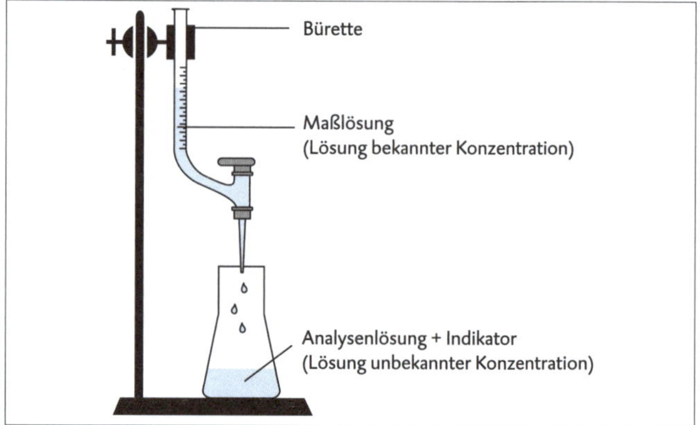

Der **Äquivalenzpunkt** ist der Endpunkt der Titration, an dem die Stoffmenge der zu bestimmenden Säure bzw. Base gleich der Stoffmenge der in der verbrauchten Maßlösung vorhandenen Base bzw. Säure ist.

Um exakte Ergebnisse zu ermitteln, muss die genaue Konzentration der Maßlösung (der sogenannte **Titer**) bekannt sein. Diese wird vorab durch Titration der hergestellten Maßlösung mit einer kommerziell erworbenen Urtiterlösung exakter Konzentration ermittelt.

Auswertung

Am Äquivalenzpunkt gilt: $n_1 = n_2$ (1: Analysenlösung; 2: Maßlösung)

Berechnung von	Gleichung
Stoffmenge der Säure bzw. Base	$n_1 = c_2 \cdot V_2$
Konzentration der Säure bzw. Base	$c_1 = \frac{c_2 \cdot V_2}{V_1}$
Masse der gelösten Säure bzw. Base	$m_1 = c_2 \cdot V_2 \cdot M_1$

Reagiert eine zweiprotonige Säure (z. B. Schwefelsäure) mit einer einwertigen Base (z. B. Natronlauge), so ist die Konzentration der Oxoniumionen doppelt so groß wie die Konzentration der Säure. Für die Auswertung solcher Neutralisationsreaktionen gilt: n(Base) = 2n(Säure) (z. B. $n(NaOH) = 2n(H_2SO_4)$). Die Stoffmenge der Oxoniumionen in der Schwefelsäure ist doppelt so groß wie die Stoffmenge der Säure selbst. Ersetzt man die Stoffmenge der Oxoniumionen durch die Stoffmenge der Säure ergibt sich:

$$\frac{n(H_3O^+)}{2} = n(H_2SO_4) \qquad \text{bzw.} \qquad n(H_3O^+) = 2n(H_2SO_4)$$

Titrationskurven
Verfolgt man den pH-Wert während einer Titration, so entsteht eine **Titrationskurve**. Je nach eingesetzter Säure bzw. Base ergeben sich unterschiedliche Kurvenverläufe:

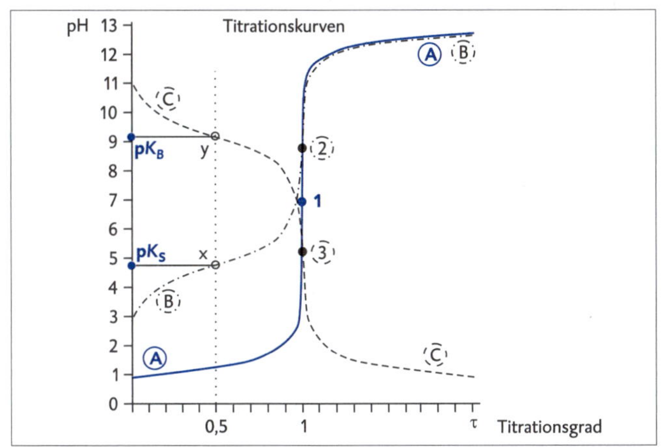

Kurve (A) sehr starke Säure + sehr starke Base
(Punkt 1: Äquivalenzpunkt bei pH = 7)
Kurve (B) schwache Säure + sehr starke Base
(Punkt 2: Äquivalenzpunkt bei pH > 7)
Kurve (C) schwache Base + sehr starke Säure
(Punkt 3: Äquivalenzpunkt bei pH < 7)

Der Indikator muss so gewählt werden, dass der Äquivalenzpunkt der Titration innerhalb des Umschlagbereiches des Indikators liegt.
Neben der Bestimmung der Konzentration, Stoffmenge, Masse und des pH-Wertes einer Säure bzw. einer Base kann durch die Titration der pK_S-Wert einer schwachen Säure bzw. der pK_B-Wert einer schwachen Base ermittelt werden: Nach der Methode der **Halbtitration** titriert man zunächst bis zum Äquivalenzpunkt, misst das verbrauchte Volumen an Maßlösung, gibt bei einer zweiten Titration genau die Hälfte der verbrauchten Maßlösung hinzu und misst den pH-Wert.

- Für eine schwache Säure gilt: $pK_S = pH$
  (siehe Abb. S. 41, Punkt x: Halbäquivalenzpunkt)
- Für eine schwache Base gilt $pK_B = 14 - pH$
  (siehe Abb. S. 41, Punkt y: Halbäquivalenzpunkt)

Konduktometrische Titration

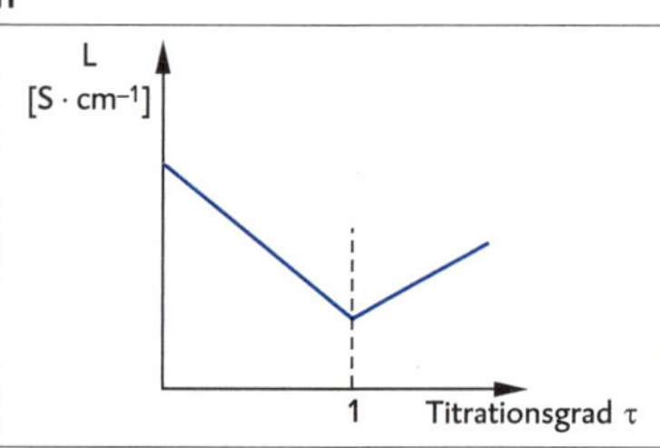

Die Bestimmung des Äquivalenzpunktes kann auch durch die Messung der elektrischen Leitfähigkeit der Lösung ermittelt werden. Durch die Reaktion der Oxoniumionen mit den Hydroxidionen zu Wassermolekülen sinkt die elektrische Leitfähigkeit bis zum Äquivalenzpunkt. Erst bei einem Überschuss einer der beiden Ionenarten steigt die elektrische Leitfähigkeit wieder.

6 Löslichkeitsgleichgewichte

Salze und salzartige Stoffe weisen sehr unterschiedliche Löslichkeiten auf. Die Ermittlung und Beeinflussung der Löslichkeit spielt bei vielen chemischen Reaktionen in Natur und Technik eine große Rolle. So soll z. B. bei der Abwasserreinigung die Löslichkeit eines schwer löslichen Stoffes weiter **verringert** werden, um einen hohen Anteil gesundheitsgefährdender Ionen aus dem Wasser zu beseitigen. Andererseits soll z. B. beim Waschprozess das Ausfallen von Kalkseifen eingeschränkt werden, indem ihre Löslichkeit **erhöht** wird.

6.1 Löslichkeit und Löslichkeitsprodukt

Die **Löslichkeit l_0** ist die Konzentration eines Stoffes in seiner gesättigten Lösung. Sie wird auch als **Sättigungskonzentration c_S** bezeichnet.

Ist ein Salz oder salzartiger Stoff vollständig gelöst, liegen nur hydratisierte Kationen und Anionen im Gemisch mit Wasser vor. Kann noch weiterer Stoff gelöst werden, ist die Lösung **ungesättigt**; ist die Löslichkeit erschöpft bezeichnet man die Lösung als **gesättigt**. Die Löslichkeit ist temperaturabhängig.

Zur quantitativen Beschreibung der Löslichkeit l_0 kann die maximal mögliche Masse oder Stoffmenge eines Stoffes X in einem bestimmten Volumen der Lösung angegeben werden.

$$l_0 = c_S = \frac{n(X)}{V(\text{Lös.})}$$

Beim Lösen eines Stoffes der Zusammensetzung A_mB_n stellt sich in wässriger Lösung folgendes Gleichgewicht ein:

$$A_mB_n\,(s) \rightleftharpoons m\,A^{n+}\,(aq) + n\,B^{m-}\,(aq)$$

Nach dem Massenwirkungsgesetz gilt:

$$K_c = \frac{c(A^{n+})^m \cdot c(B^{m-})^n}{A_mB_n}$$

Da sich für schwer wasserlösliche Stoffe die Konzentration des ungelösten Stoffes im chemischen Gleichgewicht nur unwesentlich von der Ausgangskonzentration unterscheidet, kann diese als konstant angesehen werden. Damit ergibt sich aus dem Produkt der Ionenkonzentrationen das **Löslichkeitsprodukt:**

$$K_L = c^m(A^{n+}) \cdot c^n(B^{m-}) \quad | \text{mol}^{(m+n)} \cdot \text{L}^{-(m+n)} |$$

Üblich ist auch die Angabe des negativen dekadischen Logarithmus pK_L des Löslichkeitsprodukts K_L:

$$pK_L = -\lg\{K_L\}$$

Je kleiner das Löslichkeitsprodukt (und je größer der pK_L-Wert), desto weniger löst sich der Stoff in Wasser.

Die Löslichkeit l_0 berechnet sich nach

$$l_0(A_mB_n) = \sqrt[m+n]{\frac{K_L(A_mB_n)}{m^m \cdot n^n}} \quad [\text{mol} \cdot \text{L}^{-1}]$$

Bezüglich der Löslichkeit von Salzen in Wasser existieren einige „Faustregeln“:

Regel	Ausnahmen
Alle Nitrate sind leicht löslich.	keine
Alle Natrium-, Kalium- und Ammoniumsalze sind leicht löslich.	$KClO_4$
Sulfate sind leicht löslich.	Erdalkalisulfate, $PbSO_4$
Chloride sind leicht löslich.	$CuCl$; Hg_2Cl_2; $AgCl$; $PbCl_2$
Carbonate, Phophate, Oxide und Hydroxide sind schwer löslich.	Alkalisalze; Ammoniumsalze dieser Anionen

6.2 Beeinflussung der Löslichkeit

Die Löslichkeit eines Salzes ist temperaturabhängig:

- Bei exothermen Lösungsvorgängen nimmt die Löslichkeit mit zunehmender Temperatur ab.
- Bei endothermen Lösungsvorgängen nimmt die Löslichkeit mit zunehmender Temperatur zu.

Nach dem Prinzip des kleinsten Zwangs (siehe S. 24) lässt sich die Löslichkeit durch die Veränderung der Konzentration der beteiligten Stoffe beeinflussen.

- Erhöht man die Konzentration eines der im Gleichgewicht vorliegenden Ionen, verschiebt sich das chemische Gleichgewicht zur Seite des ungelösten Stoffes. Die Löslichkeit wird durch die Verwendung eines **gleichionigen Zusatzes** verringert.
- Verringert man die Konzentration eines der im Gleichgewicht vorliegenden Ionen, verschiebt sich das chemische Gleichgewicht zur Seite der hydratisierten Ionen. Durch **Komplexbildung** können einzelne Ionen dem Löslichkeitsgleichgewicht entzogen werden.
- Einige Lösungsvorgänge sind vom pH-Wert abhängig. Die Löslichkeit einiger Salze (z. B. Carbonate) kann durch **Säurezusatz** erhöht werden.

Die Löslichkeit eines Salzes AB in einer Lösung, in der bereits B^--Ionen vorhanden sind, berechnet sich nach:

$$c(A^+) = l = \frac{K_L(AB)}{c(B^-)}$$

6.3 Fraktionierte Fällung

Unterschiedliche Löslichkeitsprodukte verschiedener Stoffe werden auch analytisch genutzt. Um zwei Ionen in einer Lösung nachzuweisen bzw. sie voneinander zu trennen, können diese Ionen mit einem **Fällungsmittel** aus der Lösung nacheinander abgetrennt werden.

Eine **Fällungsreaktion** ist eine Art der chemischen Reaktion, bei der sich Ionen zweier Lösungen zu Kristallen eines schwer löslichen Stoffes vereinigen. Der entstehende schwer lösliche Stoff fällt als **Niederschlag** aus.

Dabei ist wichtig, dass
- das Fällungsmittel mit beiden zu trennenden Ionen schwer lösliche Niederschläge bildet,
- dass sich die Löslichkeitsprodukte der beiden entstehenden schwer löslichen Salze deutlich voneinander unterscheiden ($K_{L1} < K_{L2}$),
- die beiden schwer löslichen Stoffe sich farblich gut unterscheiden.

Bei der fraktionierten Fällung entsteht zunächst der Niederschlag des Stoffes mit dem kleineren Löslichkeitsprodukt (K_{L1}). Durch den Verbrauch der Ionen des Fällungsmittels reicht die Ionenkonzentration zunächst nicht aus, um auch das Löslichkeitsprodukt K_{L2} zu erreichen. Sind bei weiterer Zugabe des Fällungsmittels aber nahezu alle Ionen im Stoff 1 gebunden, erhöht sich die Konzentration des Fällungsmittels so, dass das Produkt der Ionenkonzentration des Fällungsmittels und des anderen Ions das Löslichkeitsprodukt K_{L2} überschreitet; die Fällung des Stoffes 2 beginnt.

Auf diese Weise können z. B.
- Iodid- und Chromationen durch Fällung mit Silberionen,
- Chlorid- und Iodidionen durch Fällung mit Silber- oder Blei(II)-Ionen
- Chlorid- und Sulfidionen durch Fällung mit Blei(II)-Ionen

voneinander getrennt bzw. nachgewiesen werden.

6.4 Fällungstitration

Das Prinzip der fraktionierten Fällung kann auch die Grundlage für die **Fällungstitration** darstellen.

Eine Fällungstitration ist eine Form der Volumetrie, bei der die Konzentration eines Stoffes durch eine Fällungsreaktion ermittelt wird.

Der zu bestimmende Stoff ist Bestandteil der Analysenlösung; die Maßlösung enthält das Fällungsmittel. Aus dem Verbrauch an Maßlösung können die Konzentration der Analysenlösung sowie die Stoffmenge und Masse eines Stoffes in der Lösung ermittelt werden.

Der Äquivalenzpunkt kann
- mit **Fällungs-Farbindikatoren** ermittelt werden. Sie geben mit dem Fällungsmittel nach dem Prinzip der fraktionierten Fällung einen farbigen Niederschlag, sobald die Ionen der Analysenlösung verbraucht sind.
- konduktometrisch bestimmt werden. Am Äquivalenzpunkt erreicht die elektrische Leitfähigkeit der Lösung ein Minimum.

Redoxreaktion und Elektrochemie

1 Redoxreaktionen

Viele chemische Reaktionen in Natur und Technik beruhen auf dem Übergang von Elektronen von einem Reaktionspartner zum anderen.

1.1 Redoxreaktionen als Elektronenübergänge

Eine **Redoxreaktion** ist eine Art der chemischen Reaktion, bei der Oxidation und Reduktion gleichzeitig und voneinander abhängig ablaufen. Die **Oxidation** ist dabei die **Elektronenabgabe**; die **Reduktion** ist durch die **Elektronenaufnahme** gekennzeichnet.

Der Begriff der Oxidation als Sauerstoffaufnahme und der Reduktion als Sauerstoffabgabe wird durch diese Definition nicht außer Kraft gesetzt, sondern erweitert.

- Der die **Elektronen abgebende Reaktionspartner** wird als **Elektronendonator** und als **Reduktionsmittel (RM)** bezeichnet.
- Der die **Elektronen aufnehmende Reaktionspartner** wird als **Elektronenakzeptor** und als **Oxidationsmittel (OM)** bezeichnet.
- Das Reduktionsmittel wird oxidiert, das Oxidationsmittel reduziert.

Die Umkehrbarkeit von Redoxreaktionen führt zur Bildung von **korrespondierenden Redoxpaaren**. Aus dem Reduktionsmittel entsteht durch Elektronenabgabe ein Oxidationsmittel; aus dem Oxidationsmittel entsteht durch Elektronenaufnahme ein Reduktionsmittel. Die beiden Paare werden durch die Indices 1 und 2 gekennzeichnet:

$$\text{RM 1} \xrightleftharpoons{\text{Oxidation bzw. Reduktion}} \text{OM 1} + z\,e^-$$

$$\text{OM 2} + z\,e^- \xrightleftharpoons{\text{Oxidation bzw. Reduktion}} \text{RM 2}$$

$$\text{RM 1} + \text{OM 2} \xrightleftharpoons{\text{Oxidation bzw. Reduktion}} \text{OM 1} + \text{RM 2}$$

Die Kurzschreibweise für die korrespondierenden Redoxpaare lautet:

RM1/OM1 (Bsp. Zn/Zn^{2+}) bzw. OM2/RM2 (Bsp. $2\,H^+/H_2$)

1.2 Oxidationszahlen – ein Hilfsmittel zum Erkennen von Redoxreaktionen

Nicht bei allen Redoxreaktionen ist der Elektronenübergang sofort ersichtlich. Deshalb bedient man sich eines Hilfsmittels – der Oxidationszahl (OZ).

Oxidationszahlen geben die Art und Anzahl der elektrischen Ladung eines Elements in einer Verbindung an, wenn man alle Verbindungen als aus Ionen aufgebaut betrachtet.

Die Oxidationszahl wird als römische oder arabische Zahl direkt über die Atomsymbole geschrieben.

Nr.	Regel	Beispiel
1	Die Oxidationszahl von **Elementen** ist ±0.	$\overset{\pm 0}{Fe}$ $\overset{\pm 0}{H_2}$
2	Die Oxidationszahl von **Wasserstoff** in Verbindungen und Ionen beträgt meist +1. *(Ausnahme: In Hydriden hat Wasserstoff die Oxidationszahl –1.)*	$\overset{+1}{H}Cl$ $\overset{+1}{H_3}O^+$ $Na\overset{-1}{H}$
3	Die Oxidationszahl von **Sauerstoff** in Verbindungen und Ionen beträgt meist –2. *(Ausnahme: In Peroxiden hat Sauerstoff die Oxidationszahl –1, in Verbindung mit Fluor die Oxidationszahl +2)*	$Pb\overset{-2}{O_2}$ $H_3\overset{-2}{O^+}$ $H_2\overset{-1}{O_2}$ $\overset{+2}{O}F_2$
4	Die Oxidationszahl von **Metallen** in Verbindungen und Ionen ist immer positiv.	$\overset{+2}{Zn}O$ $\overset{+7}{Mn}O_4^-$
5	Die **Summe** der Oxidationszahlen aller **Atome** in chemischen Verbindungen beträgt immer ±0.	$\overset{+1}{H_2}\overset{-2}{O}$ $\overset{+3}{Al}\overset{-1}{Cl_3}$
6	Die Oxidationszahl eines einfachen **Ions** entspricht der Ladung des Ions.	$\overset{+2}{Cu^{2+}}$ $\overset{-3}{N^{3-}}$
7	Die Summe der Oxidationszahlen aller Atome eines **zusammengesetzten Ions** entspricht der Ladung des Ions.	$\overset{+6}{S}\overset{-2}{O_4^{2-}}$ $\overset{-3}{N}\overset{+1}{H_4^+}$
8	Bei **organischen Verbindungen** ist die Summe der Oxidationszahlen eines Kohlenstoffatoms und seiner Nachbaratome immer ±0.	$\overset{-3}{C}\overset{+1}{H_3}-\overset{+1}{C}\overset{+1}{H}\overset{-2}{O}$

Durch Vergleich der Oxidationszahlen der Elemente in den Ausgangsstoffen und Reaktionsprodukten lässt sich eine Redoxreaktion erkennen:

Wenn sich bei einer chemischen Reaktion die **Oxidationszahlen der beteiligten Elemente ändern**, liegt eine Redoxreaktion vor.
Eine **Erhöhung** der Oxidationszahl kennzeichnet die **Oxidation**, eine **Verringerung** der Oxidationszahl ist das Merkmal der **Reduktion**.

Oxidationszahlen erleichtern außerdem das Aufstellen komplizierterer Redoxgleichungen.

1.3 Beispiele für Redoxreaktionen anorganischer Verbindungen

Reaktion von Halogenen mit Halogeniden

Ein Halogen (Hal = Cl_2, Br_2 bzw. I_2) kann mit einem Halogenid (Hal^- = Cl^-, Br^- bzw. I^-) nur reagieren, wenn das Halogen über dem Element steht, das als Halogenid reagiert. Dabei wird das Halogen reduziert, es ist das Oxidationsmittel, das Halogenid wird oxidiert, es ist das Reduktionsmittel.

$$2\,I^- + Br_2 \longrightarrow I_2 + 2\,Br^-$$

Die Reaktion eines Halogens mit einem Halogenid erfolgt damit nur, wenn ein starkes Oxidationsmittel – mit hoher Bereitschaft zur Elektronen**aufnahme** – und ein starkes Reduktionsmittel – mit hoher Bereitschaft zur Elektronen**abgabe** – miteinander reagieren. Ausdruck dieses Verhaltens ist die **Elektronenaffinität**, die im Radius der Halogenatome begründet liegt.

Element	Chlor	Brom	Iod
Elektronenaffinität in $kJ \cdot mol^{-1}$	–349	–328	–314
Atomradius in pm	180	195	215

Dadurch sinkt von Chlor über Brom zum Iod die Bereitschaft zur Elektronenaufnahme, und damit ihre oxidierende Wirkung. Gleichzeitig steigt in gleicher Richtung die Bereitschaft der Ionen zur Elektronenabgabe und damit ihre reduzierende Wirkung.
Ordnet man die korrespondierenden Redoxpaare nach ihrer **abnehmenden Bereitschaft zur Oxidation**, so entsteht eine **Redoxreihe**.

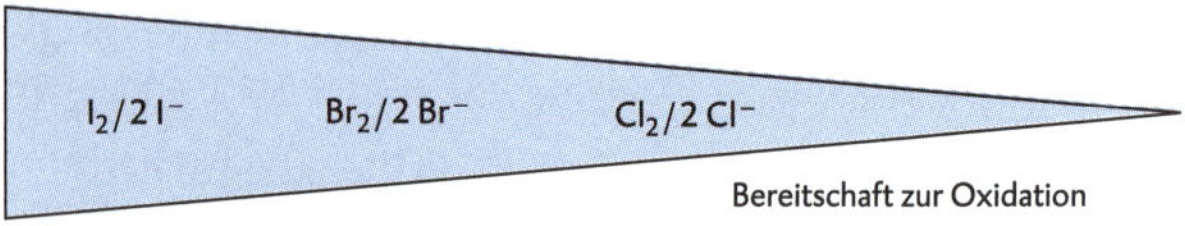

$I_2/2\,I^-$ $Br_2/2\,Br^-$ $Cl_2/2\,Cl^-$

Bereitschaft zur Oxidation

Redoxreihe der Halogene (Auszug)

Redoxreihe der Metalle

Zwischen einem Metall und einer Metallsalzlösung kann es zu einer chemischen Reaktion kommen, bei der das Metall aus seiner Metallsalzlösung abgeschieden und das zugegebene Metall aufgelöst wird. Dieser Vorgang wird **Zementation** oder elektrochemische **Abscheidung** genannt. Die Metallionen der Salzlösung werden reduziert, die Atome des Metalls werden oxidiert. So kann Silber aus Silbersalzen durch Reaktion mit dem unedleren Zink zurückgewonnen werden.

$$2\,Ag^+ + Zn \longrightarrow 2\,Ag + Zn^{2+}$$

Eine Reaktion zwischen einem Metall und einer Metallsalzlösung kann nur dann erfolgen, wenn gleichzeitig die Bereitschaft zur Elektronen**abgabe** durch die Metall**atome** und die Bereitschaft zur Elektronen**aufnahme** durch die Metall**ionen** hoch ist.

Die Anordnung der korrespondierenden Redoxpaare nach ihrer **abnehmenden Bereitschaft** zur Oxidation ergibt die **Redoxreihe der Metalle**. Je weiter rechts das Redoxpaar steht, desto „edler" ist das Metall (siehe Elektrodenpotenzial S. 55).

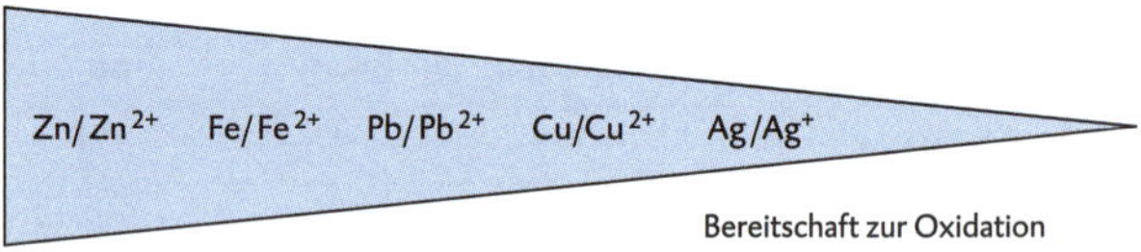

Zn/Zn^{2+} Fe/Fe^{2+} Pb/Pb^{2+} Cu/Cu^{2+} Ag/Ag^+

Bereitschaft zur Oxidation

Redoxreihe der Metalle (Auszug)

Redoxreaktionen mit Nebengruppenelementen

Nebengruppenelemente können aufgrund ihres Atombaus verschiedene **Oxidationsstufen** annehmen, d. h. man kann ihnen in Abhängigkeit ihres Vorkommens in verschiedenen Verbindungen unterschiedliche Oxidationszahlen zuordnen. Dabei zeichnen sich die Verbindungen von Nebengruppenelementen durch ihre **Farbigkeit** aus.

OZ	Eisen	Kupfer	Mangan	Chrom
+1	–	Cu^{+} farblos 1)	–	–
+2	Fe^{2+} gelbgrün	Cu^{2+} blau	Mn^{2+} farblos/rosa	Cr^{2+} blau 2)
+3	Fe^{3+} gelbbraun	–	Mn^{3+} rot 2)	Cr^{3+} grün 3)
+4	–	–	MnO_2 braun	–
+5	–	–	MnO_4^{3-} blau 2)	–
+6	–	–	MnO_4^{2-} grün	CrO_4^{2-} / $Cr_2O_7^{2-}$ 4) gelb/orange
+7	–	–	MnO_4^{-} violett	–

1 im festen Zustand Cu_2O rot, Cu_2S schwarz
2 in wässriger Lösung sehr instabil
3 in wässriger Lösung teils auch violett gefärbt
4 Vorkommen vom pH-Wert abhängig: in saurer Lösung als Dichromat, in basischer Lösung als Chromat

So können z. B. Permanganationen ausschließlich reduziert werden, weil Mangan in dieser Verbindung in seiner höchsten Oxidationsstufe vorliegt. Die zu erreichende Oxidationsstufe ist vom pH-Wert abhängig. In saurer Lösung kommt es durch die Bildung von Mangan(II)-ionen zu einer Entfärbung, in neutraler und schwach basischer Lösung durch die Bildung von Mangan(IV)-oxid zu einer Braunfärbung und in stark basischem Milieu zeigt die Grünfärbung die Bildung von Manganat(VI)-ionen an.

Das Aufstellen komplexerer Redoxgleichungen soll am Beispiel der Reduktion von Permanganationen mit Eisen(II)-ionen im sauren Milieu verdeutlicht werden:

1. Aufstellen der Teilgleichung für die Oxidation:

$$Fe^{2+} \longrightarrow Fe^{3+} + e^{-}$$

2. Aufstellen der Teilgleichung für die Reduktion:
   a) Angabe des Redoxpaares und Ermitteln der abgegebenen Elektronen mithilfe der Oxidationszahlen:
   $$\overset{+7}{Mn}O_4^- + 5\,e^- \longrightarrow \overset{+2}{Mn}{}^{2+}$$
   b) Durchführung des Ladungsausgleiches mithilfe der Oxoniumionen (vereinfacht wird hier von Wasserstoffionen ausgegangen):
   $$MnO_4^- + 5\,e^- + 8\,H^+ \longrightarrow Mn^{2+}$$
   c) Ausgleichen der Sauerstoffatome durch Wassermoleküle:
   $$MnO_4^- + 5\,e^- + 8\,H^+ \longrightarrow Mn^{2+} + 4\,H_2O$$
3. Aufstellen der Gesamtgleichung durch Bestimmen des kleinsten gemeinsamen Vielfachen der Anzahl der abgegebenen bzw. aufgenommenen Elektronen in den Teilgleichungen und Multiplikation der Teilgleichungen mit den entsprechenden Faktoren:
   $$Fe^{2+} \longrightarrow Fe^{3+} + e^- \quad |\cdot 5$$
   $$MnO_4^- + 5\,e^- + 8\,H^+ \longrightarrow Mn^{2+} + 4\,H_2O \quad |\cdot 1$$
   $$5\,Fe^{2+} + MnO_4^- + 8\,H^+ \longrightarrow 5\,Fe^{3+} + Mn^{2+} + 4\,H_2O$$

1.4 Beispiele für Redoxreaktionen organischer Verbindungen

Kohlenstoff als Hauptbestandteil organischer Verbindungen kann in diesen in verschiedenen Oxidationsstufen auftreten. Bei der Oxidation primärer Alkohole entstehen Aldehyde, bei der Oxidation sekundärer Alkohole bilden sich Ketone, tertiäre Alkohole lassen sich nicht oxidieren.

OZ	Beispiele	OZ	Beispiele
–4	Methan	**±0**	Methanal, sekundäre Alkohole
–3	Methylgruppe	**+1**	Aldehyde, tertiäre Alkohole
–2	Methylengruppe, Methanol	**+2**	Ketone, Methansäure
–1	CH-Gruppe, primäre Alkohole	**+3**	Carbonsäuren

Eine typische Redoxreaktion organischer Stoffe ist die reduzierende Wirkung der Aldehydgruppe, die in der Analytik auch als Nachweis für diese funktionelle Gruppe genutzt wird. Dabei wird die Aldehydgruppe mit einem geeigneten Oxidationsmittel im basischen Milieu zum Carboxylation oxidiert. Die Reduktion des Oxidationsmittels ergibt eine charakteristische Farbänderung:

Nachweisreagens	Oxidationsmittel	Reaktionsprodukt	Beobachtung
FEHLING-Reagens	Cu^{2+}	Cu_2O	ziegelroter Niederschlag
BENEDIKT-Reagens	Cu^{2+}	Cu_2O	ziegelroter Niederschlag
TOLLENS-Reagens	Ag^+	Ag	Silberspiegel, Schwarzfärbung

Durch diese Reaktion kann man auch **reduzierende** von **nicht reduzierenden Zuckern** unterscheiden (siehe S. 178). Reduzierende Zucker besitzen eine Aldehydgruppe, die sich entweder durch die Aufspaltung der Ringform in die Kettenform bildet oder durch die Keto-Enol-Tautomerie, bei der durch die intramolekulare Wanderung eines Protons eine Ketogruppe in eine Aldehydgruppe umgewandelt wird. Reduzierende Zucker sind z. B. Glucose, Fructose, Maltose, Lactose, ein nicht reduzierender Zucker ist z. B. die Saccharose.

2 Grundlagen der Elektrochemie

Redoxreaktionen sind durch die stattfindenden Elektronenübergänge die Voraussetzung für elektrochemische Vorgänge. Die Reaktion wird dabei so gestaltet, dass eine Umwandlung von elektrischer in chemische Energie oder von chemischer in elektrische Energie erfolgt.

2.1 Elektrolyte und elektrische Leitfähigkeit

Die Grundlage elektrochemischer Vorgänge sind elektrische Leitungsvorgänge in Metallen, Salzschmelzen und Salzlösungen. Dabei spielt die **Ionenleitung** in Salzlösungen und -schmelzen eine besonders große Rolle.

Eine chemische Verbindung, die in geschmolzenem Zustand oder wässriger Lösung freibewegliche Ionen bildet, bezeichnet man als **Elektrolyt**.

Besteht die Verbindung schon in festem Zustand aus Ionen, spricht man von einem **echten Elektrolyten**. Dazu gehören die Salze. Andere Stoffe bestehen aus Molekülen und bilden erst durch die Reaktion mit Wasser freibewegliche Ionen, die dann eine elektrische Leitfähigkeit bewirken. Diese Stoffe sind **potenzielle Elektrolyte**. Dazu gehören viele Säuren und auch Ammoniak. Ein **starker Elektrolyt** zerfällt fast vollständig in Ionen und ist damit vollständig dissoziiert, während ein **schwacher Elektrolyt** nur teilweise freibewegliche Ionen bildet und der größere Teil seiner Teilchen nicht dissoziiert vorliegt.
Während für metallische Leiter der elektrische Widerstand eine wichtige Kenngröße ist, verwendet man zur Charakterisierung der Ionenleitung das Reziproke des elektrischen Widerstands, das man als **elektrische Leitfähigkeit** bezeichnet und die die Einheit Ω^{-1} trägt. Taucht man zwei Elektroden in die Lösung eines Elektrolyten, so erhöht sich die elektrische Leitfähigkeit, wenn

- die Konzentration des Elektrolyten (also der Ionen) zunimmt,
- die Temperatur erhöht wird,
- der Abstand der beiden Elektroden verringert wird,
- die Eintauchtiefe der Elektroden und damit die Querschnittsfläche erhöht wird.

Bei chemischen Reaktionen kann sich durch den Verbrauch oder die Bildung von Ionen die elektrische Leitfähigkeit ändern. Dieser Sachverhalt wird in einem Verfahren der quantitativen Analytik, der **Konduktometrie** (Leitfähigkeitsmessung), genutzt.

So können zum einen Konzentrationen von Lösungen durch die Messung der elektrischen Leitfähigkeit der Lösung aufgrund der linearen Abhängigkeit voneinander direkt bestimmt werden (siehe Abb. links S. 55).
Zum anderen kann die Konduktometrie zur Bestimmung des Endpunktes einer Titration genutzt werden; das Verfahren heißt konduktometrische Titration (siehe Abb. rechts S. 55).

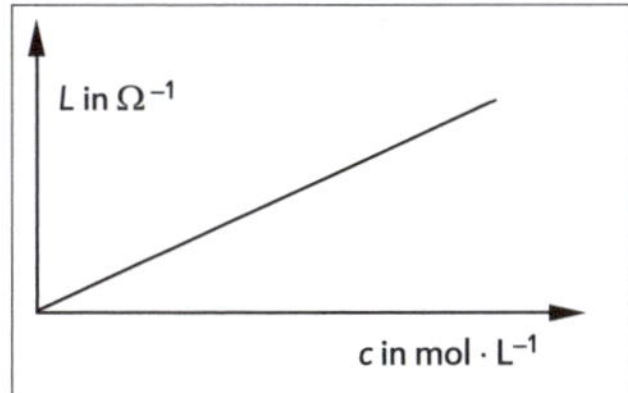

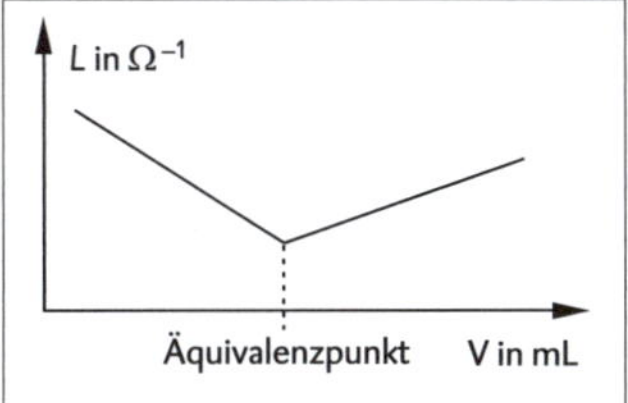

Bei einer Säure-Base-Titration verringern sich die Konzentrationen der Hydroxid- und Oxoniumionen

$$H_3O^+ + OH^- \longrightarrow 2\,H_2O$$

im Verlauf der Neutralisation und erreichen am Äquivalenzpunkt jeweils ihr Minimum. Eine weitere Zugabe von saurer (oder basischer) Lösung zur basischen (oder sauren) Lösung führt nun zu einer Erhöhung der elektrischen Leitfähigkeit. Die Leitfähigkeit hängt auch von der Art der Ionen ab. Bei gleicher Konzentration ist z. B. die Leitfähigkeit von Metallionen geringer als die der Hydroxid- oder Oxoniumionen.

2.2 Das Elektrodenpotenzial

Taucht man ein Metallblech (z. B. Kupfer) in seine Metallsalzlösung (z. B. Kupfersalzlösung), so entsteht in der Lösung ein **elektrochemisches Gleichgewicht** zwischen den Metallatomen eines Blechs und den Metallionen des Elektrolyten. Diese Kombination bezeichnet man als Metall/Metallionen-Elektrode.

$$Me \underset{Reduktion}{\overset{Oxidation}{\rightleftharpoons}} Me^{z+} + z\,e^-$$

Aus dem Metall werden unter Zurücklassen von Elektronen Metallionen herausgelöst; gleichzeitig werden an der Oberfläche des Metalls Metallionen der Lösung durch die Aufnahme von Elektronen entladen und scheiden sich als Metallatome ab. Je stärker das Gleichgewicht auf der Seite der Ionen liegt, desto **unedler** ist das Metall. Die Diffusion der entstehenden Metallionen in die Lösung führt zu einer negativen Ladung an der Oberfläche des Metalls. Dadurch werden verstärkt positiv geladene Metallionen der Lösung an der Metalloberfläche angelagert. Im Ergebnis entsteht eine **elektrochemische Doppelschicht**.

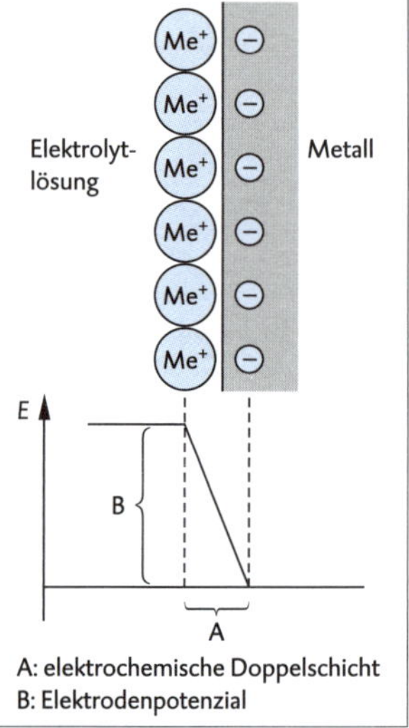

A: elektrochemische Doppelschicht
B: Elektrodenpotenzial

Durch die Trennung der positiven von der negativen Ladung entsteht eine Spannung, die als elektrochemisches Potenzial oder **Elektrodenpotenzial *E*** bezeichnet wird.

Jede Elektrode hat ein eigenes Elektrodenpotenzial, das auch **Redoxpotenzial** genannt wird. Das Elektrodenpotenzial ist von verschiedenen Faktoren abhängig (siehe S. 57) Misst man das Elektrodenpotenzial (siehe S. 58 ff.) unter Standardbedingungen (25 °C, 1 013 hPa) und mit einer Elektrolytkonzentration von $c = 1\ mol \cdot L^{-1}$, so bezeichnet man diesen Wert als **Standardelektrodenpotenzial E^0**. Ein solches elektrochemisches Potenzial ergibt sich auch für andere Elektroden, bei denen Oxidations- und Reduktionsmittel beide in Lösung vorliegen (z. B. Fe^{2+}/Fe^{3+}). Als spannungsabführenden Leiter verwendet man Elektroden, die nicht an der chemischen Reaktion beteiligt sind, sogenannte **Inertelektroden** (z. B. Platin).

2.3 Quantitative Beschreibung des Elektrodenpotenzials – Die NERNST'sche Gleichung

Der Physikochemiker Walther NERNST (1864–1941) konnte die Abhängigkeiten des Elektrodenpotenzials 1889 in einer mathematischen Gleichung beschreiben.

(1) $$E = E^0 + \frac{R \cdot T}{z \cdot F} \cdot \ln \frac{c(OM)}{c(RM)}$$

R	allgemeine Gaskonstante
z	Anzahl der ausgetauschten Elektronen
F	FARADAY-Konstante
OM	Oxidationsmittel (oxidierte Form)
RM	Reduktionsmittel (reduzierte Form)

Aufgrund des fehlenden Einflusses der Konzentration des Metalls in der Lösung auf das Elektrodenpotenzial ergibt sich für Metall/Metallionenelektroden folgende Form der Nernst'schen Gleichung:

(2) $$E(Me/Me^{z+}) = E^0(Me/Me^{z+}) + \frac{R \cdot T}{z \cdot F} \cdot \ln c(Me^{z+})$$

Aus den Gleichungen (1) und (2) ist abzulesen:

- Je höher die Temperatur, desto höher ist auch das Elektrodenpotenzial.
- Je höher die Konzentration des Oxidationsmittels, desto höher ist das Elektrodenpotenzial. Für Metall/Metallionen-Elektroden heißt das, dass höhere Ionenkonzentrationen der Metallsalzlösung zu einem höheren Elektrodenpotenzial führen.

Unter Standardbedingungen und bei Umrechnung des natürlichen in den dekadischen Logarithmus ergibt sich folgende Konzentrationsabhängigkeit des Elektrodenpotenzials.

(3) $$E = E^0 + \frac{0{,}059\,V}{z} \cdot \lg \frac{c(OM)}{c(RM)}$$

3 Freiwillig verlaufende elektrochemische Reaktionen

3.1 Galvanische Zellen

Einzelne Elektrodenpotenziale lassen sich nicht messen. Dazu ist es notwendig, zwei Elektroden (z. B. zwei Metall/Metallionen-Elektroden) zu kombinieren. Nach dem italienischen Biophysiker Luigi GALVANI (1737–1798) bezeichnet man diese Kombination als **galvanisches Element** oder **galvanische Zelle**.

Ein **galvanisches Element** ist eine elektrochemische Stromquelle, die aus zwei Elektroden und einem Elektrolyten besteht und der Umwandlung von chemischer in elektrischer Energie dient.

Das bekannteste galvanische Element ist das **Daniell-Element**. Es besteht aus einer Kupfer-/Kupferionen-Elektrode und einer Zink-/Zinkionen-Elektrode. Diese werden über eine **Salzbrücke** miteinander verbunden. Die Salzbrücke enthält eine Elektrolytlösung, z. B. mit Kaliumchloridlösung getränkte Watte, wodurch der Ladungsausgleich ermöglicht wird. Zwischen die beiden Metallplatten der Elektroden wird ein Stromabnehmer (Motor oder Glühlampe) bzw. ein **Voltmeter** geschaltet. Anstelle der Salzbrücke kann auch ein **Diaphragma** (eine durchlässige Trennschicht, z. B. aus porösem Ton) die Ionenwanderung gewährleisten und gleichzeitig die Durchmischung der Salzlösungen verhindern.

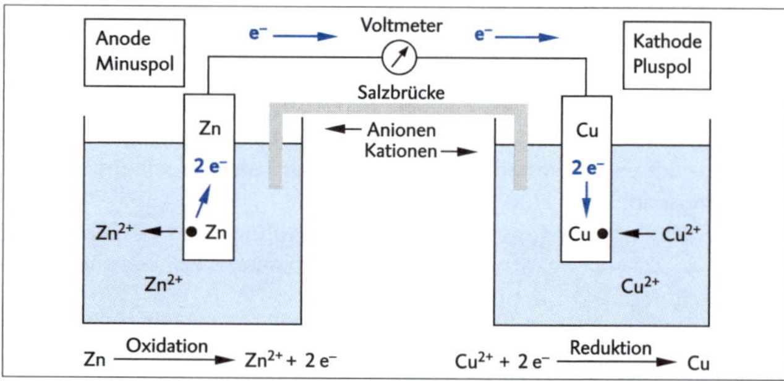

In jedem galvanischen Element findet eine Redoxreaktion statt, bei der Oxidation und Reduktion **räumlich voneinander getrennt** ablaufen. Dabei findet am unedleren Metall (Zink) die **Oxidation** statt, am edleren Metall (Kupfer) die **Reduktion**. Die Elektrode, an der die Oxidation stattfindet, wird durch den Elektronenüberschuss zum **Minuspol** und wird als **Anode** bezeichnet. Die Elektronen wandern über das Kabel zur **Kathode**, an der die Reduktion stattfindet. Durch den stetigen „Verbrauch“ an Elektronen ist diese Elektrode der **Pluspol**. Aus der Differenz der Elektrodenpotenziale von Kathode und Anode ergibt sich die **Zellspannung** des galvanischen Elements:

$$\Delta E = E\,(\text{Kathode}) - E\,(\text{Anode})$$

Für das DANIELL-Element ergibt sich unter Standardbedingungen eine Zellspannung von 1,11 V. In Kurzschreibweise kann dieses galvanische Element mit $Zn/Zn^{2+}//Cu^{2+}/Cu$ beschrieben werden.
Ein galvanisches Element kann auch aus zwei gleichen Elektroden bestehen, wenn sich die Konzentrationen der Elektrolytlösungen unterscheiden. Bei einem solchen **Konzentrationselement** wird die Elektrode mit der niedrigeren Konzentration aufgrund ihres kleineren Elektrodenpotenzials (siehe NERNST'sche Gleichung S. 57) zur Anode, die Elektrode mit der höheren Konzentration wird zur Kathode.

3.2 Die elektrochemische Spannungsreihe

Da nur Zellspannungen – und keine einzelnen Elektrodenpotenziale – messbar sind, muss zur Erfassung standardisierter Werte jede Elektrode gegen eine **Bezugselektrode** geschaltet und die Zellspannung gemessen werden. Als Bezugselektrode wurde die **Standardwasserstoffelektrode** gewählt. Deren Elektrodenpotenzial wird mit $E^0(H/H^+) = 0\ V$ definiert.

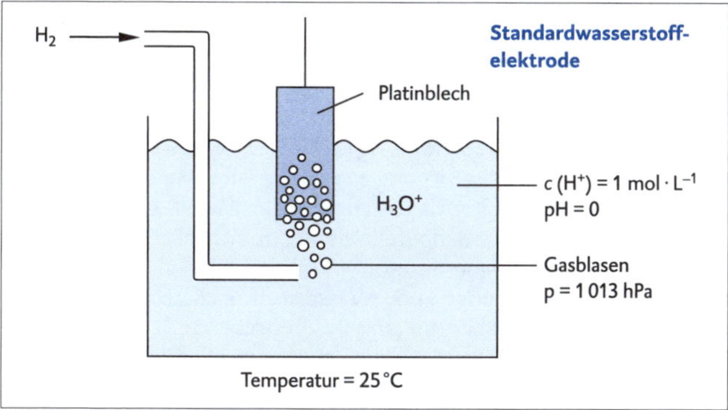

Standardwasserstoffelektrode

Weist die **Messelektrode** ebenfalls Standardbedingungen auf, entspricht nach der Definition der Zellspannung der gemessene Wert dem **Standardelektrodenpotenzial** der Messelektrode. Findet an dieser Elektrode die Oxidation (= Anode) statt, ergeben sich negative Werte für das Standardelektrodenpotenzial. Kommt es an der Messelektrode zur Reduktion (= Kathode), so ergeben sich Werte größer 0 für das

Standardelektrodenpotenzial. Die gemessenen Elektrodenpotenziale ergeben nach ihrer Größe sortiert die **elektrochemische Spannungsreihe**. Nimmt man in diese Reihe nur Metall/Metallionen-Redoxpaare auf, ergibt sich die **Spannungsreihe der Metalle** (hier auszugsweise):

Redoxpaar	oxidierte Form		reduzierte Form	E^0 in Volt
Au^{3+}/Au	$Au^{3+} + 3\,e^-$	⟶	Au	1,50
Ag^+/Ag	$Ag^+ + e^-$	⟶	Ag	0,80
Cu^{2+}/Cu	$Cu^{2+} + 2\,e^-$	⟶	Cu	0,35
$2\,H^+/H_2$	$2\,H^+ + 2\,e^-$	⟶	H_2	0,00
Pb^{2+}/Pb	$Pb^{2+} + 2\,e^-$	⟶	Pb	−0,13
Ni^{2+}/Ni	$Ni^{2+} + 2\,e^-$	⟶	Ni	−0,25
Fe^{2+}/Fe	$Fe^{2+} + 2\,e^-$	⟶	Fe	−0,41
Na^+/Na	$Na^+ + e^-$	⟶	Na	−2,71

Die Redoxreihe der Metalle wird durch die Standardelektrodenpotenziale quantifiziert.

Metalle mit negativem Standardelektrodenpotenzial werden als **unedel** bezeichnet, Metalle mit positivem Standardelektrodenpotenzial sind **edel**.

Die elektrochemische **Abscheidung** (siehe S. 50) kann also nur erfolgen, wenn das aus der Metallsalzlösung zu reduzierende Metall ein höheres Elektrodenpotenzial besitzt als das zugegebene Metall. Aus der Definition des Standardelektrodenpotenzials ergibt sich auch, dass unedle Metalle mit Säurelösungen der Konzentration $c = 1\ \text{mol} \cdot L^{-1}$ unter Bildung von Metallsalzlösungen und Wasserstoff reagieren, edle Metalle nicht. Unedle Metalle haben ein größeres Bestreben zur Oxidation, edle Metalle sind nur mit starken Oxidationsmitteln oxidierbar.

3.3 Anwendung galvanischer Zellen in pH-Einstabmessketten

Weicht bei der Wasserstoffelektrode die Konzentration der Oxoniumionen vom Standardwert ($c = 1\ \text{mol} \cdot L^{-1}$; d. h. pH = 0) ab, ergibt sich entsprechend der NERNST'schen Gleichung ein Elektrodenpotenzial abweichend von 0 V. Diese Tatsache wird in **pH-Einstabmessketten** zur Messung des pH-Wertes genutzt. In diesen **pH-Metern** beträgt bei pH = 7 die Zellspannung $\Delta E = 0$ V. Diese Geräte zeigen meist nicht die gemessene Zellspannung, sondern gleich den pH-Wert der Lösung an. Dabei gilt der folgende Zusammenhang:

$E(H^+/H) = E^0(H^+/H) + 0{,}059\,V \cdot \lg c\,(H^+)$

Mit $E^0(H^+/H) = 0\,V$ und $\lg c\,(H^+) = -\,pH$

ergibt sich $E(H^+/H) = -\,0{,}059V \cdot pH$.

Als **Bezugselektrode** wird z. B. eine **Kalomelelektrode** (Hg/Hg_2Cl_2), als **Indikatorelektrode** (Messelektrode) eine **Glaselektrode** verwendet. Diese enthält eine Pufferlösung konstanter Oxoniumionen-Konzentration, die durch eine Glasmembran von der Probelösung getrennt ist. An dieser Membran baut sich ein Potenzial auf.

3.4 Bau und Funktion einiger Batterien

Galvanische Elemente können als mobile Spannungsquellen genutzt werden.

Als **Primärelemente** bezeichnet man elektrochemische Spannungsquellen, die erschöpft sind, wenn die Reaktionspartner umgesetzt sind.

Vereinfacht werden Primärelemente als **Batterien** bezeichnet. Eine technische Anwendung galvanischer Zellen als Batterien ist vor allem von folgenden Faktoren abhängig:

- Kombination zweier Halbelemente, die eine ausreichend hohe Spannung liefern,
- geringe Größe der Batterie,
- Verhindern des „Auslaufens“ des Elektrolyten durch Verdickungsmittel und Auslaufschutz.

Leclanché-Element und Alkali-Mangan-Batterie

Noch heute ist das von George Leclanché (1839–1882) entwickelte **Trockenelement** eine häufig verwendete Batterie. Ein Zinkbecher fungiert als Anode, eine gepresste Mischung von Mangan(IV)-oxid und Graphit als Kathode. Als Elektrolyt dient eine mit Stärke angedickte Ammoniumchloridlösung. Die Zellspannung von ca. 1,5 V entsteht durch folgende Reaktionen:

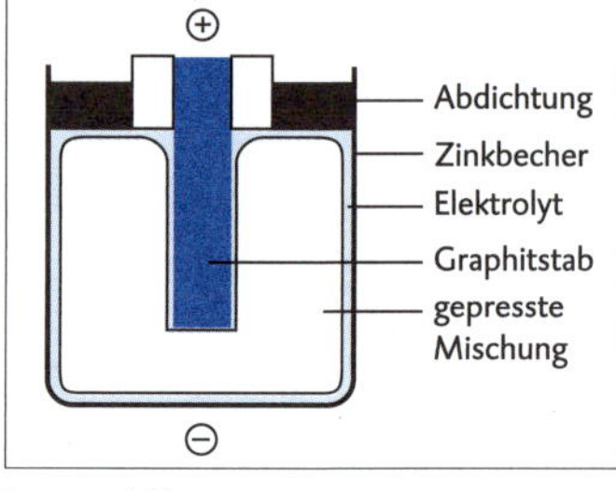

Leclanché-Element

Anode: $Zn \longrightarrow Zn^{2+} + 2\,e^-$

Kathode: $MnO_2 + H_3O^+ + e^- \longrightarrow MnO(OH) + H_2O$

Die Ammoniumchloridlösung bewirkt ein saures Milieu in der Lösung:

$$NH_4^+ + H_2O \longrightarrow NH_3 + H_3O^+$$

Durch die Erhöhung der Konzentration der Zinkionen im Elektrolyten sinkt die Zellspannung. Nach einigen Stunden hat sich die Batterie jedoch „erholt“, indem die Zinkionen durch Ammoniak komplexchemisch gebunden werden:

$$Zn^{2+} + 2\,NH_3 \rightleftharpoons [Zn(NH_3)_2]^{2+}$$

Die Entwicklung der **Alkali-Mangan-Batterie** ermöglicht einen Einsatz auch bei niedrigen Temperaturen und verringert den Innenwiderstand des galvanischen Elements. Als Elektrolyt wird angedickte Kalilauge verwendet, die erst bei −60 °C gefriert. Das eingesetzte Zinkpulver vergrößert die Reaktionsoberfläche, ein Stahlbecher verhindert das Auslaufen der Batterie.

Weitere Batterien

Zink-Luft-Batterien enthalten als Reduktionsmittel Zink, das Oxidationsmittel Sauerstoff wird an der Graphitkathode reduziert. Als Elektrolyt dient Kalilauge. Diese Batterien eignen sich zur Langzeitanwendung z. B. für Baustellenbeleuchtungen oder Weidezaungeräte.

Quecksilberoxid- und Silberoxid-Batterien werden als Knopfzellen z. B. in Armbanduhren oder Taschenrechnern eingesetzt. An der Anode, dem Minuspol, wird Zink oxidiert, an der Kathode werden Quecksilberoxid bzw. Silberoxid unter Bildung der Metalle Quecksilber bzw. Silber reduziert. Als Elektrolyt wird wiederum Kalilauge eingesetzt.

3.5 Bau und Funktion einiger Akkumulatoren

Die fehlende Wiederaufladbarkeit der Primärelemente und die damit verbundenen Entsorgungsprobleme sind Nachteile des Einsatzes dieser Batterien.

Als **Sekundärelemente** bezeichnet man elektrochemische Spannungsquellen, die wieder aufladbar sind.

Bleiakkumulator

Der in den 1850er-Jahren entwickelte Bleiakkumulator ist bis heute das für die Technik wichtigste Sekundärelement. Eine Zelle liefert eine Zellspannung von 2 V. In Autobatterien werden sechs Zellen hintereinander geschaltet. Die Anode besteht aus Blei, die Kathode aus Blei(IV)-oxid. Als Elektrolyt wird ca. 25 %ige Schwefelsäure verwendet. Beim Entladen des Bleiakkumulators finden die folgenden chemischen Reaktionen statt:

Anode: $Pb + SO_4^{2-} \longrightarrow PbSO_4 + 2\,e^-$

Kathode: $PbO_2 + 4\,H_3O^+ + SO_4^{2-} + 2\,e^- \longrightarrow PbSO_4 + 6\,H_2O$

Die Bindung der entstehenden Blei(II)-ionen im schwer wasserlöslichen Blei(II)-sulfat sorgt für eine relative Konstanz der Zellspannung während des Entladens. Da bei der Oxidation und bei der Reduktion Blei(II)-ionen entstehen, liegt hier eine besondere Form der Redoxreaktion, eine **Synproportionierung**, vor.

Eine **Synproportionierung** ist eine Redoxreaktion, bei der ein Element aus einer niedrigeren und einer höheren in eine mittlere Oxidationsstufe übergeht.

Der Ladevorgang macht aus dem Akkumulator eine **Elektrolysezelle** (siehe S. 69 ff.). Kathode und Anode werden getauscht, und damit findet an der Blei(IV)-oxid-Elektrode die Oxidation statt und an der Bleielektrode die Reduktion. Aus Blei(II)-ionen entstehen Bleiatome und Blei(IV)-ionen, es liegt eine **Disproportionierung** vor.

Eine **Disproportionierung** ist eine Redoxreaktion, bei der ein Element aus einer mittleren in eine höhere und eine niedrigere Oxidationsstufe übergeht.

Ist das Blei(II)-sulfat vollständig aufgelöst, könnte es zur Elektrolyse von Wasser kommen. Dieses **Gasen des Akkus** wird bei modernen Akkumulatoren durch einen Überladeschutz verhindert.

Lithium-Ionen-Akkumulator

Der Lithium-Ionen-Akkumulator ist heutzutage dank seines **geringen Gewichts** und der hohen **Energiedichte** in einer Vielzahl elektronischer Geräte enthalten. Es gibt verschiedene Ausführungen, die jedoch alle den Einsatz von **Lithium-Ionen** gemeinsam haben.
Meistens besteht der Minuspol (bei Entladung: Anode) aus Graphit, in welchem Lithium-Ionen zwischen den Kohlenstoff-Schichten eingelagert sind („Interkalation"). Bei der Oxidation verlässt ein Lithium-Ion die Verbindung und ein Elektron wandert zum Pluspol.
Aufgrund der hohen Reaktivität von Lithium mit Wasser (stark negatives Elektrodenpotenzial: $E^0(Li/Li^+) = -3{,}04\ V$) enthält der Akkumulator einen **wasserfreien Elektrolyt**, welcher aus organischen Lösungsmitteln mit gelösten Lithiumsalzen besteht. Beim Entladen lösen sich Lithium-Ionen aus der Anode und wandern zum Pluspol (bei Entladung: Kathode). Dieser besteht meist aus einem (Misch-)Oxid mit Nebengruppenmetallen (z. B. Nickel, Kobalt, Mangan oder Eisen). Diese Elemente nehmen leicht verschiedene Oxidationsstufen an und Lithium-Ionen können gut in die Oxidverbindungen eingelagert werden.

Anode: $Li \longrightarrow Li^+ + e^-$

Kathode: $CoO_2 + Li^+ + e^- \longrightarrow LiCoO_2$

Lithium-Ionen-Akkumulatoren können bei Beschädigung der Außenhülle oder einer technischen Fehlfunktion heiß werden, explodieren und **brennen**. Dies liegt u. a. an der Verwendung von entzündlichen, leicht zersetzbaren organischen Lösungsmitteln als Elektrolyt. Neuere Generationen von Lithium-Ionen-Akkumulatoren enthalten deshalb spezielle, nicht-brennbare Elektrolyte aus lithiumhaltigen Polymeren oder Feststoffen.

3.6 Bau und Funktion von Brennstoffzellen

Brennstoffzellen sind galvanische Zellen, in denen die Energie einer Verbrennungsreaktion in Form von elektrischer Energie frei wird. Als Oxidationsmittel wird Sauerstoff verwendet.

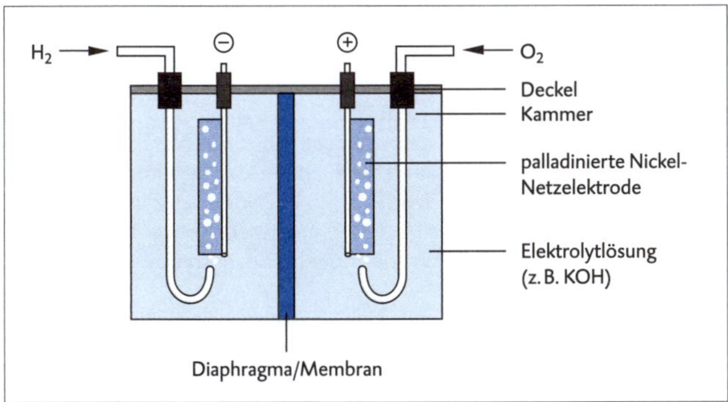

Brennstoffzelle (Knallgaszelle)

Nach den Brennstoffen unterscheidet man verschiedene Typen von Brennstoffzellen, wie z. B. die Wasserstoff-Brennstoffzelle (Knallgaszelle) und die Methanol-Brennstoffzelle. Wegen der geringen Schadstoff- und Lärmemissionen sowie des hohen Wirkungsgrads haben Brennstoffzellen großes Potenzial, bisherige Energiequellen, die fossile Brennstoffe benötigen, standardmäßig zu ersetzen (z. B. als Fahrzeugantrieb).

3.7 Korrosion – eine unerwünschte Redoxreaktion

Große Mengen an Eisenwerkstoffen gehen jährlich durch elektrochemische Korrosion verloren.

Unter **Korrosion** versteht man die Zerstörung eines Metalls durch elektrochemische Reaktionen des Metalls mit seinen Nachbarphasen.

Im Ergebnis von Korrosionsvorgängen an Eisen entsteht Rost. Während bei anderen Metallen (z. B. Aluminium oder Zink) die durch Korrosion entstehende Oxidschicht durch ihre Festigkeit einen Schutz des darunter liegenden Metalls vor weiterer Korrosion gewährleistet, kann sich die Korrosion des Eisens unter der porösen Rostschicht bis zur vollständigen Zerstörung des Metalls fortsetzen. Grundlage der Korrosion ist die Entstehung von **Lokalelementen**.

Ein **Lokalelement** ist ein galvanisches Element, das einen eng begrenzten Raum einnimmt. Die Elektroden sind metallisch kurzgeschlossen.

Bildet sich ein Wassertropfen auf einer Eisenoberfläche, so ist die Entstehung des Lokalelements auf zweierlei Weise möglich.

- Das Wasser bildet mit den darin gelösten Salzen den Elektrolyt. Die Konzentration des Sauerstoffs im Elektrolyt nimmt von der Außenseite zur Mitte des Tropfens ab. Es bildet sich ein Konzentrationselement, bei dem am Ort der niedrigen Konzentration (also innen) die Anode und am Ort der hohen Konzentration (also außen) die Kathode entsteht.
- Eisenwerkstoffe bestehen stets aus Eisenlegierungen. Auf mikroskopisch kleinem Raum befinden sich neben Eisenteilchen Teilchen anderer Metalle mit auch höherem Standardelektrodenpotenzial. Während sich an diesen Metallen die Kathode bildet, wird Eisen zur Anode und es kommt zur Oxidation.

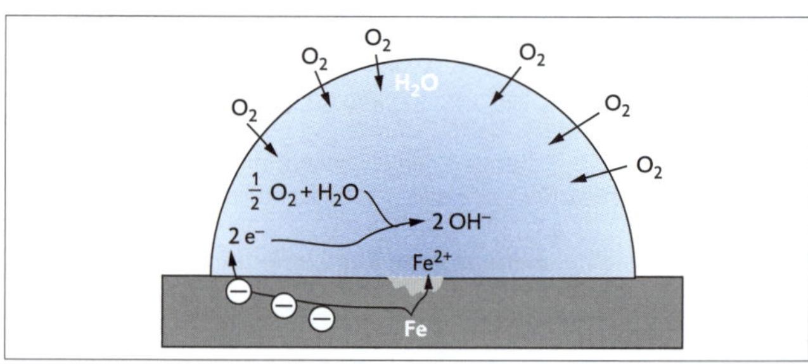

An Eisenwerkstoffen kann es zur **Sauerstoffkorrosion** und zur **Säurekorrosion** kommen. In beiden Fällen kommt es zur Oxidation von Eisen:

Anode: $Fe \longrightarrow Fe^{2+} + 2\,e^-$

$E^0(Fe/Fe^{2+}) = -0{,}41\ V$

Bei der Sauerstoffkorrosion fungiert der Luftsauerstoff als Oxidationsmittel:

$$\text{Kathode: } O_2 + 2\,H_2O + 4\,e^- \longrightarrow 4\,OH^-$$

$$E^0(O_2/\,OH^-) = 0{,}82\,V\ (pH = 7)$$

In saurem Regen ist die Konzentration der Oxoniumionen größer als 10^{-7} mol · L^{-1}, wodurch es teilweise zur Säurekorrosion kommt:

$$\text{Kathode: } 2\,H_3O^+ + 2\,e^- \longrightarrow H_2 + 2\,H_2O$$

$$E^0(H_2/H_3O^+) = 0\,V\ (pH = 0)$$

In einer Folgereaktion bildet sich als Zwischenprodukt schwer wasserlösliches Eisen(II)-hydroxid. Unter dem Einfluss von weiterem Sauerstoff oxidieren die Eisen(II)-ionen zu den stabileren Eisen(III)-ionen und das Endprodukt Rost (Eisenoxidhydroxid) entsteht:

$$2\,Fe(OH)_2 + O_2 \longrightarrow 2\,FeO(OH) + H_2O$$

3.8 Korrosionsschutz – Maßnahmen zum Erhalt wertvoller Werkstoffe

Durch **aktiven Korrosionsschutz** können die zur Korrosion führenden Vorgänge direkt beeinflusst werden.

Korrosionsinhibitoren

Unter Bildung einer recht stabilen Eisenphosphatschicht schützt beim **Phosphatieren** das Aufbringen von Phosphorsäure das darunterliegende Eisen. Der Einsatz von **starken Reduktionsmitteln** kann den zur Korrosion notwendigen Sauerstoff binden und damit die Oxidation des Eisens einschränken. Auch das **Passivieren** z. B. mit konzentrierter Salpetersäure kann durch die Ausbildung dünner Oxidschichten das darunterliegende Metall schützen.

Kathodischer Korrosionsschutz durch Opferanoden

Zum Schutz von Schiffen vor Korrosion können in den Rumpf **Opferanoden** eingebracht werden, die aus einem unedleren Metall als das Eisen bestehen. Der Angriff des salzhaltigen Wassers führt zur Oxidation des unedleren Metalls (z. B. Magnesium) und macht Eisen somit zur Kathode. Die sich durch Oxidation aufbrauchenden Anoden müssen regelmäßig erneuert werden. Eine andere Methode ist das Anlegen von elektrischem Gleichstrom an das zu schützende Metall, wobei der Pluspol z. B. an Eisenschrott angelegt wird. In dieser **Elektrolysezelle** (siehe S. 69 ff.) fungiert der Eisenschrott als Opferanode. Beim **passiven Korrosionsschutz** wird das zu schützende Metall mit einer Schutzschicht aus einem beständigerem Material überzogen.

Metallüberzüge

Das Aufbringen von metallischen Überzügen auf Stahlblech ist eine wirksame Maßnahme des Korrosionsschutzes. Der metallische Überzug kann entweder edler oder unedler als Eisen sein. Das unedlere **Zink** wird als metallischer Überzug besonders für Stahlteile verwendet, die der Witterung stark ausgesetzt sind, z. B. bei Karosserieteilen, Dächern oder Dachrinnen. Zink bildet an der Luft eine dünne Oxidschicht aus (Passivierung), die das Zink selbst und somit auch das darunterliegende Eisen schützt. **Zinn** wird aufgrund seines höheren Standardelektrodenpotenzials als das des Eisens schwerer angegriffen. Verzinntes Stahlblech (Weißblech) kann deshalb als Material für Lebensmittelverpackungen (Konservendosen) eingesetzt werden.

	Zink	**Eisen**	**Zinn**
E^0	−0,76 V	−0,41 V	−0,14 V

	verzinktes Stahlblech	**verzinntes Stahlblech**
Oxidation	$Zn \longrightarrow Zn^{2+} + 2\,e^-$	$Fe \longrightarrow Fe^{2+} + 2\,e^-$
Reduktion	$2\,H_3O^+ + 2\,e^- \longrightarrow H_2 + 2\,H_2O$ sowie $Fe^{2+} + 2\,e^- \longrightarrow Fe$	$2\,H_3O^+ + 2\,e^- \longrightarrow H_2 + 2\,H_2O$

Verletzungen der Zinnschicht können zu einem schnellen Angriff des darunter liegenden Eisens führen. Wird dagegen der Zinküberzug des Eisens gering beschädigt, kann es durch das höhere Standardelektrodenpotenzials des Eisens sogar zur Selbstreparatur durch Reduktion von Eisen(II)-ionen kommen. Erst größere Beschädigungen lassen die Korrosion des Eisens beginnen.

Weitere Überzüge

Je nach Einsatzgebiet des Eisenwerkstoffes können Kunststoffbeschichtungen, Ölfilme, Emailleüberzüge oder Lacke die Korrosion verhindern.

4 Elektrolysen – erzwungene Redoxreaktionen

Lässt man eine Redoxreaktion so verlaufen, dass der Reaktionspartner mit dem höheren Elektrodenpotenzial oxidiert und der mit dem niedrigeren Elektrodenpotenzial reduziert wird, so muss diese z. B. durch die Zufuhr von elektrischer Energie erzwungen werden. Es entsteht eine **Elektrolysezelle**.

4.1 Grundlagen der Elektrolyse

	Galvanische Zelle	Elektrolysezelle
Redoxreaktion	freiwillig	erzwungen
Energieumwandlung	chemische Energie → elektrische Energie	elektrische Energie → chemische Energie
Pluspol/Reaktion	Kathode/Reduktion	Anode/Oxidation
Minuspol/Reaktion	Anode/Oxidation	Kathode/Reduktion

Aus einer Elektrolytlösung können durch Elektrolyse an den beiden Elektroden verschiedene Stoffe abgeschieden werden.

Die **Zersetzungsspannung** ist die Mindestspannung, bei der die Zersetzung des Elektrolyten beginnt. Sie ist mindestens so groß wie die Zellspannung des galvanischen Elements.

Diese Zersetzungsspannung lässt sich aus der Differenz der Elektrodenpotenziale berechnen:

$$\Delta U_{Zers.} = E(\text{Anode}) - E(\text{Kathode})$$

Solange die angelegte Spannung noch nicht den Wert der Zersetzungsspannung erreicht hat, liegt ein galvanisches Element vor. Der durch dieses galvanische Element entstehende Stromfluss muss überwunden werden, da er dem angelegten Stromfluss entgegengerichtet ist. Erst dann kommt es zu einem messbaren Stromfluss und

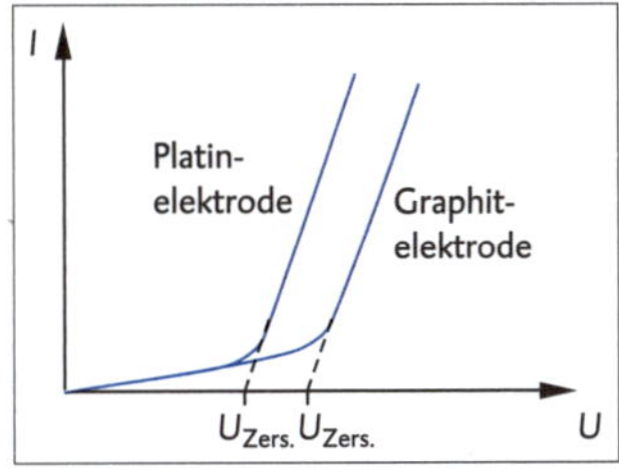

die Elektrolyse beginnt. Meist ist die praktische Zersetzungsspannung jedoch höher als die aus den Abscheidungspotenzialen berechnete. Dieser zusätzliche Spannungsanteil wird als **Überspannung** bezeichnet.

Die **Überspannung** ist die Differenz zwischen experimentell bestimmter und theoretisch erwarteter Zersetzungsspannung. Sie wird durch eine kinetische Hemmung der Elektrodenreaktionen hervorgerufen.

Die Überspannung ist abhängig:
- vom Elektrodenmaterial (Graphitelektroden erfordern eine höhere Überspannung als Platinelektroden) und
- vom abzuscheidenden Stoff (bei Bildung von Gasen entsteht eine recht hohe Überspannung).

Zersetzungsspannung = Zellspannung + Überspannung

So wie sich die Zellspannung aus den Elektrodenpotenzialen ergibt, lässt sich die praktische Zersetzungsspannung aus den **Abscheidungspotenzialen** ermitteln. Mit der Überlegung

Überspannung = Überspannungsanteil (Anode) + Überspannungsanteil (Kathode)

ergibt sich:

Abscheidungspotenzial = Elektrodenpotenzial + Überspannungsanteil

Überspannungen machen manche technische Elektrolysen erst möglich. Stehen nämlich mehrere Elektrolysereaktionen in Konkurrenz zueinander, so findet diejenige Reaktion statt, die die geringste Zersetzungsspannung erfordert. Beim Laden eines Bleiakkumulators (siehe S. 63 f.) kann nur deshalb die Zersetzung des Blei(II)-sulfats stattfinden, da die konkurrierende Elektrolyse von Wasser durch die hohe Überspannung, die zur Abscheidung von Wasserstoff und Sauerstoff notwendig ist, verhindert wird.

4.2 FARADAY'sche Gesetze

Der englische Physiker und Chemiker Michael FARADAY (1791–1867) formulierte 1834 zwei Gesetze zur quantitativen Erfassung der Elektrolyse.

1. FARADAY'sches Gesetz:
Die bei einer Elektrolyse umgesetzten Stoffmengen sind der aufgewandten Elektrizitätsmenge proportional: $n \sim Q$.

Der Proportionalitätsfaktor ist $z \cdot F$, wobei z die Anzahl der ausgetauschten Elektronen und F die **FARADAY-Konstante** ist. Sie gibt die Elektrizitätsmenge von 1 mol Elektronen an, beträgt 96 485,31 $A \cdot s \cdot mol^{-1}$ und wird auch als **molare Ladung** bezeichnet. Damit ergibt sich:

$$Q = I \cdot t = n \cdot z \cdot F$$

Da $n = \frac{m}{M}$ ist, gilt: $\frac{m}{M} = \frac{I \cdot t}{z \cdot F}$

Berechnungen der notwendigen Elektrizitätsmenge zur Abscheidung einer bestimmten Masse eines Stoffes sind besonders für technische Elektrolysen (siehe S. 72 ff.) wichtig. Der zeitliche und energetische Aufwand zur Herstellung bestimmter Produkte lässt sich somit vor der technischen Realisierung ermitteln.

2. FARADAY'sches Gesetz:
Das Verhältnis der an den Elektroden abgeschiedenen Stoffmengen ist umgekehrt proportional dem Zahlenverhältnis der ausgetauschten Elektronen:
$n_1 : n_2 = z_2 : z_1$

So entstehen bei der Elektrolyse von 2 mol Wasser 2 mol Wasserstoff und 1 mol Sauerstoff:

$$2\,H_2O \longrightarrow 2\,H_2 + O_2$$

Bei der Bildung von 1 mol Sauerstoff werden aber doppelt so viele Elektronen abgegeben, wie bei der Bildung von 1 mol Wasserstoff aufgenommen werden.

Anode: $2\,H_2O \longrightarrow O_2 + 4\,H^+ + 4\,e^-$

Kathode: $2\,H_2O + 2\,e^- \longrightarrow H_2 + 2\,OH^-$

Für das Verhältnis der abgeschiedenen Massen ergibt sich mit $n = \frac{m}{M}$

$$m_1 : m_2 = \frac{M_1}{z_1} : \frac{M_2}{z_2} \cdot$$

4.3 Technische Anwendungen von Elektrolysen

Zahlreiche Grundstoffe der chemischen Industrie werden durch die großtechnische Umsetzung von Elektrolyseverfahren gewonnen.

Chlor-Alkali-Elektrolyse
Die Chlor-Alkali-Elektrolyse dient der Herstellung von Chlor und Alkalimetallhydroxiden, wie Natrium- und Kaliumhydroxid. Elementares Chlor ist eine wichtige Grundchemikalie für die Papier- und Zellstoffherstellung, es wird zur Herstellung von Kunststoffen (PVC; Chlorkautschuk), Pflanzenschutzmitteln oder Farbstoffen verwendet. Natriumhydroxid benötigt man zur Herstellung von Papier, Zellstoff und Kunstseide; es ist außerdem notwendig für den Aufschluss von Bauxit bei der Aluminiumherstellung.

Die Herstellung dieser Grundstoffe beruht auf der Elektrolyse einer gesättigten Kochsalzlösung. Die Gesamtreaktion lautet:

$$2\,NaCl + 2\,H_2O \longrightarrow 2\,NaOH + Cl_2 + H_2$$

Weltweit kommen drei technische Verfahren zur Anwendung, die sich z. B. im Reaktionsweg und der Umweltverträglichkeit unterscheiden:

	Amalgamverfahren	**Diaphragmaverfahren** [2]	**Membranverfahren** [4]
Anodenreaktion	$2\,Cl^- \longrightarrow Cl_2 + 2\,e^-$		
Kathodenreaktion	$Na^+ + e^- \longrightarrow Na$ [1]	$2\,H_2O + 2\,e^- \longrightarrow H_2 + 2\,OH^-$	
Vorteile	Entstehung reiner Natronlauge	geringer Energieverbrauch	
		Einsatz von Natursole	hohe Qualität der Produkte [4]
Nachteile	Einsatz giftigen Quecksilbers	verunreinigte Natronlauge [3]	teure Membran [4]

1 An einer Quecksilberkathode wird durch die hohe Überspannung kein Wasserstoff abgeschieden; entstandenes Natrium bildet mit Quecksilber ein **Amalgam** und wird im Amalgamzersetzer durch Reaktion mit Wasser zu Natronlauge umgesetzt:

$$2\,NaHg + 2\,H_2O \longrightarrow 2\,NaOH + 2\,Hg + H_2$$

2 In älteren Anlagen enthält das Diaphragma Asbest; die Wartung der Anlagen ist deshalb gesundheitsgefährdend.
3 Durch das Diaphragma können Chloridionen zur Kathode diffundieren, wodurch die entstehende Natronlauge nach ihrer Herstellung noch gereinigt werden muss.
4 Die „Nafion"-Membran verhindert die Diffusion der entstehenden Chlorid- und Hydroxidionen in die jeweils andere Halbzelle. Diese Elektrolyse kann auch als **Schmelzflusselektrolyse** durchgeführt werden, bei der die Kochsalzschmelze unter Bildung von Natrium und Chlor elektrolysiert wird.

Schmelzflusselektrolyse zur Herstellung von Aluminium

Aluminium ist neben Eisen und Kupfer das wichtigste Gebrauchsmetall, das aufgrund seiner geringen Dichte und hohen Korrosionsbeständigkeit z. B. im Verkehrswesen eine große Rolle spielt. Hierbei wird das durch den Aufschluss von Bauxit gewonnene Aluminiumoxid geschmolzen und die Salzschmelze wird elektrolysiert. Durch den Zusatz von Kryolith ($Na_3[AlF_6]$) wird die Schmelztemperatur des Gemisches auf ca. 960 °C gesenkt.

An den Elektroden finden die folgenden Reaktionen statt:

Anode: $C + 2\,O^{2-} \longrightarrow 3\,CO_2 + 4\,e^-$

Kathode: $Al^{3+} + 3\,e^- \longrightarrow Al$

Elektrolytische Kupferraffination

Das beim Rösten sulfidischer Erze entstehende Kupfer weist noch viele Verunreinigungen auf und wird deshalb als **Rohkupfer** bezeichnet.
Beim Abrösten von Kupferkies laufen diese Reaktionen ab:

$$2\,CuFeS_2 + O_2 \longrightarrow Cu_2S + 2\,FeS + SO_2$$

$$2\,Cu_2S + 3\,O_2 \longrightarrow 2\,Cu_2O + 2\,SO_2$$

$$2\,Cu_2O + Cu_2S \longrightarrow 6\,Cu + SO_2$$

Die Reinigung (Raffination) des Rohkupfers erfolgt auf elektrochemischem Weg.

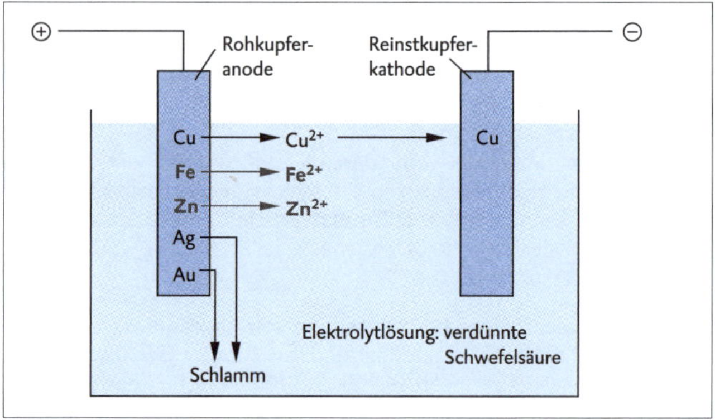

Elektrolytische Kupferraffination

Bei einer Spannung von 0,3 V findet an der **Rohkupferanode** die Oxidation des Kupfers und aller Verunreinigungen mit kleinerem Elektrodenpotenzial (Metalle wie Eisen, Zink, Blei und Arsen) statt. Edlere Metalle im Rohkupfer (z. B. Silber, Gold, Platin) werden nicht oxidiert und fallen als Anodenschlamm auf den Boden der Elektrolysezelle. Der Anodenschlamm wird zur Gewinnung von Edelmetallen genutzt. An der **Reinstkupferkathode** kommt es nur zur Reduktion der Kupfer(II)-ionen, unedlere Metalle bleiben in Lösung. Der Reinheitsgrad des Kupfers beträgt nun 99,98 %, sodass ein Einsatz in der Elektrotechnik als Metall mit hoher elektrischer Leitfähigkeit möglich ist. Die Elektrolyse von Wasser bei diesem Verfahren wird durch die Überspannung verhindert.

Eloxal-Verfahren

Aluminium wird durch die an der Luft entstehende sehr dünne Oxidschicht (Passivierung) zwar schon vor Korrosion geschützt, jedoch kann die Oxidschicht durch eine Elektrolysereaktion noch verstärkt werden. Die **el**ektrische **Ox**idation des **Al**uminiums führte zum Begriff **Eloxal-Verfahren**. Das zu passivierende Werkstück wird in einer Elektrolytlösung aus verdünnter Schwefelsäure als Anode geschaltet, als Kathode dient Graphit. Der beim Anlegen einer Spannung an der Anode durch die Elektrolyse von Wasser entstehende Sauerstoff reagiert mit dem Aluminium. Somit wird die Oxidschicht verstärkt. Man erreicht mit dieser Methode Schichtdicken von 10–30 µm, die bis zu 100-mal stärker sind als die durch Oxidation an der Luft erzeugten. Durch Zusatz von Farbstoffen können farbige Oberflächen entstehen.

Galvanisieren

Beim **Galvanisieren** wird ein Metall mit einer Schicht eines widerstandsfähigen Metalls überzogen, wobei das zu galvanisierende Werkstück als Kathode geschaltet wird. Das Überzugsmetall ist die Anode, die sich im Verlauf der Elektrolyse auflöst. An der Kathode werden die in die Lösung gewanderten Metallionen reduziert, wobei der Metallüberzug entsteht. Um eine gleichmäßige Beschichtung zu erreichen, muss der Prozess sehr langsam verlaufen. Außerdem muss die Konzentration der Metallionen in der Lösung während der ganzen Zeit konstant bleiben, was durch die Zugabe eines Komplexbildners erreicht wird.

Kohlenwasserstoffe – zwei Elemente, viele Verbindungen

1 Organische Chemie: Chemie des Lebens und des Kohlenstoffs

Alle Lebewesen auf der Erde sind aus Zellen aufgebaut. Lebende Zellen bestehen zu etwa 70 % aus Wasser, ihr restlicher Anteil überwiegend aus organischen Stoffen, aus **biochemischen** Verbindungen. Nur 4 % der Biomasse einer Zelle sind anorganische Ionen und kleine organische Moleküle, etwa 2 % sind Phospholipide. Bei allen anderen Komponenten handelt es sich um **Makromoleküle**. Etwa 1 % der Zellbausteine besteht aus DNA, 6 % aus RNA, 2 % aus Polysacchariden und 15 % sind Proteine. Diese großen Zellbaustoffe werden aus kleinen Monomeren aufgebaut: Polysaccharide bestehen aus Monosaccharid-Einheiten, Proteine aus Aminosäuren und Nukleinsäuren sind aus Nukleotiden zusammengesetzt. Das **Baukastenprinzip** und verschiedene **Isomeriephänomene** (siehe S. 148 ff.) begründen die Vielfalt der Biomoleküle.
Bis ins 19. Jahrhundert gingen Wissenschaftler davon aus, dass Proteine, Fette, Zucker oder auch Harnstoff ausschließlich im Stoffwechsel von lebenden Organismen hergestellt werden könnten. Sie bezeichneten diese Verbindungen daher als **„organisch“**, um sie von den „unbelebten“, **anorganischen** Substanzen abzugrenzen. Damals gelang es den Chemikern nicht, organische Verbindungen *„in vitro“*, d. h. im Reagenzglas, herzustellen. Sie nahmen an, dass für die Bildung organischer Stoffe eine besondere Lebenskraft, die „vis vitalis“ erforderlich sei, die nur *„in vivo“* wirke, in Lebewesen also.

> Organische Chemie wurde ursprünglich als die **Chemie „belebter“ Stoffe** verstanden.

Erst Friedrich WÖHLER widerlegte diese Theorie im Jahr 1826, als es ihm gelang, das anorganische Salz Ammoniumcyanat durch Erhitzen in organischen Harnstoff zu überführen.

Damit war erwiesen, dass zwischen anorganischen und organischen Verbindungen **kein prinzipieller Unterschied** besteht.
Heute sind über 15 Millionen organische Verbindungen bekannt. Viele dieser organischen Substanzen werden – meist auf Erdölbasis – im Labor und in großtechnischen Anlagen synthetisiert. Der Name „Kunststoffe“ für einen Teil dieser Verbindungen verweist auf ihre „unnatürliche“ Herkunft. Allen diesen Stoffen ist gemein, dass sie **Kohlenstoff** als wichtigstes Element enthalten. August KEKULÉ definierte daher bereits im Jahr 1860:

Organische Chemie ist die **Chemie der Kohlenstoffverbindungen**.

Das Konzept der organischen „Riesenmoleküle“ **(Makromoleküle)**, wie sie typisch für Lebewesen sind, entwickelte Hermann STAUDINGER im vergangenen Jahrhundert. Dafür erhielt er im Jahr 1953 den Nobelpreis. Mit „Bio-Makromolekülen“ und den anderen organischen Molekülen im Stoffwechsel der Lebewesen befasst sich die **Biochemie** als Teilgebiet der organischen Chemie.

Biochemie ist die **Chemie der Naturstoffe**.

Um Ordnung in die Vielzahl künstlicher und synthetischer organischer Substanzen zu bringen, ist es sinnvoll, sie in Stoffklassen zu untergliedern. Die Zuordnung erfolgt nach zwei Kriterien:

1. nach dem Bau des **Kohlenstoff-Grundgerüsts** der Moleküle (z. B. Alkane, Alkene, Alkine oder Aromaten)
2. nach dem Vorkommen **funktioneller Gruppen**, die das Reaktionsverhalten bestimmen (z. B. Alkanole, Alkanale, Alkanone und Carbonsäuren)

Die einfachsten organischen Verbindungen sind ausschließlich aus den beiden Elementen Kohlenstoff und Wasserstoff aufgebaut und besitzen keine funktionellen Gruppen.

2 Alkane: gesättigte Kohlenwasserstoffe

2.1 Die homologe Reihe: Methan, Ethan, Propan & Co.

Wie zuvor gezeigt, ist die **organische Chemie** die Chemie der Kohlenstoffverbindungen. Dabei ist unbedeutend, ob die Substanz als „Naturstoff" im Stoffwechsel von Lebewesen oder synthetisch als „Kunststoff" auf Erdölbasis synthetisiert wurde.

Alkane sind die einfachsten organischen Verbindungen. Ihre Moleküle sind nur aus Kohlenstoff- und Wasserstoffatomen aufgebaut.
Die geradkettigen oder verzweigten Alkane besitzen die maximal mögliche Anzahl an Wasserstoffatomen („gesättigte Kohlenwasserstoffe").
Ihre allgemeine **Summenformel** lautet C_nH_{2n+2}.

Die Alkane bilden eine homologe Reihe, d. h. sie gehen durch das Einfügen von CH_2-Gruppierungen (Methylengruppen) auseinander hervor:

Alkan	Summenformel	Halbstrukturformel	Skelettformel
Methan	CH_4	CH_4	
Ethan	C_2H_6	CH_3-CH_3	
Propan	C_3H_8	$CH_3-CH_2-CH_3$	
Butan	C_4H_{10}	$CH_3-(CH_2)_2-CH_3$	
Pentan	C_5H_{12}	$CH_3-(CH_2)_3-CH_2$	
Hexan	C_6H_{14}	$CH_3-(CH_2)_4-CH_3$	
Heptan	C_7H_{16}	$CH_3-(CH_2)_5-CH_3$	
Octan	C_8H_{18}	$CH_3-(CH_2)_6-CH_3$	
Nonan	C_9H_{20}	$CH_3-(CH_2)_7-CH_3$	
Decan	$C_{10}H_{22}$	$CH_3-(CH_2)_8-CH_3$	
Undecan	$C_{11}H_{24}$	$CH_3-(CH_2)_9-CH_3$	
Dodecan	$C_{12}H_{26}$	$CH_3-(CH_2)_{10}-CH_3$	
Eicosan	$C_{20}H_{42}$	$CH_3-(CH_2)_{18}-CH_3$	

2.2 Molekülbau: vierbindig und tetraedrisch

Kohlenstoff steht im Periodensystem der Elemente in der **IV. Hauptgruppe**. Seine Atome besitzen vier Außenelektronen. Das Kohlenstoffatom ist daher **vierbindig**. Ordnet man die vier bindenden Elektronenpaare nach dem Elektronenpaarabstoßungsmodell (VSEPR-Modell) so an, dass sie einen möglichst großen Abstand zueinander einnehmen, führt dies zu einer **tetraedrischen** Geometrie.

Die **Bindungswinkel** zwischen den Atomen der Alkane betragen 109,5°.

Die Darstellung der Struktur des Methanmoleküls in einer Ebene kann als Projektion des Kugel-Stab-Molekülmodells verstanden werden und lässt den Tetraederwinkel als rechten Winkel erscheinen:

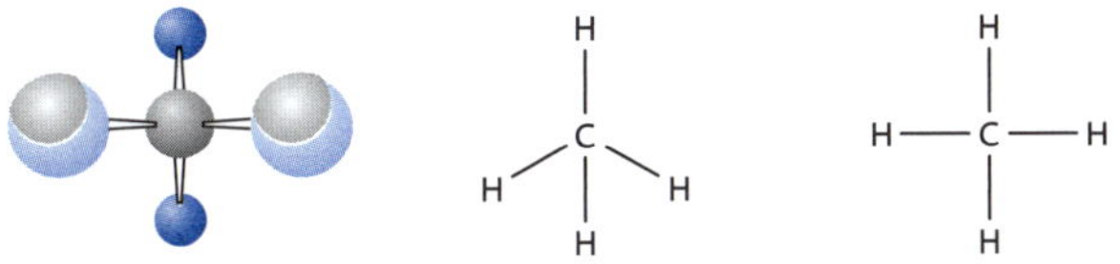

Kugel-Stab-Modell | Tetraederdarstellung | Projektionsformel

Die Übersicht fasst die Bindungsverhältnisse im Ethanmolekül zusammen:

Alkan	Bindungstyp	Bindungslänge	Bindungsenergie	Bindungswinkel
Ethan	C–C-Einfachbindung	153 pm (10–12 m)	368 kJ · mol^{-1}	109,5° (tetraedrisch)

2.3 Isomerie: von Alkanen und iso-Alkanen

Ab Butan (C_4H_{10}) können Alkane trotz gleicher Summenformel aus unterschiedlichen Molekülen aufgebaut sein, denn neben den geradkettigen existieren auch verzweigte „Isoalkane". Man spricht von **Konstitutions- oder Stellungsisomerie**.

Moleküle, die bei gleicher Summenformel unterschiedliche Strukturformeln besitzen, nennt man **Isomere**.
Die **Konstitution** gibt an, wie Atome miteinander verknüpft sind.
Stellungsisomere unterscheiden sich in der Stellung ihrer Alkylreste.

Im Folgenden werden die C_4H_{10}-Isomere n-Butan („normales Butan") und iso-Butan („isomeres Butan") gegenübergestellt:

	n-Butan	**iso-Butan**
Strukturformeln: Alle Elektronenpaarbindungen werden dargestellt.	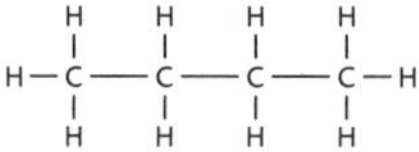 H H H H H–C–C–C–C–H H H H H	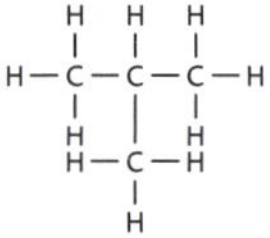 H H H H–C–C–C–H H | H H–C–H H
Halbstrukturformeln: Nur C–C-Bindungen werden dargestellt. Einzelne Molekülteile werden zusammengefasst.	$H_3C - CH_2 - CH_2 - CH_3$	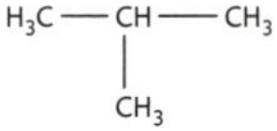 $H_3C - CH - CH_3$ | CH_3
Kugel-Stab-Modelle: Bindungswinkel und -längen werden anschaulich dargestellt.	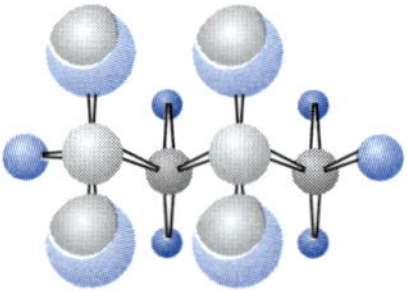	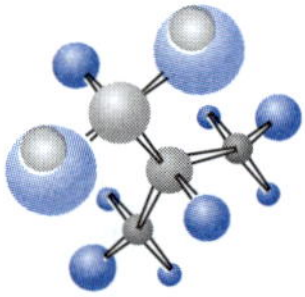
Kalotten-Modelle: Die Raumerfüllung der Moleküle wird besonders deutlich.	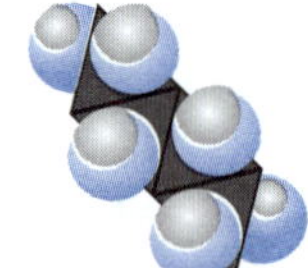	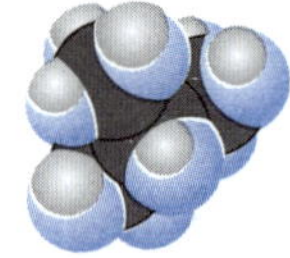

Die **Benennung** der Alkylreste („Seitenketten") leitet sich vom Namen der entsprechenden Alkane ab:

Alkylrest	Summenformel	Halbstrukturformel
Methylgruppe	CH_3-	CH_3-
Ethylgruppe	C_2H_5-	CH_3-CH_2-
Propylgruppe	C_3H_7-	$CH_3-CH_2-CH_2-$

2.4 Nomenklaturregeln: Benennung nach IUPAC

Da die Anzahl der Konstitutionsisomere mit wachsender Zahl der Kohlenstoffatome rasch ansteigt, ist eine rationelle und systematische Bezeichnung der Alkane unabdingbar.

Alkan	Konstitutionsisomere	Alkan	Konstitutionsisomere
C_3H_8	1	C_7H_{16}	9
C_4H_{10}	2	C_8H_{18}	18
C_5H_{12}	3	C_9H_{20}	35
C_6H_{14}	5	$C_{10}H_{22}$	75

Der Nomenklatur der Alkane nach **IUPAC** (**I**nternational **U**nion of **P**ure and **A**pplied **C**hemistry) liegen folgende Regeln zugrunde:

1. Der **Stammname** ergibt sich aus der längsten Kohlenstoffkette. Die Bezeichnung der Stammverbindung bildet den letzten Teil des Namens.
2. **Verzweigungsstellen** der Hauptkette werden mit Zahlen angegeben. Die Kohlenstoffatome der Hauptkette sind so zu nummerieren, dass die Verzweigungen möglichst kleine Ziffern erhalten. Die Zahlen werden den Namen der Seitenketten vorangestellt. Für jede Seitengruppe muss die Verzweigungsstelle an der Hauptkette mit einer Ziffer belegt sein.
3. Treten **gleiche Seitengruppen** in einem Alkanmolekül mehrfach auf, so steht das griechische Zahlwort (di-, tri-, tetra-, penta-, …) als Vorsilbe vor der Bezeichnung der Seitenkette (Methyl-, Ethyl-, Propyl-, …).
4. Enthält ein Alkanmolekül **verschiedene Seitengruppen**, so werden diese in alphabetischer Reihenfolge genannt. Bei der alphabetischen Auflistung bleiben die griechischen Vorsilben unberücksichtigt, d. h. Ethyl- kommt im IUPAC-Namen vor Methyl-, aber auch vor Dimethyl-.

Beispiel

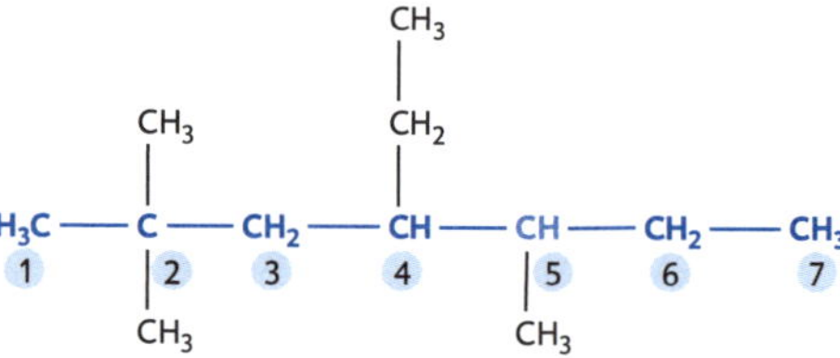

1. Länge der **Hauptkette** als Grundnamen ermitteln: … *heptan*
2. **Seitenketten** benennen und alphabetisch ordnen: *Ethyl* … und *methyl* …
3. **Anzahl** der gleichen Seitenketten bestimmen: … *trimethyl* …
4. **Verknüpfungsstellen** der Seitenketten ermitteln: *4-Ethyl-2,2,5-trimethylheptan*

2.5 Eigenschaften der Alkane: gänzlich unpolar

Aggregatzustand

- Bei Raumtemperatur sind die ersten vier Alkane **gasförmig**. Sie kommen im Erdgas vor. (Siedetemperatur: Methan –161 °C, Ethan –88 °C, Propan –42 °C, Butan –1 °C)
- Die folgenden Alkane bis zum Hexadecan sind **flüssig**. (Siedetemperatur: Pentan +36 °C, Hexan +69 °C, Heptan +98 °C, Octan +126 °C)
- Heptadecan $C_{17}H_{36}$ und alle weiteren Glieder der homologen Reihe sind **Feststoffe**. (Schmelztemperatur Heptadecan: +22 °C, Siedetemperatur: +302 °C)
- Mit dem **Verzweigungsgrad** isomerer Alkane sinkt ihre Siedetemperatur. (Pentan +36 °C, Dimethylpropan +9,5 °C)

Alkanmoleküle sind **unpolar**, zwischen ihnen wirken nur die schwachen **VAN-DER-WAALS-Kräfte**. Mit wachsender Moleküloberfläche nimmt der intermolekulare Zusammenhalt zu, damit steigen Siede- und Schmelztemperatur an. Verzweigte Alkane besitzen infolge der kleineren Oberfläche (geringere Kontaktmöglichkeit zwischen den Molekülen) niedrigere Siedetemperaturen als ihre gestreckten Isomere.

Rohöl wird durch **fraktionierte Destillation** in Stoffgemische aus Kohlenwasserstoffen mit ähnlichen Siedetemperaturen („Fraktionen“) getrennt. Die Komponenten der Benzinfraktion haben Siedetemperaturen zwischen 30 und 150 °C, die Kohlenwasserstoffe im Mitteldestillat (Petroleum und Kerosin) besitzen Siedetemperaturen zwischen 150 und 250 °C und Kettenlängen von 12 bis 20 Kohlenstoffatomen.

Löslichkeit
„*Similia similibus solvuntur* – **Gleiches löst Gleiches**“. Aus diesem Grund lösen sich einerseits die unpolaren Alkane nur in Spuren im polaren Lösungsmittel Wasser, dessen Moleküle durch Wasserstoffbrückenbindungen einen starken intermolekularen Zusammenhalt aufweisen. Eine Mischbarkeit der **hydrophoben** („wassermeidenden“) Alkanphase mit der **hydrophilen** Phase ist nicht gegeben. Andererseits sind Alkane untereinander gut mischbar und selbst ausgezeichnete Lösungsmittel für Fette. Sie werden daher auch **lipophil** („fettfreundlich“) genannt.

> Je stärker sich die Teilchen zweier Stoffe in ihrer Polarität ähneln, umso besser mischen sich die Stoffe. Alkane sind **hydrophob** und **lipophil**.

Dichte
Die Dichte der Alkane nimmt mit wachsender Molekülgröße zu. Bei allen flüssigen Alkanen bleibt sie aber unter 1,00 $g \cdot cm^{-3}$. Daher befindet sich in einem Alkan-Wasser-System die hydrophobe Phase immer oben, die hydrophile (wässrige) Phase unten.
Dichte: Pentan 0,63 $g \cdot cm^{-3}$, Hexan 0,66 $g \cdot cm^{-3}$, Decan 0,73 $g \cdot cm^{-3}$.

2.6 Reaktionen der Alkane: eher reaktionsträge

Alkane sind reaktionsträge. Der veraltete Name „Paraffine“ verweist auf ihre geringe Reaktionsfreudigkeit.

> **Oxidationen, Halogenierungen** und **Pyrolyse** („Cracken“) sind die wichtigsten Reaktionen, die Alkane eingehen können.

Verbrennungsreaktionen (Oxidationen)
Die Reaktionen der Alkane mit (Luft-)Sauerstoff sind Verbrennungen. Sie finden beim Einsatz von Erdgas (Hauptbestandteil: Methan) und von Erdölprodukten wie Benzin, Diesel, Kerosin und Heizöl zur Energiegewinnung statt.

Bei vollständiger Verbrennung entstehen ausschließlich Kohlenstoffdioxid und Wasser als Produkte:

$$CH_4 + 2\,O_2 \longrightarrow CO_2 + 2\,H_2O$$

$$2\,C_4H_{10} + 13\,O_2 \longrightarrow 8\,CO_2 + 10\,H_2O$$

Crackreaktionen (Pyrolysen)

Beim **Cracken** werden langkettige (höher siedende) Alkane durch hohe Temperaturen unter Luftausschluss oder mittels Einsatz von Katalysatoren in kleinere, kurzkettige Einheiten gespalten. Auf diese Weise werden aus der Fraktion des schweren Heizöls, die bei der fraktionierten Rohöldestillation „im Überschuss" anfällt, die kurzkettigen Moleküle der Benzinfraktion sowie gasförmige Alkane und Alkene gewonnen.

$$C_{20}H_{42} \longrightarrow C_2H_4 + C_3H_6 + C_8H_{18} + C_7H_{14}$$

Eicosan Ethen Propen Octan Hepten

Halogenierung und radikalische Substitution (S_R-Reaktion)

Die Reaktion von Hexan mit Brom setzt langsam ein, wenn das Reaktionsgemisch belichtet wird. Als Reaktionsprodukt lässt sich anhand der sauren Reaktion mit feuchtem Indikatorpapier (Rotfärbung) und der Fällung von Silberbromid (AgBr) mit dem Nachweisreagenz Silbernitratlösung die Säure Bromwasserstoff nachweisen. Das zweite Reaktionsprodukt ist Bromhexan. Ein Wasserstoffatom des Hexanmoleküls wird also durch ein Bromatom ersetzt, man sagt **„substituiert"**.

$$C_6H_{14} + Br_2 \longrightarrow C_6H_{13}Br + HBr$$

Analog zur Bromierung von Hexan verläuft die Chlorierung von Methan:

$$CH_4 + Cl_2 \longrightarrow CH_3Cl + HCl$$

Bei diesen Reaktionen treten **Radikale** auf, das sind äußerst reaktionsfreudige Teilchen mit einem ungepaarten Elektron. Der Reaktionsablauf, der hinter den obigen Reaktionsgleichungen steckt, wird durch den Mechanismus der **radikalischen Substitution** beschrieben.

Im Gegensatz zur Reaktionsgleichung stellt der **Reaktionsmechanismus** die Vorgänge auf der Teilchenebene während einer Reaktion anschaulich dar. Der kontinuierliche Reaktionsverlauf wird dabei gedanklich in einzelne Reaktionsschritte zerlegt.

1. Kettenstart:
Ein Halogenmolekül – hier ein Cl_2-Molekül – wird durch Licht in zwei Halogenradikale gespalten (homolytische Spaltung, griech. *homos:* „gleich“; *lysis:* „Auflösung“):

$$Cl—Cl \xrightarrow{Licht} 2\,Cl\cdot$$

2. Kettenreaktionsschritte:
Die Halogenradikale „entreißen“ den Alkanmolekülen, hier CH_4-Moleküle, Wasserstoffatome. Es entstehen Moleküle des Reaktionsproduktes Halogenwasserstoff und Alkylradikale, hier Methylradikale $\bullet CH_3$:

$$CH_4 + Cl\cdot \longrightarrow \cdot CH_3 + HCl$$

Die Alkylradikale reagieren ihrerseits mit Halogenmolekülen, wobei Moleküle des Halogenalkans (hier Chlormethan CH_3Cl) und neue Halogenradikale gebildet werden, welche die Kettenreaktion fortsetzen:

$$\cdot CH_3 + 2\,HCl \longrightarrow CH_3Cl + Cl\cdot$$

3. Kettenabbruchreaktionen:
Zum Abbruch einer Reaktionskette durch **Rekombination** kommt es immer dann, wenn zwei Radikale zusammenstoßen und ihre „einsamen“ Elektronen eine neue Elektronenpaarbindung ausbilden:

$$\cdot Cl + Cl\cdot \longrightarrow Cl_2$$

$$\cdot CH_3 + Cl\cdot \longrightarrow CH_3Cl$$

$$\cdot CH_3 + \cdot CH_3 \longrightarrow C_2H_6$$

Werden Atome oder Atomgruppen eines Moleküls durch andere Atome oder Atomgruppen ersetzt, so spricht man von einer **Substitution**.

Da Radikale sehr reaktiv und wenig selektiv sind, entstehen durch **Mehrfachsubstitution** neben dem Monosubstitutionsprodukt auch Di-, Tri- und Tetrasubstitutionsprodukte, hier also CH_2Cl_2, $CHCl_3$ und CCl_4.

3 Alkene: Moleküle mit Doppelbindung

3.1 Homologe Reihe und Nomenklatur der Alkene

Alkene sind Kohlenwasserstoffe, die mindestens eine **C=C-Doppelbindung** in ihren Molekülen besitzen. Da in Alkenen nicht die maximale Anzahl möglicher Wasserstoffatomen gebunden ist, werden sie den **ungesättigten** Kohlenwasserstoffen zugerechnet.

Kohlenwasserstoffe mit einer C=C-Doppelbindung im Molekül besitzen die allgemeine **Summenformel C_nH_{2n}**.

Auch die Alkene bilden eine homologe Reihe. Ihre Namen werden gebildet, indem die Endung *„-an“* der entsprechenden Alkane durch die Endung *„-en“* ersetzt wird.
Ethen, Propen und die isomeren Butene gewinnt man aus **Crackgas** als Produkte der Erdölchemie (Petrochemie).

Alken	Summenformel	Halbstrukturformel	Strukturformel
Ethen („Ethylen“)	C_2H_4	$CH_2=CH_2$	H, H > C=C < H, H
Propen („Propylen“)	C_3H_6	$CH_3-CH=CH_2$	
Buten	C_4H_8	4 isomere Butene	

3.2 Molekülbau: planar an der Doppelbindung

Im Ethenmolekül sind die beiden Kohlenstoffatome durch zwei gemeinsame Elektronenpaarbindungen verbunden. Die Doppelbindung ist kürzer als eine Einfachbindung. Alle sechs Atome des Ethenmoleküls liegen **in einer Ebene**, die Bindungswinkel betragen 120°. Um die Doppelbindung besteht **keine freie Drehbarkeit** der Molekülteile.

Die Bindungsverhältnisse im Ethenmolekül im Überblick:

Alken	Bindungstyp	Bindungslänge	Bindungsenergie	Bindungswinkel
Ethen	C=C-Doppelbindung	134 pm	$720\ kJ \cdot mol^{-1}$	120°(planar)

3.3 Isomerie: keine freie Drehbarkeit

Isomere Alkene können sich unterscheiden …

- in der Lage der Doppelbindung wie bei But-1-en und But-2-en,
- als Folge von Verzweigung(en) der Kohlenstoffkette wie bei Buten und Methylpropen,
- in der Stellung entsprechender Molekülteile an der Doppelbindung wie bei cis- und trans-But-2-en.

Letztgenannter Isomerietyp, die cis-trans-Isomerie, ergibt sich aus der Tatsache, dass die Methylgruppen der But-2-en-Moleküle aufgrund fehlender freier Drehbarkeit entweder auf der gleichen Seite (lat. *cis:* „diesseits“) der Doppelbindung oder gegenüber liegen (lat. *trans:* „jenseits“).

Cis-trans-Isomere besitzen die gleiche Konstitution, d. h. eine identische Verknüpfung der Atome. Sie unterscheiden sich jedoch in der **Konfiguration**, d. h. in der räumlichen Anordnung ihrer Atome.

Die vier isomeren Butene mit der Summenformel C_4H_8 im Überblick:

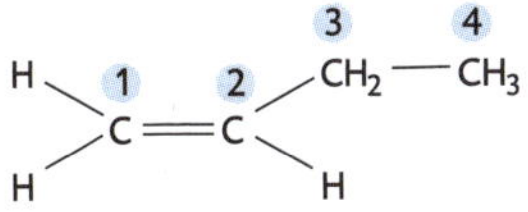

$H_2C{=}CH{-}CH_2{-}CH_3$ (C-Atome nummeriert 1, 2, 3, 4)

But-1-en (1-Buten):
Siedetemperatur: –6 °C

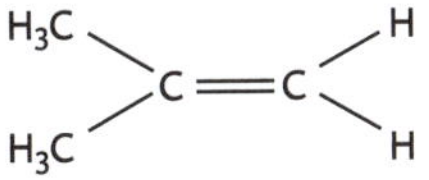

$(H_3C)_2C{=}CH_2$

2-Methylpropen:
Siedetemperatur: +7 °C

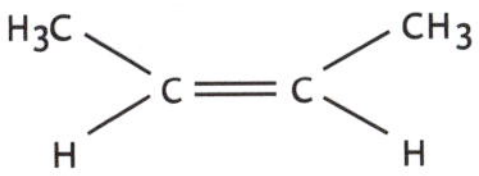

$H_3C(H)C{=}C(H)CH_3$ (beide CH_3 auf derselben Seite)

cis-But-2-en (cis-2-Buten):
Siedetemperatur: –3 °C

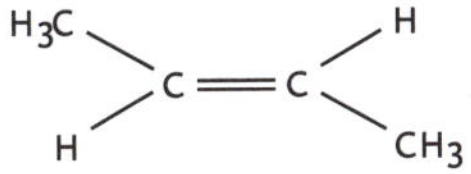

$H_3C(H)C{=}C(H)CH_3$ (CH_3-Gruppen gegenüber)

trans-But-2-en (trans-2-Buten):
Siedetemperatur: +1 °C

3.4 Nomenklaturregeln für „-en-Verbindungen“

Für die Nomenklatur der Alkene nach IUPAC gelten folgende Regeln:

1. Die Hauptkette ist so zu nummerieren, dass die **Lage der Doppelbindung** mit einer möglichst niedrigen Ziffer gekennzeichnet wird.
2. Diese Ziffer wird der **Endsilbe „-en“** im Namen (Hex-2-en) oder auch dem Namen der Stammverbindung (2-Hexen) vorangestellt.
3. **Seitenketten** (Substituenten) werden in bekannter Weise benannt und die Verzweigungsstelle gekennzeichnet.
4. Die **Vorsilben „cis“** und **„trans“** beschreiben die räumliche Anordnung der Molekülteile an der Doppelbindung.
5. Bei **mehreren Doppelbindungen** werden die entsprechenden griechischen Zahlwörter (di-, tri,- ...) der Silbe -en vorangestellt.

Polyene (Diene, Triene, etc.) besitzen mehrere Doppelbindungen:

- Gehen zwei Doppelbindungen von einem Kohlenstoffatom aus, bezeichnet man sie als **kumulierte Doppelbindungen:**
  $CH_2{=}C{=}CH{-}CH_2{-}CH_3$
- Wechseln sich Doppelbindungen und Einfachbindungen in der Kohlenstoffkette ab, spricht man von **konjugierten Doppelbindungen:**
  $CH_2{=}CH{-}CH{=}CH{-}CH_3$
- Befinden sich zwischen zwei Doppelbindungen mehrere Einfachbindungen, handelt es sich um **isolierte Doppelbindungen:**
  $CH_2{=}CH{-}CH_2{-}CH{=}CH_2$

3.5 Eigenschaften und Reaktionen: elektrophile Addition

In vielen Eigenschaften, wie der Löslichkeit und den Siedetemperaturen, ähneln die Alkene bei vergleichbarer Molekülgröße den Alkanen. Die Moleküle sind **unpolar** und können intermolekular **Van-der-Waals-Bindungen** ausbilden. Alkene lassen sich durch die rasche **Entfärbung von Bromwasser**, der typischen Nachweisreaktion für ungesättigte Kohlenwasserstoffe, experimentell leicht von Alkanen unterscheiden.

Halogenierung als elektrophile Addition (A_E-Reaktion)

Die Reaktion von 1-Hexen mit braunem Bromwasser setzt unmittelbar und heftig ein, auch ohne Belichtung des Reaktionsgemisches (vgl. Hexan, S. 84). Die Lösung entfärbt sich dabei. Als Reaktionsprodukt entsteht eine farblose, lipophile Flüssigkeit. Einziges Reaktionsprodukt ist 1,2-Dibromhexan. Brom wurde also an die Doppelbindung addiert.

Bei einer **Additionsreaktion** wird ein Molekül an die Mehrfachbindung eines ungesättigten Kohlenwasserstoffmoleküls addiert.

Für die Addition eines Halogens „X_2“ an Hexen gilt allgemein:

$$C_6H_{12} + X_2 \longrightarrow C_6H_{12}X_2$$

Da im ersten Schritt ein **elektrophiles** Teilchen mit positiver Teilladung an der C=C-Doppelbindung, einem Ort hoher Elektronendichte, angreift, wird der Reaktionstyp als **elektrophile Addition** bezeichnet. Die Entfärbung von Bromwasser durch Ethengas verläuft nach folgendem Mechanismus:

1. Im ersten Reaktionsschritt lagert sich ein Brommolekül an die „Elektronenwolke“ der C=C-Doppelbindung an, wodurch es polarisiert und seine darauf folgende **heterolytische Spaltung** erleichtert wird (griech. *héteros:* „verschieden“; *lysis:* „Auflösung“). Es entsteht ein cyclisches Bromoniumion sowie ein Bromidion:

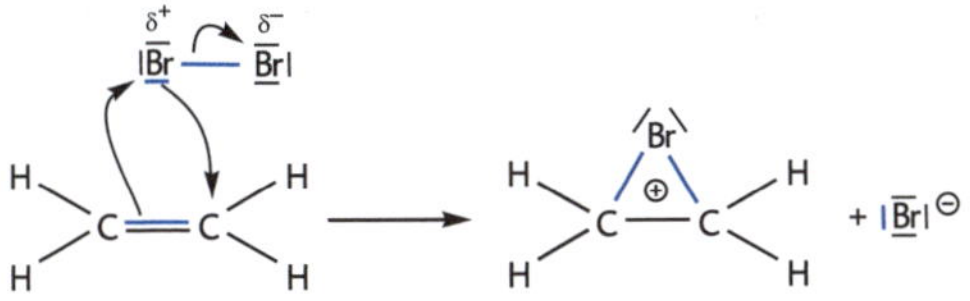

2. Anschließend greift das **nucleophile Bromidion** mit einem freien Elektronenpaar das Bromoniumion von der „Rückseite“ her an:

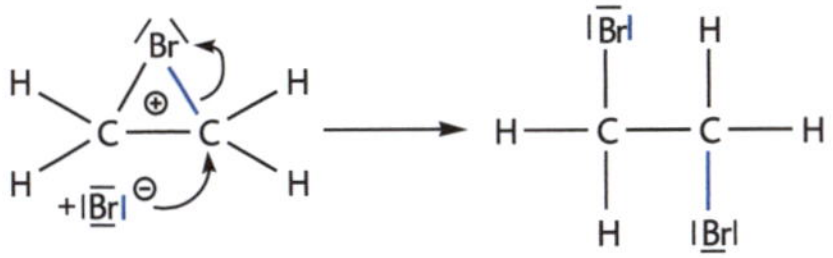

Elektrophile sind Teilchen mit positiver Ladung (+) oder Partialladung (δ^+). Dieses greift an Stellen mit hoher Elektronendichte an. (Elektronen tragen eine negative Elementarladung.)
Nucleophile sind Teilchen mit negativer Ladung (–) oder Partialladung (δ^-) und freiem Elektronenpaar. Dieses greift an Stellen mit Elektronenmangel, d. h. positiver Ladung an. (Lat. *nucleus:* Kern; positiv geladen.)

Benachbarte Atome oder Atomgruppen nehmen Einfluss auf die Reaktivität der funktionellen Gruppe. Dieser „Nachbargruppeneffekt“ wird als **induktiver Effekt** (I-Effekt) bezeichnet
Methylgruppen und andere Alkylsubstituenten erhöhen die Elektronendichte an der Doppelbindung und damit die Reaktivität der Alkene, indem sie einen **elektronenschiebenden** Effekt (positiven induktiven Effekt, **+I-Effekt**) ausüben.
Halogenatome und andere Substituenten mit höherer Elektronegativität als das Kohlenstoffatom üben einen **elektronenziehenden** Effekt (negativer induktiver Effekt, **–I-Effekt**) aus und vermindern damit die Elektronendichte der Doppelbindung und ihre Reaktivität.

In der folgenden Alken-Reihe etwa nimmt die Reaktionsgeschwindigkeit bei der Addition von Brom von links nach rechts ab:

Cl Cl Cl Cl
Cl Cl Cl

abnehmende Reaktionsgeschwindigkeit bei der Addition von Brom

Hydrierung
Durch **Addition von Wasserstoff** an die Doppelbindung der ungesättigten Alkene entstehen Alkane als gesättigte Verbindungen. Die Reaktion heißt **Hydrierung**. Sie wird mit Katalysatoren durchgeführt:

$$H_2C{=}CH_2 + \mathbf{H_2} \longrightarrow H_3C{-}CH_3$$

Polymerisation
Bei der **radikalischen Polymerisation** wird eine Kettenreaktion durch ein **Radikal**, ein reaktives Teilchen mit ungepaartem Elektron, eingeleitet. Dieses „entkoppelt“ das Elektronenpaar der Doppelbindung. Dabei entsteht ein Alkylradikal.

$$\mathbf{R\cdot} + H_2C{=}CH_2 \longrightarrow \mathbf{R}{-}CH_2{-}CH_2\cdot$$

Das Alkylradikal setzt die Kettenreaktion fort:

$$R{-}CH_2{-}CH_2\cdot + n\ H_2C{=}CH_2 \longrightarrow$$

$$R{-}CH_2{-}CH_2{-}\left[CH_2{-}CH_2\right]_{n-1}{-}CH_2{-}CH_2\cdot$$

Zum Abbruch zweier Reaktionsketten kommt es, wenn zwei Radikale sich vereinigen (Rekombination; siehe S. 85). Die auf diese Weise erzeugten Makromoleküle bilden den Kunststoff **Polyethen (PE)**. Da sich anstelle von Ethen auch andere **Monomere** mit Doppelbindungen polymerisieren lassen, ergeben sich viele Variationsmöglichkeiten für Kunststoffe mit sehr unterschiedlichen Eigenschaften (siehe S. 195 ff.).

4 Alkine: dreifach verbundene Kohlenstoffatome

Ethin („Acetlyen") ist der einfachste ungesättigte Kohlenwasserstoff mit einer **C≡C-Dreifachbindung**. Die homologe Reihe wird mit Propin, But-1-in (1-Butin) sowie But-2-in (2-Butin) fortgesetzt **(Endsilbe „-in")**.

> Die allgemeine **Summenformel** für Alkine mit einer Dreifachbindung lautet C_nH_{2n-2}. Die Nomenklatur der Alkine nach IUPAC folgt den gleichen Regeln wie die Nomenklatur der Alkene.

Die C≡C-Dreifachbindung ist mit 121 pm die kürzeste der drei C–C-Bindungen. Sie besitzt eine Bindungsenergie von $963\ kJ \cdot mol^{-1}$ und einen Bindungswinkel von 180° (lineare Geometrie). Wie bei Alkenen sind bei den Alkinen Additionsreaktionen und Hydrierungen möglich.

Sauerstoff und Stickstoff in organischen Molekülen

1 Alkanole: organische Verwandte des Wassers

1.1 Homologe Reihe und Nomenklatur: die Hydroxygruppe

Alkanole („Alkohole") sind **Hydroxyderivate** der Alkane. Ihre Namen werden aus dem Namen des entsprechenden Kohlenwasserstoffs durch Anhängen der Silbe **„-ol"** gebildet.

Funktionelle Gruppe der Alkanole ist die **Hydroxygruppe** (OH-Gruppe). Diese **polare** Atomgruppierung bestimmt Eigenschaften und Reaktionsverhalten der Alkanole entscheidend.

Alkanole bilden eine **homologe Reihe**. Die ersten Glieder dieser Reihe mit der **allgemeinen Summenformel $C_nH_{2n+1}OH$** heißen:

Alkanol	Trivialname	Halbstrukturformel	Siedetemperatur in °C
Methanol	Methylalkohol	$CH_3–OH$	+65 °C
Ethanol	Ethylalkohol	$CH_3–CH_2–OH$	+78 °C
Propan-1-ol	Propylalkohol	$CH_3–CH_2–CH_2–OH$	+97 °C
Butan-1-ol	Butylalkohol	$CH_3–CH_2–CH_2–CH_2–OH$	+118 °C

1.2 Isomerie und Klassifizierung: Stellung und Wertigkeit

Ab dem Alkanol Propanol kann die Hydroxygruppe **endständig** oder **mittelständig** sein. Es tritt das Phänomen der **Isomerie** auf. Nach der Stellung ihrer funktionellen Gruppe unterscheidet man **primäre, sekundäre und tertiäre Alkanole:**

$R_1—CH_2—OH$
primäres Alkanol

$R_1—CH(R_2)—OH$
sekundäres Alkanol

$R_1—C(R_2)(R_3)—OH$
tertiäres Alkanol

Bei **primären** Alkanolen ist die OH-Gruppe endständig. Das Kohlenstoffatom, das die Hydroxygruppe trägt, ist an **ein** weiteres Kohlenstoffatom gebunden. Kennzeichnende Atomgruppe ist die **CH_2-OH**-Gruppe.
Bei **sekundären** Alkanolen ist das Kohlenstoffatom, das die Hydroxygruppe trägt, an **zwei** weitere Kohlenstoffatome gebunden; sie besitzen daher eine **CH–OH**-Gruppe.
Bei **tertiären** Alkanolen ist das die Hydroxygruppe tragende Kohlenstoffatom mit **drei** weiteren Kohlenstoffatomen verknüpft. Vertreter dieser Klasse besitzen eine **C–OH**-Gruppe im Molekül.

Neben der Klassifizierung der Alkanole nach der Stellung ihrer charakteristischen Gruppe ist eine Einteilung nach der **Anzahl** der Hydroxygruppen im Molekül üblich:

$H_3C-CH_2-CH_2-\mathbf{OH}$ — **einwertiges** Alkanol: Propan-1-ol

$H_3C-CH(\mathbf{OH})-CH_2-\mathbf{OH}$ — **zweiwertiges** Alkanol: Propan-1,2-diol

$\mathbf{HO}-CH_2-CH(\mathbf{OH})-CH_2-\mathbf{OH}$ — **dreiwertiges** Alkanol: Propan-1,2,3-triol

1.3 Molekülbau der Alkanole: Dipolcharakter

Alkanole können als **Hydroxyderivate der Alkane** oder als **Alkylderivate des Wassers** aufgefasst werden. Da die freien Elektronenpaare des Sauerstoffatoms mehr Platz benötigen als seine bindenden, ist der Tetraederwinkel auf 104,5° gestaucht. Der Unterschied der Elektronegativitäten von Kohlenstoff (EN: 2,5) und Sauerstoff (EN: 3,5) erklärt die **Polarität** der Bindung und die Tatsache, dass Wasser- und Alkanolmoleküle permanente **Dipole** sind:

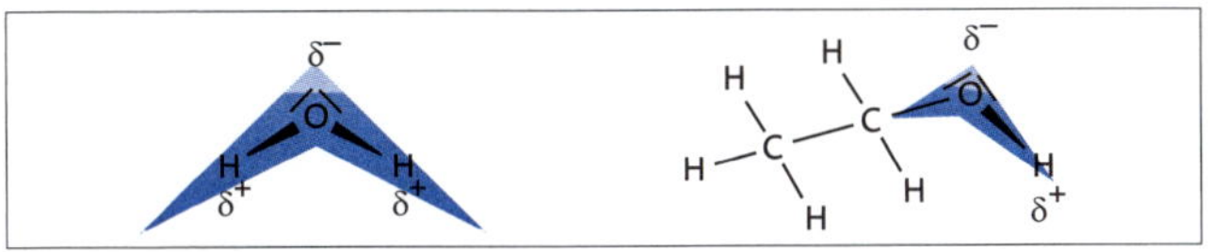

gewinkelter Bau und Dipolnatur des Wasser- und Ethanolmoleküls

1.4 Einwertige Alkanole: Prototyp Ethanol

Methanol

Den Anfang der homologen Reihe der einwertigen Alkanole bildet **Methanol**. Die Aufnahme von Methanol verursacht Gehirnschäden und führt zur Erblindung. Die tödliche Dosis für einen Erwachsenen wird mit 30 bis 50 mL angegeben.
Methanol wird großtechnisch aus „Synthesegas“ hergestellt, einem Gasgemisch aus Kohlenstoffmonooxid und Wasserstoff:

$$CO\,(g) + 2\,H_2\,(g) \xrightarrow[\text{Katalysator}]{400\,°C/200\,\text{bar}} H_3C{-}OH\,(g)$$

Ethanol

Das bedeutendste Alkanol ist **Ethanol**. Alkoholische Getränke enthalten Ethanol in unterschiedlicher Konzentration. Ethanol wirkt im Körper als **Gift**, verursacht Rauschzustände und führt als **Droge** in die Abhängigkeit (Alkoholismus). Es ist außerdem ein Desinfektionsmittel.
Ethanol kann biotechnisch von Hefepilzen durch **alkoholische Gärung** aus traubenzuckerhaltigen Lösungen wie Fruchtsäften unter Sauerstoffausschluss (anaerob) hergestellt werden:

$$C_6H_{12}O_6\,(aq) \xrightarrow{\text{Enzyme der Hefepilze}} 2\,CH_3CH_2OH\,(aq) + 2\,CO_2\,(g)$$

Für industrielle Zwecke wird Ethanol durch **Addition von Wasser an Ethen** großtechnisch synthetisiert. Die Reaktion wird durch Schwefelsäure katalysiert:

$$H_2C{=}CH_2 + H_2O \xrightarrow{\text{Schwefelsäure}} H_3C{-}CH_2{-}OH$$

Propanole

Nach der Stellung der Hydroxygruppe im Molekül lassen sich **zwei isomere Propanole** unterscheiden: Propan-1-ol (Propylalkohol) ist ein primärer Alkanol mit einer Siedetemperatur von 97 °C. Propan-2-ol (Isopropylalkohol) mit einer Siedetemperatur von 82 °C ist der einfachste sekundäre Alkanol.

```
    H   H   H              H   H   H
    |   |   |              |   |   |
H — C — C — C — OH     H — C — C — C — H
    |   |   |              |   |   |
    H   H   H              H   OH  H
```

Propan-1-ol Propan-2-ol

Die homologe Reihe der einwertigen Alkanole lässt sich mit **Butan-1-ol** (Butylalkohol, $CH_3{-}CH_2{-}CH_2{-}CH_2{-}OH$, Siedetemperatur 117 °C) und **Pentan-1-ol** (Amylalkohol, $CH_3{-}CH_2{-}CH_2{-}CH_2{-}CH_2{-}OH$, Siedetemperatur 138 °C) fortsetzen.

Butanole

Unter den **vier isomeren Butanolen** (C_4H_9OH) finden sich zwei primäre Alkanole:

```
       H     H     H     H               H     H     H
       |     |     |     |               |     |     |
   H — C  —  C  —  C  —  C — OH      H — C  —  C  —  C — OH
       |     |     |     |               |     |     |
       H     H     H     H               H    CH3    H
```

Butan-1-ol   2-Methyl-propan-1-ol

1.5 Sekundäre und tertiäre Alkanole

Unter den isomeren Butanolen gibt es einen Vertreter der **sekundären** Alkanole und den einfachsten Repräsentanten der **tertiären** Alkanole:

```
       H     H     H     H                     CH3
       |     |     |     |                      |
   H — C  —  C  —  C  —  C — H         H3C  —  C  —  CH3
       |     |     |     |                      |
       H     H     OH    H                      OH
```

Butan-2-ol   2-Methyl-propan-2-ol

1.6 Mehrwertige Alkanole: Polyalkohole

Mehrwertige Alkanole (Polyole, Polyalkohole) besitzen mehrere funktionelle Hydroxygruppen in ihren Molekülen. Im Höchstfall sind dies so viele, wie Kohlenstoffatome vorhanden sind. Denn nach der **ERLENMEYER-Regel** sind Teilchen mit mehr als einer Hydroxygruppe an einem Kohlenstoffatom nicht stabil. Wichtige Polyole sind:

```
        H     H                      H     H     H
        |     |                      |     |     |
  HO —  C  —  C — OH             H — C  —  C  —  C — H
        |     |                      |     |     |
        H     H                      OH    OH    OH
```

Ethan-1,2-diol (Glykol)   Propan-1,2,3-triol (Glycerin)

Propan-1,2,3-triol (Glycerin, Glycerol) ist das bedeutendste dreiwertige Alkanol. Es ist eine farblose, klare und zähflüssigen Substanz mit einer Siedetemperatur von 290 °C (beginnende Zersetzung). Als Bestandteil der Triglyceridmoleküle, die pflanzliche und tierische **Fette und Öle** aufbauen (siehe S. 187 ff.), ist Glycerin in der Natur außerordentlich verbreitet. Fette sind Ester aus Glycerin und Fettsäuren. In der Sprengstoffindustrie ist Glycerin namengebender Ausgangsstoff bei der Herstellung von **Nitroglycerin** („Dynamit").
Polyhydroxyverbindungen wie Xylit und Sorbit besitzen eine hohe **Süßkraft** und dienen daher als Zuckerersatzstoffe bzw. Süßstoffe. Sie werden auch **Zuckeralkohole** genannt.

```
      CH2OH
        |
      HC—OH
        |
   HO—CH
        |
      HC—OH
        |
      CH2OH
```

Xylit(ol) bzw. Pentanpentol

```
      CH2OH
        |
      HC—OH
        |
   HO—CH
        |
      HC—OH
        |
      HC—OH
        |
      CH2OH
```

Sorbit(ol) bzw. Hexanhexol

1.7 Synthese aus Halogenalkanen: nucleophile Substitution

Wird ein heterogenes Gemisch aus lipophilem Bromethan und Kalilauge erhitzt, so entsteht Ethanol. Durch Fällung von Silberbromid mit dem Nachweisreagenz Silbernitrat lassen sich außerdem Bromidionen nachweisen. In einer **Substitution** wurde ein Bromatom durch eine Hydroxygruppe ersetzt. Der **Reaktionsmechanismus** gliedert sich in drei Schritte:

1. Das Hydroxidion greift als Nucleophil an:

```
      _ ⊖          H
   H—O|            |
      ‾ ———▶  δ+   |      _
             H ——— C ——— Br| δ−
                   |      ‾
                   |
                   CH3
```

Das Bromatom im Bromethan besitzt eine höhere Elektronegativität als das Kohlenstoffatom und polarisiert dieses positiv. Das negativ geladene Hydroxidion als **Nucleophil** (siehe S. 89) nähert sich.

2. Die C–O-Bindung entsteht, die C–Br-Bindung wird gelöst:

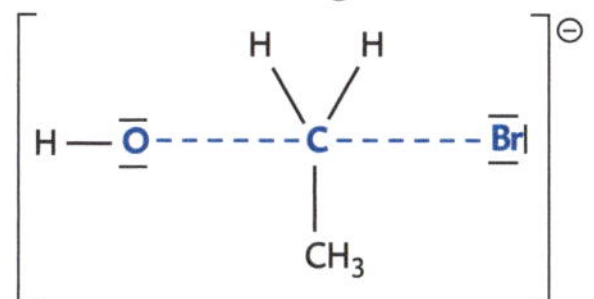

Gleichzeitig mit der Ausbildung einer Bindung zum positiv polarisierten Kohlenstoffatom wird die Kohlenstoff-Brom-Bindung gelöst.

3. Das Bromidion tritt aus:

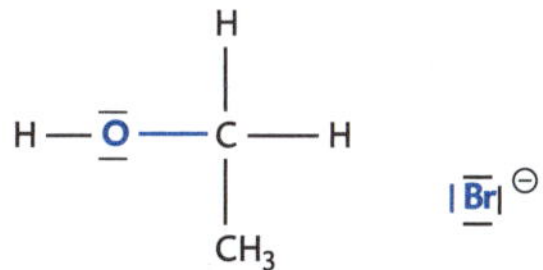

Da im ersten Reaktionsschritt das Hydroxidion ein freies Elektronenpaar zur Verfügung stellt und das Bromatom im letzten Schritt ersetzt wird, nennt man diese Reaktion **nucleophile Substitution (S_N-Reaktion)**. In diesem Fall verlaufen Ausbildung der neuen Bindung und Auflösung der alten Bindung **gleichzeitig**, d. h., der Mechanismus ist **bimolekular**. Diese Art der nucleophilen Substitution heißt auch **S_N2-Reaktion**.

1.8 Alkanol-Eigenschaften: Wasserstoffbrückenbindungen

Aggregatzustand

Im Vergleich zu den entsprechenden Kohlenwasserstoffen besitzen die Alkanole wesentlich höhere Siede- bzw. Schmelztemperaturen. Schon die ersten Glieder der homologen Reihe sind keine Gase, sondern farblose Flüssigkeiten. Die Siedetemperaturen im Vergleich: Methanol 65 °C und Methan –161 °C, Ethanol 78 °C und Ethan –88 °C.

Die Siedetemperaturen des Ethanols und der anderen Alkanole sind – relativ gesehen – so hoch, da zwischen den Molekülen starke intermolekulare Wechselwirkungen, so genannte **Wasserstoffbrückenbindungen**, ausgebildet werden. Alkanole sind **polare** Moleküle mit einem permanenten **Dipolmoment**. Durch die Wasserstoffbrückenbindungen zwischen den Molekülen entstehen größere Molekülassoziationen. Man benötigt daher relativ viel Energie, um Ethanolmoleküle aus dem Verband zu lösen und in die Gasphase zu überführen.

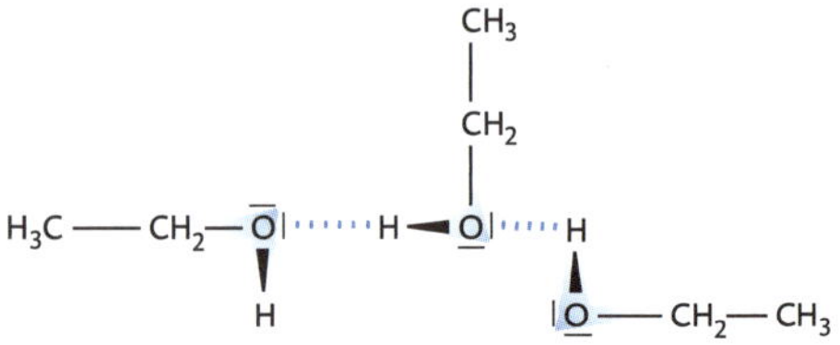

Wasserstoffbrückenbindungen (gestrichelt) zwischen Ethanolmolekülen

Der Anstieg der Siede- und Schmelztemperaturen innerhalb der homologen Reihe der einwertigen Alkanole ist – neben dem wachsenden Molekülgewicht – darauf zurückzuführen, dass zwischen den immer länger werdenden **unpolaren Alkylresten** die Möglichkeiten zur Ausbildung von **VAN-DER-WAALS-Wechselwirkungen** zunehmen.

> Zwischen den **polaren** Hydroxygruppen der Alkanolmoleküle bilden sich **Wasserstoffbrückenbindungen** aus, zwischen den **unpolaren** Alkylresten wirken **VAN-DER-WAALS-Kräfte**.

Löslichkeit

Methanol, Ethanol, 1-Propanol, 2-Propanol und 2-Methyl-propan-2-ol sind in jedem Verhältnis mit Wasser mischbar, da es auch zwischen Wasser- und Alkanolmolekülen zur Ausbildung von Wasserstoffbrückenbindungen kommt. Die Ursache liegt in der strukturellen Verwandtschaft der Wasser- und Alkanolmoleküle (siehe S. 93):

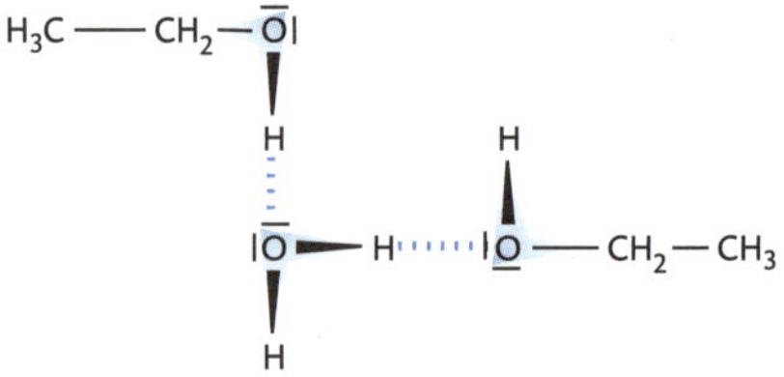

Wasserstoffbrücken zwischen Ethanol- und Wassermolekülen

Nicht nur die Hydroxygruppe, auch der **Alkylrest** nimmt Einfluss auf das Lösungsverhalten der Alkanole. So ist festzustellen, dass sich Ethanol nicht nur mit dem polaren Wasser, sondern auch mit **unpolaren** Kohlenwasserstoffen wie Hexan unbegrenzt mischen lässt, während sich Alkane und Wasser nicht mischen. Das Ethanolmolekül besitzt neben der polaren Hydroxygruppe auch einen unpolaren Ethylanteil. Gemäß der Regel **„Ähnliches löst sich in Ähnlichem“** (siehe S. 83) ist Ethanol durch die polare funktionelle Gruppe ganz klar **hydrophil** („wasserfreundlich“), zugleich aber auch aufgrund des Alkylrestes **lipophil** („fettfreundlich“) und daher mit Alkanen mischbar.

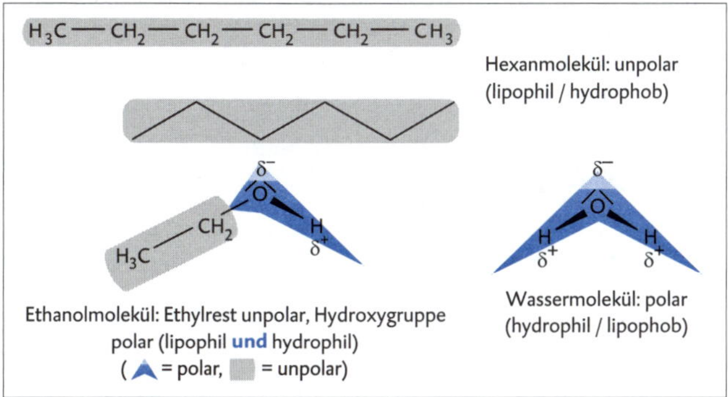

Innerhalb der homologen Reihe der Alkanole nimmt die Löslichkeit in Wasser („Hydrophilie“) ab, die Löslichkeit in unpolaren Kohlenwasserstoffen („Lipophilie“) zu. Langkettige „Fettalkohole“ sind in Wasser praktisch nicht löslich.

Mit **wachsendem Alkylrest** der Alkanolmoleküle dominiert der **lipophile Anteil** im Molekül zunehmend über die polare Hydroxygruppe.

1.9 Reaktionen der Alkanole: wichtige Oxidationsprodukte

Reaktion als BRÖNSTED-Säure und BRÖNSTED-Base

Infolge der strukturellen Ähnlichkeit des Wasser- und des Ethanol-Dipolmoleküls ist es denkbar, dass Alkoholmoleküle als Säuren (Protonendonatoren) gegenüber Wassermolekülen (Protonenakzeptoren) fungieren. Auch wenn das Ethanolmolekül ein Dipol ist, läuft diese Reaktion kaum ab, da der **+I-Effekt der Ethylgruppe** die Polarität der Hydroxygruppe deutlich abschwächt. Wässrige Lösungen von Ethanol reagieren daher **nicht sauer**.

Gegenüber starken Basen fungiert das Ethanolmolekül aber als BRÖNSTED-Säure, so wie es gegenüber starken Säuren als BRÖNSTED-Base agiert. Das Ethanolmolekül besitzt **ampholytische** Eigenschaften:

Reaktion mit Alkalimetallen

Eine Reaktion, die derjenigen von Wasser entspricht, zeigt Ethanol bei **Umsetzung mit starken Reduktionsmitteln** (Elektronendonatoren) wie Natrium. Es reagiert unter Wasserstoffentwicklung und Salzbildung:

$$2\,H{-}O{-}H + 2\,Na \longrightarrow 2\,(Na^{\oplus}OH^{\ominus}) + H_2$$

$$2\,H_5C_2{-}O{-}H + 2\,Na \longrightarrow 2\,(Na^{\oplus}C_2H_5O^{\ominus}) + H_2$$

Reaktionen mit Carbonsäuren (Esterbildung)

Die **Esterbildung** aus Alkoholen und Carbonsäuren wird bei der Besprechung der **Carbonsäuren** (siehe S. 122 f.) detailliert dargestellt.

Reaktionen mit Oxidationsmitteln

Bei organischen Verbindungen ist eine Oxidation leicht erkennbar, wenn man die **Oxidationszahlen** der Kohlenstoffatome im Molekül ermittelt:

> **Steigt** die Oxidationszahl eines Kohlenstoffatoms, so hat am entsprechenden Atom eine **Oxidation** stattgefunden.

Bei **Ermittlung der Oxidationszahlen** in organischen Molekülen gilt:
- Die Oxidationszahl ist eine formale, hypothetische **Ladungszahl**.
- Um die Oxidationszahlen der Atome in organischen Molekülen zu ermitteln, **denkt** man sich die Moleküle aus **Ionen** aufgebaut. Dazu schlägt man bindende Elektronenpaare dem **elektronegativeren Bindungspartner** zu.
- Sind zwei **gleichartige Atome** an einer Bindung beteiligt, z. B. im Falle der C–C-Bindung, so wird das bindende Elektronenpaar aufgeteilt, d. h., jedem Bindungspartner wird ein Elektron zugeordnet.
- Ein Atom, das nach der Zuordnung der Bindungselektronen einen „Elektronenüberhang“ hat, erhält eine **negative Oxidationszahl**, z. B. bei einem Elektron „zu viel“ die Oxidationszahl –I.
- Ein Atom mit „Elektronendefizit“ erhält eine **positive Oxidationszahl**, z. B. bei zwei Elektronen „zu wenig“ die Oxidationszahl +II.
- Das **Kohlenstoffatom** (IV. Hauptgruppe) kann in allen Oxidationsstufen von –IV (CH_4) bis +IV (CO_2) auftreten.
- Das **Wasserstoffatom** hat in organischen Molekülen stets die Oxidationszahl +I.

- Das **Sauerstoffatom** hat mit einer Ausnahme (Peroxide: –I) immer die Oxidationszahl –II.
- Die **Summe** der Oxidationszahlen aller Atome eines Moleküls muss 0 ergeben.

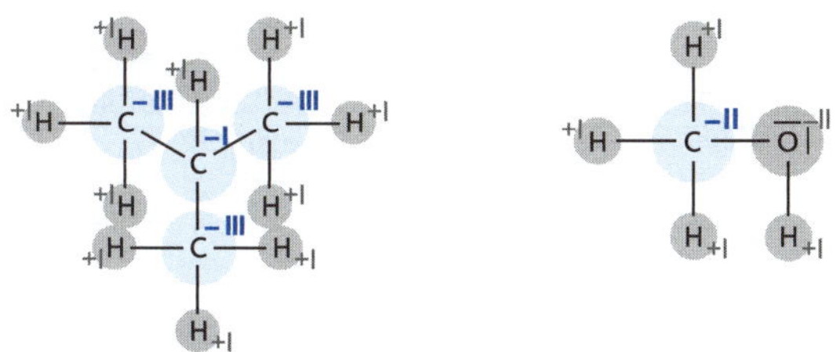

Oxidationszahlen der Kohlenstoffatome im Methylpropanmolekül

Oxidationszahlen aller Atome im Methanolmolekül

Hinsichtlich ihrer Reaktion mit **Oxidationsmitteln** unterscheiden sich primäre, sekundäre und tertiäre Alkanole grundlegend:

Primäre Alkanole werden zu **Alkanalen** (Aldehyden) oxidiert.

Durch Oxidation des Ethanolmoleküls am ersten Kohlenstoffatom (formal ein „Sauerstoffeinbau"), entsteht zunächst ein instabiles Zwischenprodukt, welches an einem Kohlenstoffatom zwei OH-Gruppen trägt. Dieses reagiert sofort unter Wasserabspaltung weiter:

$$H_3C-\overset{-I}{C}H_2-\overline{\underline{O}}-H \xrightarrow{+O} H_3C-CH(\overline{O}H)-\overline{\underline{O}}-H$$

Ethanol — instabiles Zwischenprodukt

$$\xrightarrow{-H_2O} H_3C-\overset{+I}{C}H{=}\overline{O}$$

Ethanal

Die Oxidationszahl des Kohlenstoffatoms C1 steigt von –I auf +I. Formal entspricht dies der Abgabe von zwei Elektronen **(Oxidation)**.

Reaktionsprodukt der Oxidation des Ethanols ist **Ethanal**, ein Vertreter der Stoffklasse der Alkanale (siehe S. 103 f.). Da dem Ethanolmolekül bei dieser Reaktion zwei Wasserstoffatome „entzogen“ werden, kann sie auch als **Dehydrierung** bezeichnet werden.

Eine Dehydrierung als Abspaltung von Wasserstoff ist eine **Eliminierung**. Da sich bei dieser Reaktion aber zugleich auch Oxidationszahlen ändern, kann sie auch als **Redoxreaktion** betrachtet werden.

Die Oxidation des einfachsten **sekundären** Alkanols Propan-2-ol leitet zu einer weiteren Stoffklasse über. Die Oxidationszahl des Kohlenstoffatoms C2 steigt von 0 auf +II, was einer formalen Abgabe von zwei Elektronen, also einer Oxidation entspricht. Reaktionsprodukt der Oxidation von Propan-2-ol ist **Propanon** (Aceton), ein Vertreter der Stoffklasse der Alkanone (siehe S. 108 f.):

H
H₃C—C(0)—O—H —(+O)→ H₃C—C(OH)(CH₃)—O—H
CH₃
Propan-2-ol   instabiles Zwischenprodukt

—($-H_2O$)→ H₃C—C(+II)(=O)—CH₃ Propanon

Sekundäre Alkanole werden zu **Alkanonen** (Ketonen) oxidiert.

Beim Molekül des einfachsten **tertiären** Alkanols 2-Methyl-propan-2-ol wird deutlich, dass an dem Kohlenstoffatom, das die OH-Gruppe trägt, keine weitere Oxidation, also kein „Sauerstoffeinbau“ erfolgen kann, ohne dass eine C–C-Bindung zerstört wird. Oxidationsprodukte tertiärer Alkanole existieren daher nicht.

CH₃
H₃C—C—CH₃ —(+O)→ nicht möglich
OH

Tertiäre Alkanole lassen sich nicht weiter oxidieren.

2 Carbonylverbindungen

2.1 Die Carbonylgruppe als gemeinsames Strukturmerkmal

Durch Oxidation (Dehydrierung) primärer und sekundärer Alkanole erhält man, wie zuvor besprochen, Verbindungen mit einer Kohlenstoff-Sauerstoff-Doppelbindung. Diese funktionelle Gruppe wird als **Carbonylgruppe (C=O-Gruppe)** bezeichnet.

> Verbindungen mit **endständiger Carbonylgruppe** in ihren Molekülen heißen **Alkanale**.
> Verbindungen mit **mittelständiger Carbonylgruppe** heißen **Alkanone**.

In der folgenden Darstellung ist die Carbonylgruppe jeweils markiert:

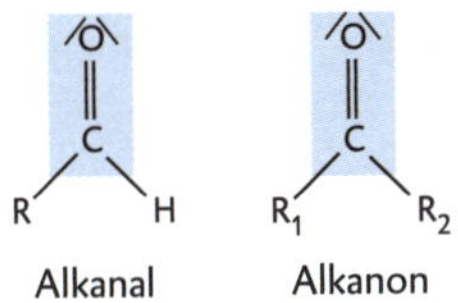

Nach den IUPAC-Regeln erfolgt die **Benennung** von Carbonylverbindungen wie folgt: Die längste Kohlenstoffkette, die die Carbonylfunktion enthält, wird als Grundgerüst genommen. An den Namen des entsprechenden Alkans wird die Endsilbe **„-al"** bei Alkanalen bzw. **„-on"** bei Alkanonen angehängt. Die Stellung der Carbonylgruppe wird dabei mit möglichst niedriger Ziffer angegeben.
Die **C=O-Doppelbindung ist polar** gebaut, da das elektronegativere Sauerstoffatom die Bindungselektronen zu sich zieht und dadurch eine negative Partialladung ($\delta-$) bekommt.

> Das Kohlenstoffatom der **Carbonylgruppe** trägt eine **positive Partialladung** ($\delta+$). Die Carbonylgruppe bestimmt die Eigenschaften und das Reaktionsverhalten der Alkanale und Alkanone wesentlich.

2.2 Carbonylverbindungen Typ I: Alkanale

Homologe Reihe und Nomenklatur der Alkanale

Der veraltete Name **Aldehyd** leitet sich von „**Al**coholus **deyd**rogenatus" („dehydrierter Alkohol") ab und verweist auf die präparative und formale Ableitung dieser Stoffe von (primären) Alkanolen.

> **Alkanale** ist die neue, offizielle Bezeichnung der Stoffklasse, deren Glieder die funktionelle **Aldehydgruppe –CHO** besitzen und eine homologe Reihe bilden. Die Stoffnamen werden jeweils durch Anhängen der **Endung „-al"** an den Namen des entsprechenden Alkans gebildet. Die allgemeine Formel der Alkanale lautet $C_nH_{2n+1}CHO$.

Die Tabelle vergleicht vier Vertreter der homologen Reihe der Alkanale:

Alkanal (IUPAC)	Trivialname	Halbstrukturformel	Siedetemperatur in °C
Methanal	Formaldehyd	H–CHO	–21 °C
Ethanal	Acetaldehyd	CH_3–CHO	+20 °C
Propanal	Propionaldehyd	CH_3–CH_2–CHO	+49 °C
Butanal	Butyraldehyd	CH_3–CH_2–CH_2–CHO	+76 °C

In der folgenden Darstellung ist die Carbonylgruppe jeweils markiert:

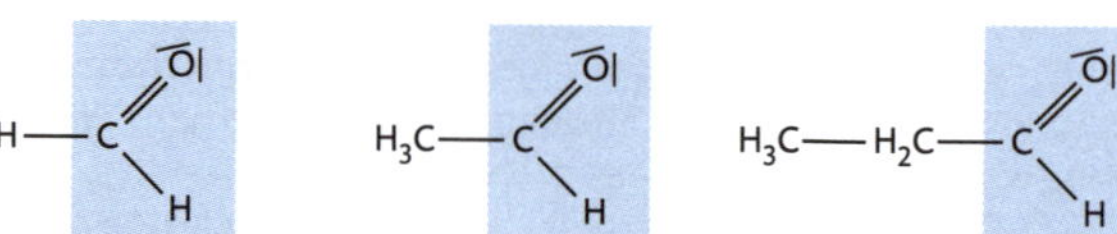

Methanal (Formaldeyd) Ethanal (Acetaldehyd) Propanal (Propionaldehyd)

Darstellung von Alkanalen

Für **Ethanal** gibt es eine Reihe chemisch interessanter **Synthesewege**:

- Im Labor kann Ethanal durch **Oxidation von Ethanol** mit dem Oxidationsmittel Kaliumdichromat hergestellt werden:

  $$3\,H_3C–CH_2–OH + Cr_2O_7^{2\ominus} + 8\,H_3O^{\oplus} \longrightarrow 3\,H_3C–CH{=}O + 2\,Cr^{3\oplus} + 15\,H_2O$$

  Diese Reaktion liegt auch den **Alcotest-Röhrchen** zugrunde, mit denen Polizeibeamte früher den Test auf Trunkenheit am Steuer durchführten. Ein **Farbumschlag nach Grün** zeigt die Bildung von

Cr^{3+}-Ionen an, die bei der mit der Oxidation des Alkohols gekoppelten Reduktion des gelben Chromats entstehen.

- Eine chemisch elegante Darstellung von Ethanal ist die **Addition von Wasser an Ethin**. Es entsteht ein **Enol**, welches sich in das stabilere Ethanal umlagert:

$$\underset{\text{Ethin}}{H-C\equiv C-H} + H_2O \xrightarrow{\text{Addition}} \underset{\text{Ethenol}}{HC(H)=CH(OH)} \xrightleftharpoons{\text{Umlagerung}} \underset{\text{Ethanal}}{H_3C-CHO}$$

Die Silbe **„en-“** in „Enol“ verweist auf eine Doppelbindung, die Silbe **„-ol“** auf eine Hydroxygruppe an der Doppelbindung.

> Unter **Tautomerie** versteht man eine spezielle Erscheinungsform der Isomerie, bei der eine Substanz in **zwei Molekülformen** vorliegt, die miteinander im Gleichgewicht stehen und sich reversibel ineinander **umlagern** können.

Das Phänomen der **Keto-Enol-Tautomerie** („Protonen-Isomerie“) tritt nur bei **Carbonylverbindungen** auf, die **acide Wasserstoffatome** besitzen (vergleiche Umlagerung Fructose in Glucose und umgekehrt, S. 178 f.). Die Umlagerung erfolgt über ein **mesomeriestabilisiertes Endiolat-Anion**, im Folgenden mit zwei Grenzformeln in geschwungenen Mesomerieklammern dargestellt:

$$\underset{\text{Propanon (99,99975 \%)}}{H_3C-CO-CH_3} \xrightleftharpoons{-H^{\oplus}} \left\{ H_2C^{\ominus}-C(=O)-CH_3 \longleftrightarrow H_2C=C(O^{\ominus})-CH_3 \right\} \xrightleftharpoons{+H^{\oplus}} \underset{\text{Propen-2-ol (0,00025 \%)}}{H_2C=C(OH)-CH_3}$$

Physikalische und toxikologische Eigenschaften

- **Aggregatzustand:** Wegen der polaren Carbonylgruppe in ihren Molekülen sind die Alkanale (und Alkanone) schwach polare Substanzen. Zwischen den Molekülen sind **Dipol-Dipol-Wechselwirkungen** möglich. Die Siedetemperaturen liegen damit höher als bei den entsprechenden Alkanen (VAN-DER-WAALS-Kräfte) und niedriger als bei den entsprechenden Alkanolen (Wasserstoffbrückenbindungen).
- **Löslichkeit:** Aufgrund ihrer polaren Carbonylgruppe lösen sich kurzkettige Alkanale (und Alkanone) gut in polaren Lösungsmitteln wie Wasser, da durch das Vorhandensein der freien Elektronenpaare am Sauerstoffmolekül die Möglichkeit zur Ausbildung von Wasserstoffbrückenbindungen zu den Wassermolekülen besteht. Mit wachsender Länge des unpolaren Alkylrestes innerhalb der homologen Reihe überwiegt der hydrophobe Charakter, sodass sich langkettige Alkanale (und Alkanone) nicht mit Wasser mischen lassen.
- **Gesundheitsgefährdung:** Methanal (Formaldehyd) ist ein stechend riechendes Gas. Seine wässrige Lösung ist unter dem Namen **Formalin** bekannt. Eine bedeutende Quelle für Methanal ist Tabakrauch. Die Substanz wirkt **karzinogen** (krebsauslösend).

Allgemeines Reaktionsverhalten der Alkanale

In ihrem chemischen Verhalten sind Alkanale dadurch charakterisiert, dass sie als **Reduktionsmittel** fungieren. Das bedeutet, dass sie zu Alkansäuren (**Carbonsäuren**; siehe S. 110 ff.) oxidiert werden können.

> **Nachweisreaktionen** auf Alkanale beruhen auf ihrer leichten **Oxidierbarkeit**.

Folgende Oxidationsreihe lässt sich formulieren:

$$\underset{\text{Alkan}}{R{-}CH_3} \xrightarrow{+O} \underset{\text{Alkanol}}{R{-}CH_2{-}OH} \xrightarrow{-2\,H} \underset{\text{Alkanal}}{R{-}C{\overset{O}{\underset{H}{\lessgtr}}}} \xrightarrow{+O} \underset{\text{Alkansäure}}{R{-}C{\overset{O}{\underset{OH}{\lessgtr}}}}$$

Nachweisreaktionen auf Alkanale

FEHLING-Probe: Alkanale können Cu^{2+}-Ionen aus einer blauen, alkalischen Kupfersulfatlösung zu festem Kupfer(I)-oxid (Cu_2O) reduzieren.

Dieses bildet einen unlöslichen, rotbraunen Niederschlag (siehe Zuckernachweis für Aldosen, S. 178).

$$H_3C{-}CHO + 2\,Cu^{2\oplus} + 4\,OH^{\ominus} \longrightarrow H_3C{-}COOH + Cu_2O + 2\,H_2O$$

Die **Tollens-Probe** („Silberspiegelprobe“) ist genau wie die Fehling-Probe ein Test auf reduzierende Aldehyde (bzw. Aldosen).

Aus ammoniakalischer Silbersalzlösung, die Ag^{+}-Ionen enthält, wird im Reagenzglas ein „Spiegel“ aus einer Schicht elementaren Silbers erzeugt:

$$H_3C{-}CHO + 2\,Ag^{\oplus} + 2\,OH^{\ominus} \longrightarrow H_3C{-}COOH + 2\,Ag + H_2O$$

Acetalbildung: Reaktion von Alkanalen mit Alkanolen

Bei der **Acetalbildung** reagieren Alkanale mit Alkanolen (unter Säurekatalyse) in einem ersten Schritt (Addition) zu Halbacetalen, in einem zweiten Schritt unter **Wasserabspaltung** zu Vollacetalen (vgl. Zuckerchemie, S. 180 f.):

$$R_1{-}CHO \xrightleftharpoons{+R_2-OH} R_1{-}CH(OH){-}O{-}R_2 \xrightleftharpoons{-H_2O;\ +R_3-OH} R_1{-}CH(O{-}R_3){-}O{-}R_2$$

Im ersten Schritt, bei der Bildung des **Halbacetals**, wird die Reaktivität der Carbonylgruppe durch katalytische Protonierung des Carbonyl-Sauerstoffatoms erheblich gesteigert, denn das entstehende **Carbeniumion** kann nun leicht durch ein freies Elektronenpaar des Alkanol-Sauerstoffatoms **nucleophil** angegriffen werden:

$$R_1{-}C^{\oplus}H(OH) + H{-}O{-}R_2 \xrightleftharpoons{\text{nucleophiler Angriff}} R_1{-}CH(OH){-}O^{\oplus}H{-}R_2$$

Carbeniumion

$$\xrightleftharpoons{-H^{\oplus}} R_1{-}CH(OH){-}O{-}R_2$$

Im zweiten Schritt, bei der Bildung des **(Voll-)Acetals**, wird die Hydroxygruppe des Halbacetals katalytisch protoniert. Es folgt die Abspaltung eines Wassermoleküls und ein weiterer **nucleophiler** Angriff eines Alkanolmoleküls auf das entstandene Carbeniumion. Die abschließende Deprotonierung führt zum Acetal:

$$R_1-CH(\overset{\oplus}{O}H_2)-\bar{O}-R_2 \xrightleftharpoons{-H_2O} R_1-\overset{\oplus}{C}H-\bar{O}-R_2 \quad + \quad H-\bar{O}-R_3$$

Carbeniumion

$$\xrightleftharpoons{\text{nucleophiler Angriff}} R_1-CH(\overset{\oplus}{O}H-R_3)-\bar{O}-R_2 \xrightleftharpoons{-H^{\oplus}} R_1-CH(\bar{O}-R_3)-\bar{O}-R_2$$

2.3 Carbonylverbindungen Typ II: Alkanone

Klassifizierung und Nomenklatur der Alkanone

Im Gegensatz zu den Alkanalen besitzen die Moleküle der **Alkanone** („Ketone") **zwei** an die Carbonylgruppe gebundene Alkylreste:

In symmetrischen Alkanonen sind die an die Carbonylgruppe gebundenen Alkylreste identisch **(R_1-CO-R_1)**, in gemischten Alkanonen sind sie verschieden **(R_1-CO-R_2)**.
Die Stoffnamen werden jeweils durch Anhängen der **Endung „-on"** an den Namen des entsprechenden Alkans gebildet.

Die Nomenklatur folgt den zuvor beschriebenen Regeln (siehe S. 103). Auch folgende Benennung ist noch geläufig: An die Bezeichnung für die Alkylreste der Carbonylgruppe wird „-keton" angehängt:

$$H_3C-CH_2-C(=O)-CH_2-CH_3$$

3-Pentanon
(Diethylketon)

$$H_3C-CH(CH_3)-C(=O)-CH_3$$

3-Methyl-2-butanon
(Isopropylmethylketon)

Eigenschaften der Alkanone

Siedetemperaturen und Lösungsverhalten wurden bereits bei den Alkanalen abgehandelt (siehe S. 106). Das wichtigste Alkanon ist **Propanon** (Trivialname: **Aceton**). Als mäßig polare Substanz ist Aceton ein **ausgezeichnetes Lösungsmittel**, da es sowohl mit polaren Flüssigkeiten, wie Wasser und Ethanol, als auch mit vielen hydrophoben Stoffen gut mischbar ist. Aceton löst Öle und Fette.

Darstellung von Alkanonen

- Großtechnisch wird Aceton durch **Luftoxidation von Propen** im so genannten „WACKER-Verfahren" hergestellt:

$$2\ H_3C-CH=CH_2 + O_2 \longrightarrow 2\ H_3C-\underset{\underset{O}{\|}}{C}-CH_3$$

- Eine andere Synthesemöglichkeit ist die katalytische **Dehydrierung von 2-Propanol** bei 250 °C:

$$H_3C-\underset{\underset{OH}{|}}{CH}-CH_3 \xrightarrow[-2\,H]{Cu} H_3C-\underset{\underset{O}{\|}}{C}-CH_3$$

Reaktionen der Alkanone

Alkanone zeigen **nicht** die für Alkanale typischen Nachweisreaktionen (FEHLING- oder TOLLENS-Probe), die auf deren Oxidierbarkeit beruhen. Sie sind daher experimentell leicht von diesen zu unterscheiden.

> Im Unterschied zu den Alkanalen sind **Alkanone** als Oxidationsprodukte sekundärer Alkanole **nicht zu Alkansäuren oxidierbar**.

Die **Oxidationsreihe** für sekundäre Alkanole endet bei den Alkanonen (siehe S. 102):

$$\underset{\text{Alkan}}{R_1-\underset{\underset{R_2}{|}}{CH_2}} \xrightarrow{+O} \underset{\text{Alkanol}}{R_1-\underset{\underset{R_2}{|}}{CH}-OH} \xrightarrow{-2H} \underset{\text{Alkanon}}{R_1-\underset{\underset{R_2}{|}}{CO}} \overset{+O}{\not\longrightarrow}$$

3 Carbonsäuren und ihre Derivate

3.1 Die Carboxygruppe und der Säurecharakter

Die funktionelle Gruppe der **Carbonsäuren** ist die **Carboxygruppe**. Der Name dieser die Eigenschaften und das Reaktionsverhalten bestimmenden Gruppe resultiert aus der formalen Kombination von **Carb**onyl- und Hydr**oxy**-Gruppe:

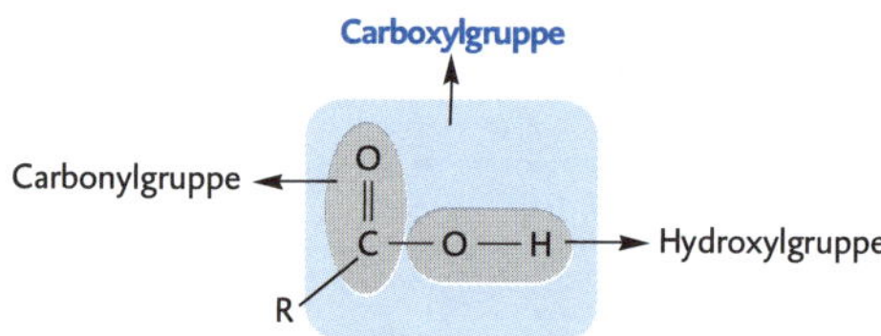

Verbindungen mit Carboxygruppen zeigen in wässriger Lösung **saure Reaktion**. Sie werden daher als Carbon**säuren** bezeichnet.

> Monocarbonsäuren („Alkansäuren") besitzen **eine COOH -Gruppe**.
> Die Glieder der homologen Reihe folgen der allgemeinen Summenformel **$C_nH_{2n+1}COOH$**.

In drei Oxidationsschritten leiten sich die Alkansäuren von den namengebenden Kohlenwasserstoffen ab. Die Oxidation ist am **Anstieg der Oxidationszahl** des **blau** markierten Kohlenstoffatoms zu erkennen:

$$\mathrm{H_3C{-}\overset{-III}{C}H_3} \;\underset{\text{Red.}}{\overset{\text{Ox.}}{\rightleftharpoons}}\; \mathrm{H_3C{-}\overset{-I}{C}H_2{-}O{-}H} \;\underset{\text{Red.}}{\overset{\text{Ox.}}{\rightleftharpoons}}$$

$$\mathrm{H_3C{-}\overset{+I}{C}({=}O){-}H} \;\underset{\text{Red.}}{\overset{\text{Ox.}}{\rightleftharpoons}}\; \mathrm{H_3C{-}\overset{+III}{C}({=}O){-}O{-}H}$$

3.2 Nomenklatur: Trivial- und IUPAC-Namen

Bei der **Benennung von Carbonsäuren** sind folgende Regeln zu beachten:

1. Für viele Carbonsäuren sind **Trivialnamen** gebräuchlich, die auf ihre Herkunft Bezug nehmen, nicht auf ihre chemische Struktur. Dies gilt z. B. für „Ameisensäure", „Buttersäure", „Citronensäure" oder „Milchsäure". Nur bei Trivialnamen ist es korrekt, die Stellung von Seitenketten oder Substituenten mit den Buchstaben α, β, γ, δ, ε des **griechischen Alphabets** zu kennzeichnen:

   Beispiel:

   $H_2N{-}CH_2{-}CH_2{-}CH_2{-}CH_2{-}CH_2{-}COOH$

   ε-Aminocapronsäure

2. Die **IUPAC-Namen** werden gebildet, indem man als Grundstruktur die **längste Kohlenstoffkette mit der Carboxygruppe** ermittelt und an den entsprechenden **Alkan**namen die Endung **„-säure"** anhängt. Die Positionen von Seitenketten oder Substituenten werden mit den **Ziffern** 2, 3, 4, 5, 6 usw. angegeben:

   Beispiel:

   $H_2N{-}CH_2{-}CH_2{-}CH_2{-}CH_2{-}CH_2{-}COOH$

   6-Aminohexansäure

3. Ist eine unverzweigte Kohlenstoffatomkette mit **mehr als zwei**, bei Citronensäure z. B. drei Carboxygruppen direkt verbunden, so wird der Name gebildet, indem man an die Bezeichnung für das **Stammhydrid** eine Endung wie „-tricarbonsäure" anhängt. Bei Citronensäure ist Propan das Stammhydrid:

$$
\begin{array}{ccccccccc}
 & & & & COOH & & & & \\
 & & & & | & & & & \\
HOOC & - & CH_2 & - & C & - & CH_2 & - & COOH \\
 & & & & | & & & & \\
 & & & & OH & & & &
\end{array}
$$

Stammhydrid

Citronensäure (2-Hydroxy-1,2,3-propantricarbonsäure)

3.3 Homologe Reihe: Essigsäure und andere Bekannte

Wichtige Vertreter der homologen Reihe der Alkansäuren sind:

Alkansäure	Trivialname	Halbstrukturformel	Siede*- bzw. Schmelz**-temperatur
Methansäure	Ameisensäure	H–COOH	+100 °C *
Ethansäure	Essigsäure	CH_3–COOH	+118 °C *
Propansäure	Propionsäure	CH_3–CH_2–COOH	+141 °C *
Butansäure	Buttersäure	CH_3–$(CH_2)_2$–COOH	+164 °C *
Pentansäure	Valeriansäure	CH_3–$(CH_2)_3$–COOH	+187 °C *
Hexansäure	Capronsäure	CH_3–$(CH_2)_4$–COOH	+202 °C *
Dodecansäure	Laurinsäure	CH_3–$(CH_2)_{10}$–COOH	+44 °C **
Hexadecansäure	Palmitinsäure	CH_3–$(CH_2)_{14}$–COOH	+63 °C **
Octadecansäure	Stearinsäure	CH_3–$(CH_2)_{16}$–COOH	+71 °C **

3.4 Klassifizierung: die Vielfalt organischer Säuren

Infolge der Existenz weiterer funktioneller Gruppen in den Molekülen lassen sich neben den Alkansäuren viele weitere systematische **Klassen der Carbonsäuren** definieren. Die folgenden Tabellen geben hierzu einen umfassenden Überblick.

Klasse	Strukturbeispiel	Name
Alkansäuren	CH_3 – CH_2 – CH_2 – **COOH**	Butansäure (Buttersäure)
gesättigte Fettsäuren	CH_3 – $(CH_2)_{16}$ – **COOH**	Octadecansäure (Stearinsäure)
Alkensäuren	CH_2 = CH – **COOH**	Propensäure (Acrylsäure)
ungesättigte Fettsäuren	CH_3 – $(CH_2)_7$ – CH = CH – $(CH_2)_7$ – **COOH**	9-Octadecensäure (Ölsäure)
mehrfach ungesättigte Fettsäuren	CH_3 – $(CH_2)_4$ – CH = CH – CH_2 – CH = CH –$(CH_2)_7$ – **COOH**	9,12-Octadecadiensäure (Linolsäure)

Klasse	Strukturbeispiel	Name
Alkandisäuren (Dicarbonsäuren)	COOH – COOH	**Ethandisäure** (Oxalsäure)
Alkendisäuren (Dicarbonsäuren)	HOOC COOH C=C H H	**cis-Butendisäure** (Maleinsäure)
	HOOC H C=C H COOH	**trans-Butendisäure** (Fumarsäure)
aromatische Carbonsäuren	COOH COOH COOH COOH COOH OH (a) (b) COOH (c)	(a) **Benzolcarbonsäure, Benzoesäure** (b) **1,2- bzw. 1,4-Benzoldicarbonsäure** (Phthalsäure, Terephthalsäure) (c) **2-Hydroxybenzoesäure** (Salicylsäure)
Ketocarbonsäuren	CH_3 – CO – **COOH**	**Propanonsäure** (Brenztraubensäure)
Hydroxyalkansäuren	CH_3 – CH(OH) – **COOH**	**2-Hydroxypropansäure** (Milchsäure)
Aminocarbonsäuren (Aminosäuren)	CH_3 – $CH(NH_2)$ – **COOH**	**2-Aminopropansäure** (Alanin)
	COOH – CH_2 – CH_2 – $CH(NH_2)$ – **COOH**	**2-Aminopentandisäure** (Glutaminsäure)
	H_2N – CH_2 – CH_2 – CH_2 – CH_2 – $CH(NH_2)$ – **COOH**	**2,6-Diaminohexansäure** (Lysin)

3.5 Eigenschaften: flüssig oder fest, stark oder schwach sauer

Siedetemperaturen und Aggregatzustände

Bei den Carbonsäuren werden – wie bei den Alkanolen – **Wasserstoffbrückenbindungen** zwischen den Molekülen ausgebildet. Diese sind aber in Folge der größeren **Polarität** der Bindungen in den Carboxygruppen, verursacht durch den –I-Effekt des Carbonyl-Sauerstoffatoms, viel fester als in den kurzlebigen Assoziationen der Alkanolmoleküle. Durch Dimerisierung entstehen stabile Zweierkomplexe.

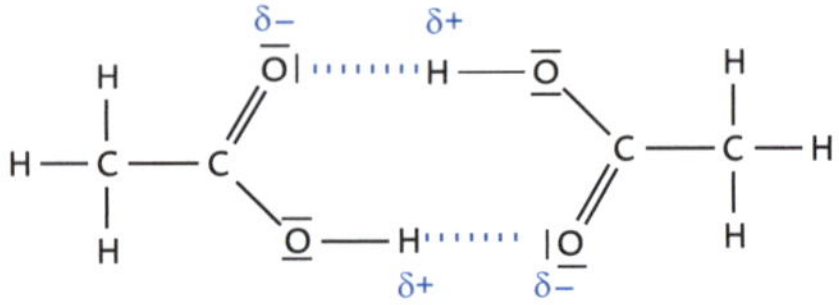

„Ethansäure-Doppelmolekül"

Die Wasserstoffbrückenbindungen in solchen Ethansäure-Dimeren sind ähnlich stark wie die **VAN-DER-WAALS-Kräfte** zwischen Octanmolekülen, sodass sich die Substanzen in der Siedetemperatur ähneln.

- **Octan:** $M(C_8H_{18}) = 124\,g \cdot mol^{-1}$, Siedetemperatur 126 °C
- **Ethansäure-Dimere:** $M(2\,CH_3COOH) = 120\,g \cdot mol^{-1}$, Siedetemperatur 118 °C

Langkettige Alkansäuren („gesättigte Fettsäuren"), wie die **Octadecansäure** (Stearinsäure) sind wachsartige **Feststoffe**. (Schmelztemperatur Stearinsäure: 69 °C, $M = 284\,g \cdot mol^{-1}$). Zwischen den großen gemeinsamen Oberflächen parallel ausgerichteter, gestreckter Alkylketten wirken VAN-DER-WAALS-Kräfte besonders effektiv. Der intermolekulare Zusammenhalt ist stark.

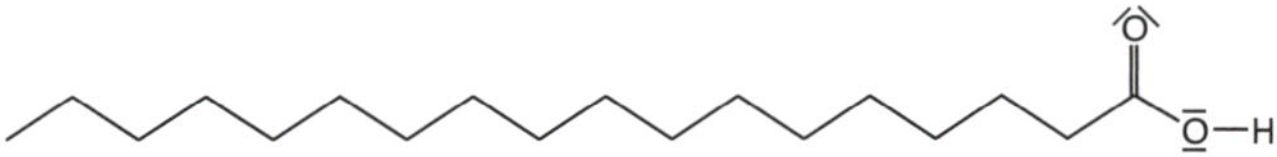

Octadecansäure

Langkettige Alkensäuren („ungesättigte Fettsäuren"), wie die **Octadecensäure** (Ölsäure) sind ölige **Flüssigkeiten** (Schmelztemperatur Ölsäure: 16 °C, $M = 282\,g \cdot mol^{-1}$). Die Moleküle weisen „Knicke" an ihren Doppelbindungen auf, da hier 120°- statt 109°-Winkel vorliegen. Daher können sich die Molekülketten weniger gut parallel ausrichten.

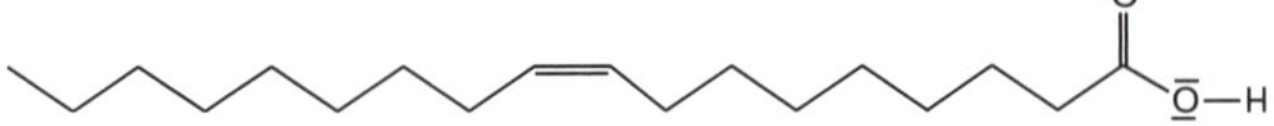

Octadecensäure

Die Ausbildung von VAN-DER-WAALS-Kräften ist dadurch erschwert, der intermolekulare Zusammenhalt dadurch schwächer.

Langkettige Carbonsäuren sind **Bausteine der Fettmoleküle**, sie werden daher als **Fettsäuren** bezeichnet. Gesättigte Fettsäuren sind Feststoffe. Ungesättigte Fettsäuren enthalten **Doppelbindungen** in ihren Molekülen. Bei ihnen handelt es sich um ölige Flüssigkeiten. Viele ungesättigte Fettsäuren sind **essenzielle** Bestandteile der menschlichen Ernährung.

Löslichkeit

Die Löslichkeit kurzkettiger Alkansäuren ist durch ihre **polare Carboxygruppe** bestimmt. Die Carbonsäuremoleküle können mit Wassermolekülen Wasserstoffbrückenbindungen ausbilden.

Die ersten vier Glieder der homologen Reihe der Alkansäuren sind unbegrenzt mit Wasser mischbar. Ethansäure ist aber auch mit unpolaren Kohlenwasserstoffen, z. B. mit Hexan mischbar. Dieses Verhalten erklärt sich aus der Existenz der „Doppelmoleküle", die als Ganzes unpolar sind und mit den Kohlenwasserstoffmolekülen VAN-DER-WAALS'sche Bindungen ausbilden. Ab Pentansäure nimmt die Wasserlöslichkeit **(Hydrophilie)** rasch ab. Langkettige **Fettsäuren** sind völlig wasserunlöslich, dafür aber beim Erwärmen gut löslich in Benzin. Mit wachsender Länge der **unpolaren Alkylkette** nimmt der lipophile Charakter **(Lipophilie)** der Verbindungen zu.

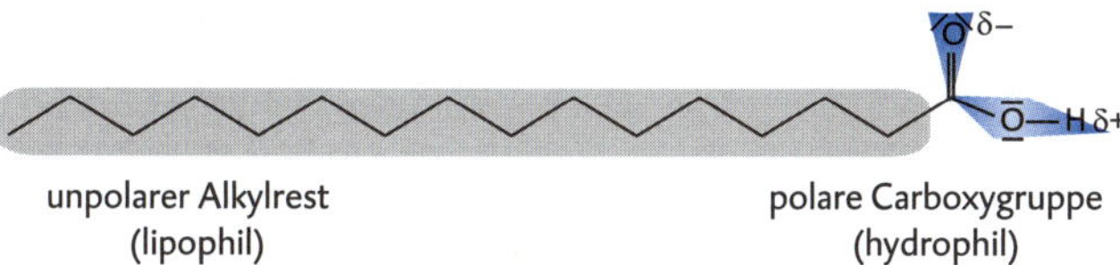

Acidität

Alkansäuren mit einer COOH-Gruppe besitzen gegenüber den entsprechenden Alkanolen mit einer OH-Gruppe eine um den Faktor 10^{12} größere **Säurestärke**.

Wässrige Lösungen von Carbonsäuren reagieren sauer. Bei der Protolyse entstehen **Oxoniumionen** und **Carboxylat-Anionen** als korrespondierende Basen.

Ethansäure fungiert gegenüber Wasser gemäß folgender Reaktionsgleichung als **Protonendonator:**

$$CH_3COOH + H_2O \longrightarrow CH_3COO^- + H_3O^+$$

Die hohe Bereitschaft der Carbonsäuremoleküle zur Abgabe des Protons kann auf zweierlei Art und Weise begründet werden:

1. Durch die **direkte Nachbarschaft** der Carbonylgruppe (–C=O) zur Hydroxygruppe (–OH) innerhalb der Carboxygruppe (–COOH):

   Das Sauerstoffatom der Hydroxygruppe und das Sauerstoffatom der benachbarten Carbonylgruppe wirken polarisierend auf die Bindung zwischen Sauerstoff- und Wasserstoffatom. Auf diese Weise verschieben sich die Ladungsschwerpunkte: Die positive Partialladung (δ+) am Wasserstoffatom wird verstärkt und die Abspaltung als Proton (H^+) erleichtert. Dieser „Elektronensog" des Carbonyl-Sauerstoffatoms ist als negativer induktiver Effekt bzw. **– I-Effekt** bekannt.

   H_3C—C(δ+)(=O δ–)—O(δ–)←H(δ+)

2. Durch die **größere Stabilität des entstehenden Anions:**

   Im Ethanolat-Anion ist die negative Ladung auf **ein** einziges Sauerstoffatom **konzentriert**. Dies ist energetisch ungünstig.

$$CH_3CH_2OH \xrightarrow{-H^+} CH_3CH_2O^-$$

Ethanol Ethanolat-Ion

Im Carboxylat-Anion ist die negative Ladung dagegen energetisch günstiger auf **zwei** Sauerstoffatome verteilt, sie ist **„delokalisiert"**:

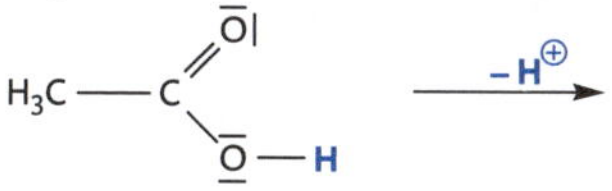

$H_3C—C(=\overline{O}|)—\underline{\overline{O}}—H$ $\xrightarrow{-H^{\oplus}}$

Ethansäure (Carbonsäure)

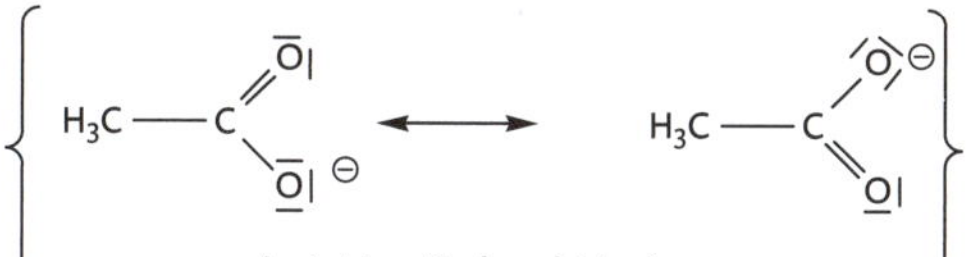

$\left\{ H_3C—C(=\overline{O}|)—|\underline{\overline{O}}|^{\ominus} \longleftrightarrow H_3C—C(—|\underline{\overline{O}}|^{\ominus})=\underline{O}| \right\}$

Acetat-Ion (Carboxylat-Ion)

Keine der beiden gezeigten **Grenzformeln** rechts und links vom Mesomerie-Pfeil „⟷" beschreibt die Ladungsverteilung im Carboxylatanion korrekt. Die „Bindungswirklichkeit" liegt „dazwischen", ein Phänomen, das als **Mesomerie** bezeichnet wird. Die Bindungslängen im Carboxylat-Anion belegen, dass beide Kohlenstoff-Sauerstoff-Bindungen mit 127 pm gleich lang sind und zwischen den Werten der entsprechenden Einfach- und Doppelbindungen liegen:

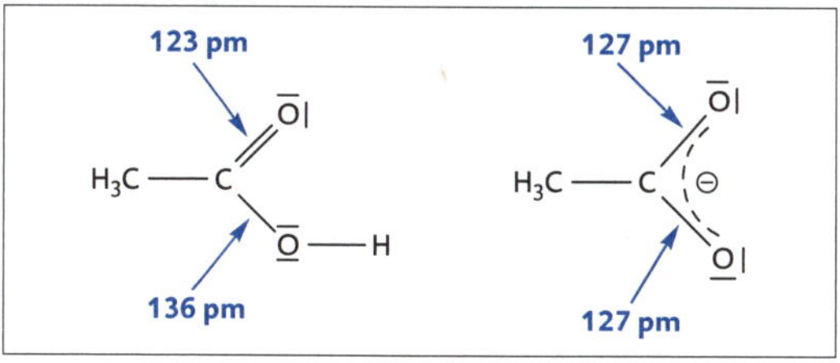

$H_3C—C(=\overline{O}|)—\underline{\overline{O}}—H$	$H_3C—C(\overline{O}|)(\underline{O}|)^{\ominus}$ (delokalisiert)
C=O: 123 pm	C–O: 127 pm
C–O: 136 pm	C–O: 127 pm

Der tatsächliche Bindungszustand lässt sich auch mit der rechts gezeigten „Formel" darstellen: Vier Elektronen sind „delokalisiert", d. h. „nicht platzgebunden", die negative Ladung verteilt sich über drei Atome.

Eine **Delokalisation von Elektronen** ist energetisch günstig.
Ein Teilchen im mesomeren Zustand ist **energieärmer und stabiler**, als es eine der durch Grenzformeln angegebenen Strukturen wäre.

Die **Säurestärke** von Carboxyverbindungen kann über die Bildung des **mesomeriestabilisierten** Carboxylat-Anions erklärt werden.

Die folgende Tabelle zeigt den **Einfluss von Substituenten** auf die Säurestärke der Carbonsäuren (ausgedrückt durch die pK_S-Werte):

	Carbonsäure	Halbstrukturformel	pK_S-Wert
1	Methansäure	H–**COOH**	3,75
2	Ethansäure	CH_3–**COOH**	4,75
3	Monochlorethansäure	CH_2Cl–**COOH**	2,87
4	Monofluorethansäure	CH_2F–**COOH**	2,59
5	Trichlorethansäure	CCl_3–**COOH**	0,63
6	Benzoesäure	C_6H_5–**COOH**	4,20
7	4-Nitrobenzoesäure	NO_2–C_6H_4–**COOH**	3,44

Die Abstufungen der **pK_S-Werte** lassen sich wie folgt erklären:

- Methansäure besitzt keinen Alkylrest, der durch einen **+I-Effekt** die Polarität der OH-Bindung schwächt (1).
- Substituenten mit **–I-Effekt** erleichtern die Protonabgabe, da sie die O–H-Bindung stärker polarisieren (vgl. 3, 4, 5, 7).
- Die Polarisierung der O–H-Bindung fällt umso stärker aus, je höher die **Elektronegativität** (EN) des Halogenatoms ist (vgl. 3, 4).
- Die Polarisierung fällt umso stärker aus, **je mehr Halogenatome** den –I-Effekt ausüben (vgl. 3, 5).
- Der **Phenylrest** (C_6H_5) erschwert wie die **Alkylreste** (C_nH_{2n+1}) die Protonenabgabe (vgl. 1, 6).
- Die **Nitrogruppe** (–NO_2) als Substituent aromatischer Carbonsäuren verstärkt die Acidität (vgl. 6, 7).

Jeder Einfluss, der das Anion stabilisiert, **erhöht die Acidität** der Carbonsäure. Ein Beispiel ist der **–I-Effekt**. Elektronenziehende Substituenten üben diesen aus, indem sie die Ladungsdichte der Carboxylatgruppe vermindern (z. B. Halogenatome oder Nitrogruppen).
Jeder Einfluss, der das Anion destabilisiert, **mindert die Acidität** der Carbonsäure. Die Ladungsdichte der Carboxylatgruppe wird durch Substituenten mit einem **+ I-Effekt** (elektronenschiebender Effekt) erhöht. Alkylgruppen üben einen schwachen +I-Effekt aus.

3.6 Reaktionen: typisch Carbonsäure und der Weg zum Ester

Reaktionsverhalten als Säure

Eine wässrige Lösung von Essigsäure zeigt die schon von anorganischen Säuren bekannten Reaktionen:

- Essigsäure färbt Universalindikatorpapier rot; ein Hinweis auf die Bildung von **Oxoniumionen** (H_3O^+):

$$H_3C-COOH + H_2O \longrightarrow H_3C-COO^{\ominus} + H_3O^{\oplus}$$

- Essigsäure **neutralisiert** Natronlauge und andere alkalische Lösungen. Produkte sind Natriumethanoat (Natriumacetat) und Wasser:

$$H_3C-COOH + Na^{\oplus}_{(aq)} + OH^{\ominus}_{(aq)} \longrightarrow H_3C-COO^{\ominus} + Na^{\oplus}_{(aq)} + H_2O$$

- Essigsäure reagiert mit Magnesium und anderen **unedlen Metallen** unter Gasentwicklung. Produkte sind Magnesiumethanoat (Magnesiumacetat) und Wasserstoff:

$$2\ H_3C-COOH + Mg \longrightarrow (H_3C-COO^{\ominus})_2 + Mg^{2\oplus} + H_2$$

Salze der Carbonsäuren

Salze von Carbonsäuren besitzen eine anionische **Carboxylatgruppe ($-COO^-$)**. Die IUPAC-Namen der Salze werden aus den betreffenden Säurenamen abgeleitet, indem die Endung -säure durch **-oat** ersetzt wird. Das Salz der Ethansäure heißt **Ethanoat** (oder Acetat), das der Methansäure **Methanoat** (oder Formiat). Außerdem sind Trivialnamen gebräuchlich: „Lactate" sind Salze der Milchsäure (2-Hydroxypropansäure), „Pyruvate" die der Brenztraubensäure (Propanonsäure). **Natriumpalmitat** (Natriumhexadecanoat) als Salz der Palmitinsäure und **Natriumoleat** (Natriumoctadecenoat) als Salz der Ölsäure sind **Seifen**.

Veresterung – Reaktion der Carbonsäuren mit Alkanolen

Bei der Reaktion von Carbonsäuren mit Alkanolen entstehen unter Wasserabspaltung **Carbonsäureester**. Die Verknüpfung zweier Moleküle unter Abspaltung eines Wassermoleküls oder eines anderen, kleinen Moleküls wird allgemein **Kondensation** genannt.

> **Veresterung** (Kondensation) und **Esterspaltung** (Hydrolyse) sind die beiden Reaktionsrichtungen eines chemischen **Gleichgewichtes**, das sich erst durch **Säurekatalyse** mit hinreichender Geschwindigkeit einstellt.

Die Reaktionsgleichung für das **Estergleichgewicht** lautet:

$$H_3C-C(=O)-O-H + H-O-CH_2-CH_3 \underset{\text{Hydrolyse}}{\overset{\text{Kondensation}}{\rightleftharpoons}} H_3C-C(=O)-O-CH_2-CH_3 + H_2O$$

Ethansäure — Ethanol — Essigsäureethylester — Wasser

> **Carbonsäureester** werden durch die allgemeine Formel **$R_1-COO-R_2$** beschrieben. Ihre funktionelle Gruppe ist die **Estergruppe –COO–**.

Der **Reaktionsmechanismus** der Veresterung lässt sich in **5 Schritte** untergliedern:

1. **Protonierung** des Carbonyl-Sauerstoffatoms der Carbonsäure. Dabei entsteht ein **Carbeniumion:**

$$R-C(=O)-O-H + H_3O^{\oplus} \rightleftharpoons R-C^{\oplus}(-O-H)(-O-H) + H_2O$$

   Dieses Carbeniumion ist mesomeriestabilisiert: zwei weitere Grenzformeln mit der positiven Ladung an den Sauerstoffatomen lassen sich formulieren.

2. **Nucleophiler Angriff** des Alkanolmoleküls mit dem freien Elektronenpaar am Sauerstoffatom der Hydroxygruppe auf das Carbeniumion. Dabei entsteht ein **Oxoniumion:**

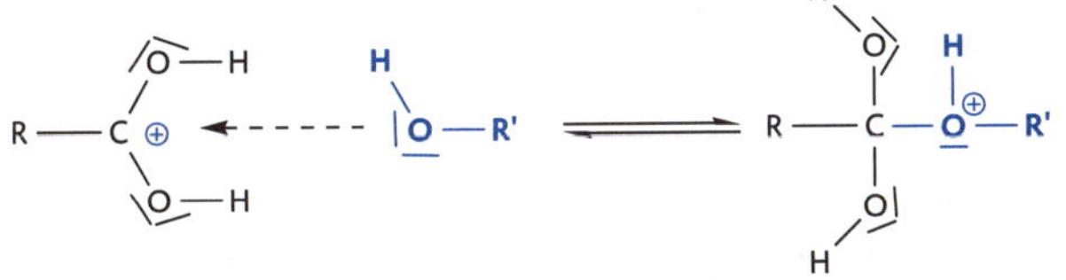

3. **Umprotonierung:** Das Proton wandert von der Hydroxygruppe des addierten Alkanolmoleküls zu einer der Hydroxygruppen des ursprünglichen Carbonsäuremoleküls:

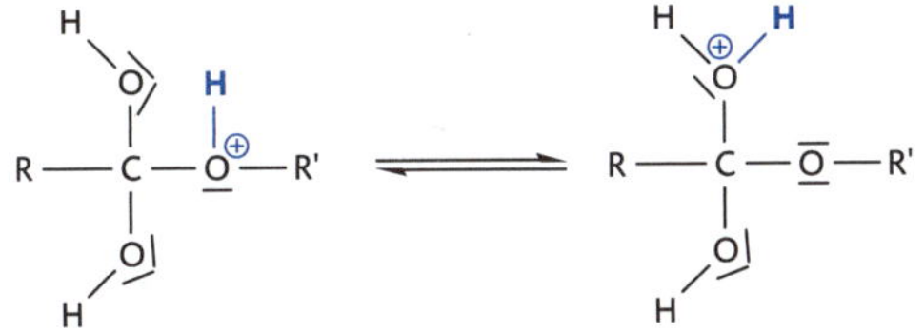

4. **Eliminierung:** Abspaltung eines Wassermoleküls, das als gute „Abgangsgruppe" fungiert:

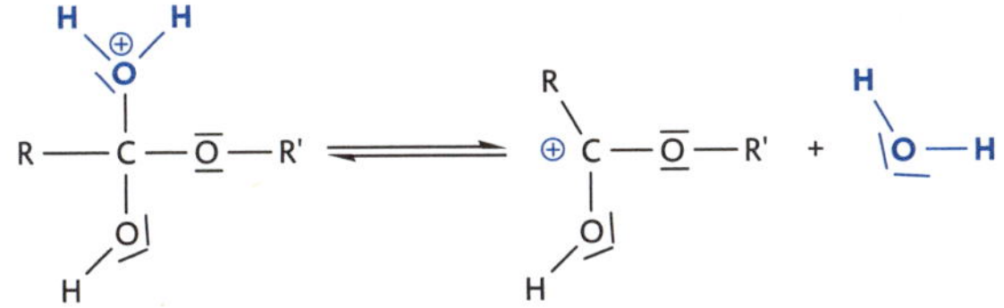

5. **Deprotonierung:** Durch Abgabe eines Protons wird der Katalysator zurückgebildet:

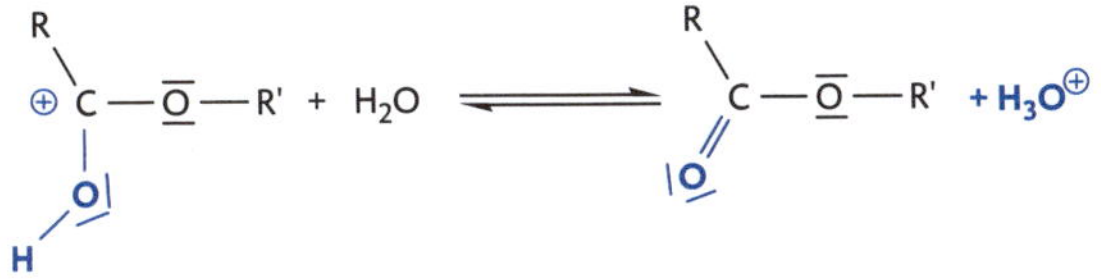

3.7 Carbonsäureester und Lactone: Fette, Aromen, Vitamine

Für die **Benennung** von Carbonsäureestern gibt es zwei Möglichkeiten:
1. Der Name wird aus dem Namen der Carbonsäure, der Bezeichnung für den Alkylrest des Alkanols und der Endung **-ester** gebildet.
2. Der Name wird aus der Bezeichnung des Alkylrestes des Alkanols und dem Namen des Salzes der Carbonsäure gebildet.

Für den Ester aus Methansäure und 1-Propanol können daher folgende vier Namen angegeben werden: Methansäurepropylester bzw. Ameisensäurepropylester oder Propylmethanoat bzw. Propylformiat.

$H-C(=O)-O-CH_2-CH_2-CH_3$

Methansäurepropylester

Ester der Carbonsäuren sind eine Stoffklasse mit großer Bedeutung:
- **Fette** sind Ester aus Glycerin (Propan-1,2,3-triol) und Fettsäuren.
- Essigsäureethylester (Ethylacetat) ist ein wichtiges organisches **Lösungsmittel**.
- Viele einfach gebaute Ester sind **Fruchtaromen**, z. B. Butansäuremethylester in Bananen.
- Eines der bekanntesten Arzneimittel, die Acetylsalicylsäure, die z. B. unter dem Namen **Aspirin®** angeboten wird, ist ein Ester aus Ethansäure als Säure- und Salicylsäure als Alkanolkomponente:

Acetylsalicylsäure (die Estergruppe ist markiert)

- **Polyester** wie Polyethylenterephthalat (PET) sind **Kunststoffe**.

Lactone sind cyclische Ester.

Ascorbinsäure („Vitamin C") ist chemisch betrachtet ein **Lacton**. Das Ascorbinsäure-Molekül kann auch als **Endiol** aufgefasst werden, da es an einer Doppelbindung (En-) zwei (-di-) Hydroxygruppen (-ol) trägt:

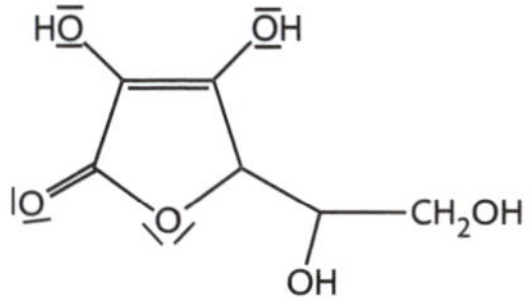

HO OH
O O CH2OH
OH

Ascorbinsäure

3.8 Carbonsäurechloride: Reaktionsfreudig und nützlich

Carbonsäurechloride sind Derivate der Carbonsäuren, bei denen die Hydroxygruppe durch ein **Chloratom** ersetzt ist.

Das rechts gezeigte **Acetylchlorid** ist eine reaktionsfreudige Verbindung, die mit Wasser zu Ethansäure reagiert.

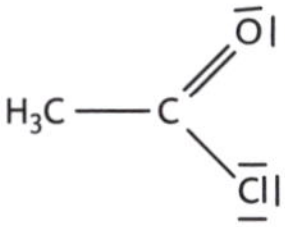

O
H_3C — C
Cl

Disäuredichloride sind zusammen mit Diaminen wichtige Ausgangsstoffe für die Synthese der Polyamidfaser **Nylon** (siehe S. 199).

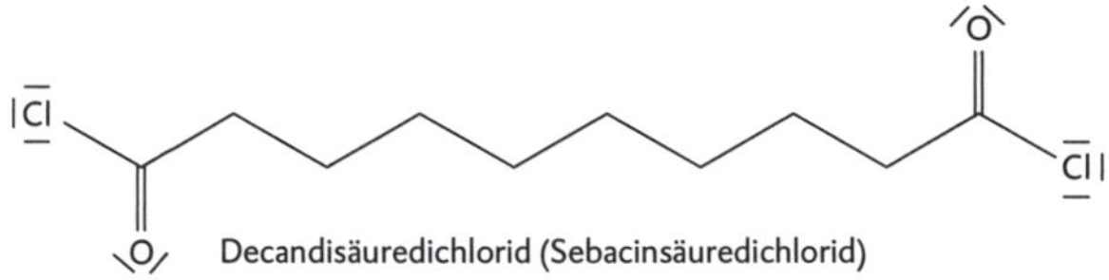

O
Cl Cl
O

Decandisäuredichlorid (Sebacinsäuredichlorid)

3.9 Carbonsäureamide und Lactame

Carbonsäureamide sind Derivate der Carbonsäuren, bei denen die Hydroxygruppe gegen eine **Aminogruppe** ausgetauscht ist. Die funktionelle Gruppe ist die **Amidbindung**. Polyamide sind wichtige Kunststoffe. **Lactame** sind cyclische Amide.

Lactame entstehen durch **intramolekulare** Kondensation aus den entsprechenden Aminocarbonsäuren. Ausgangsstoff für die Synthese der Polyamidfaser **Perlon** ist 6-Hexalactam (ε-Caprolactam):

$$\text{6-Aminohexansäure} \underset{+H_2O}{\overset{-H_2O}{\rightleftharpoons}} \text{6-Hexalactam}$$

6-Aminohexansäure (ε-Aminocapronsäure) 6-Hexalactam (ε-Caprolactam)

4 Ether: Moleküle mit Sauerstoffbrücke

Ether sind Verbindungen, deren Moleküle aus zwei Kohlenwasserstoffresten bestehen, die über ein **Sauerstoffatom** verbunden sind.

Die Stoffklasse der **Ether** kann durch die **allgemeine Formel R_1-O-R_2** charakterisiert werden.
Funktionelle Gruppe ist die **Alkoxygruppe R–O–**, die als (schwach) polare und (schwach) reaktionsfähige Stelle der Moleküle die physikalischen und chemischen Eigenschaften der Ether bestimmt.

4.1 Dialkylderivate des Wassers: symmetrisch oder nicht

Ether können formal als **Dialkylderivate des Wassers** aufgefasst werden, wenn man sich vorstellt, dass in einem Wassermolekül (H–O–H) beide Wasserstoffatome durch Alkylreste ersetzt werden (R_1-O-R_2). Bei einfachen oder **symmetrischen** Ethern sind die Reste R_1 und R_2 identisch. Das ist beim bekanntesten Vertreter, dem **Diethylether** $CH_3-CH_2-O-CH_2-CH_3$ der Fall.
Die beiden Alkylreste können aber auch verschieden sein. Dann liegen **gemischte** oder unsymmetrische Ether vor. Das ist bei **Methylpropylether** $CH_3-O-CH_2-CH_2-CH_3$ der Fall, der ein **Strukturisomeres** zu Diethylether darstellt.

4.2 Nomenklatur der Ether: Alkoxy-Derivate

Nach der im Alltag gebräuchlichen **Nomenklatur** werden die an die „Etherbrücke" gebundenen Alkylreste in alphabetischer Reihenfolge benannt und das Suffix „-ether" angehängt. Bei gleichen Alkylresten erfolgt die übliche Benennung über das Präfix „Di-". Nach offizieller **IUPAC-Regelung** werden Ether als **Alkoxy-Derivate** des längerkettigen Kohlenwasserstoffs ausgewiesen. Mit R_2 als längerkettigem Alkan und R_1-O- als dessen Alkoxy-Gruppe wird aus dem Methylpropylether $CH_3-O-CH_2-CH_2-CH_3$ das **Methoxypropan** und aus dem isomeren Diethylether $CH_3-CH_2-O-CH_2-CH_3$ das **Ethoxyethan**.

4.3 Ether-Eigenschaften: narkotisierend und explosiv

Bei Laborarbeiten mit Diethylether muss streng darauf geachtet werden, dass alle offenen Flammen gelöscht sind, denn Ether ist eine leicht flüchtige und leicht entzündliche Substanz. Infolge der niedrigen Siedetemperatur von +34,5 °C verdunstet Diethylether schon bei Raumtemperatur rasch. Die im Vergleich zu Luft schweren **Etherdämpfe** breiten sich am Boden oder auf Arbeitsflächen „kriechend" aus und bilden mit Luft schon in einer Konzentration von nur 1,8 Vol-% **hochexplosive Gemische**.

Die im Vergleich zum isomeren 1-Butanol (+118 °C) niedrige **Siedetemperatur** des Diethylethers kann über unterschiedliche intermolekulare Kräfte erklärt werden. Da ein Ethermolekül kein an das Sauerstoffatom gebundenes, positiv polarisiertes Wasserstoffatom besitzt, ist die Ausbildung von Wasserstoffbrückenbindungen zwischen Ethermolekülen nicht möglich. Zwischen ihnen herrschen schwächere Dipol-Dipol-Anziehungskräfte.

Diethylether ist einigermaßen gut **wasserlöslich**. Für die akzeptable Wasserlöslichkeit des Ethers sind Wasserstoffbrückenbindungen zwischen Wasser- und Ethermolekülen verantwortlich.

Die gute Eignung von Diethylether als Lösungsmittel für **lipophile Substanzen** wie Benzin, Fette und Harze, ist über die hydrophoben Alkylreste der Ethermoleküle erklärbar. Sie beruht auf der Ausbildung von VAN-DER-WAALS-Kräften zwischen unpolaren Strukturelementen.

Ist Diethylether über längere Zeit dem Licht und der Luft ausgesetzt, oxidiert er zu schwer flüchtigen, hoch explosiven **Peroxiden:**

$$H_3C-CH_2-O-CH_2-CH_3 + O_2 \longrightarrow H_3C-\underset{\substack{|\\ O-O-H}}{CH}-O-CH_2-CH_3$$

Eine solche **Autoxidation** erfolgt bei den meisten aliphatischen Ethern an der Luft. Sie werden daher luftdicht verschlossen in braunen Flaschen aufbewahrt. Besondere Gefahr besteht beim Destillieren, denn die thermisch labilen Peroxide können schwerste Explosionen auslösen. Geeignete Schutzmaßnahmen (Abzug, Panzerglasscheibe, Schutzbrille) müssen getroffen werden.
Seit über 150 Jahren ist Diethylether als **Inhalationsnarkotikum** bekannt. Bei längerem Einatmen von Etherdämpfen tritt tiefe Bewusstlosigkeit ein. Wegen seiner hohen Verdunstungskälte kann Diethylether auch als **Kältemittel** eingesetzt werden.

Diethylether wird als (schwach polares) **Lösungsmittel für lipophile Substanzen** eingesetzt. Vorsicht ist geboten. Diethylether ist leicht flüchtig und leicht entzündlich. Etherdämpfe bilden **explosive Luftgemische**. Durch Autoxidation entstehen thermisch labile, **explosive Peroxide**.

4.4 Ether-Synthese

Wird Ethanol mit konzentrierter Schwefelsäure erhitzt, so entsteht ein Produktgemisch aus **Ester, Ether und Ethen**, dessen Zusammensetzung mit der Wahl der **Reaktionsbedingungen** variiert.
Eine elegantere Alternative ist die **WILLIAMSON-Ether-Synthese:** Bei diesem Verfahren werden Alkalialkanolate mit Halogenalkanen umgesetzt. Die Synthese von Diethylether geht von Natriumethanolat und Bromethan aus:

$$H_5C_2-O^{\ominus}Na^{\oplus} + Br-C_2H_5 \longrightarrow H_5C_2-O-C_2H_5 + Na^{\oplus}Br^{\ominus}$$

5 Organische Moleküle mit Stickstoff

5.1 Überblick

Stickstoffhaltige organische Moleküle bilden verschiedene Stoffklassen mit einer vielfältigen Chemie und zahlreichen Anwendungsbereichen. Zu den wichtigsten stickstoffhaltigen Stoffklassen zählen **Amine, Säureamide** und **Aminosäuren**. Weiterhin sind auch **Nitrile** und **Nitroverbindungen** von Bedeutung.

Die Aminosäuren werden mehrfach behandelt (siehe S. 129, S. 165). Deren natürliche Makromoleküle, die Proteine, weisen Säureamidgruppen (– NH – CO –) auf.

Stoffklassen		Substanzbeispiele	
Amine	aliphatisch (Alkylamine)	$H_3C—CH_2—NH_2$	Ethylamin
	aromatisch (Acrylamine)	$C_6H_5—\overline{N}H_2$	Anilin
Amide		$H_2N—C(=\overline{\underline{O}})—NH_2$	Harnstoff
Aminosäuren		$H_2N—C(H)(COOH)—CH_3$	Alanin
Nitrile		$H_3C—C\equiv N\|$	Acetonitril
Nitroverbindungen		$H_3C—N^{\oplus}(=O)—O^{\ominus}$	Nitromethan

5.2 Amine: Alkylderivate des Ammoniaks

Formal lassen sich **Amine** von Ammoniak ableiten, indem die Wasserstoffatome des Ammoniakmoleküls durch aliphatische oder aromatische Reste, wie z. B. die Methylgruppe $-CH_3$, Ethylgruppe $-C_2H_5$ oder die aromatische Phenylgruppe $-C_6H_5$ ersetzt werden.

Die **Nomenklatur** orientiert sich an der Bezeichnung der entsprechenden Substituenten und ihrer Anzahl (di- oder tri-), an die das Suffix „-amin“ angehängt wird. Auch die Benennung als Aminoderivate der entsprechenden Kohlenwasserstoffe ist möglich:

Ethylamin (Aminoethan)	$H_3C-CH_2-\overline{N}H-H$
Diethylamin	$H_3C-CH_2-\overline{N}H-CH_2-CH_3$
Ethylmethylamin	$H_3C-CH_2-\overline{N}H-CH_3$
Anilin (Phenylamin; Aminobenzol)	$H-\overline{N}H-C_6H_5$

Amine bilden eine homologe Reihe. In der Systematik lässt sich zwischen **primären, sekundären und tertiären Aminen** sowie **quartären Ammoniumverbindungen** unterscheiden.

Ammoniak	$H-\overline{N}H-H$	Ammoniak pK_B: 4,75
primäres Amin	$H-\overline{N}H-CH_3$	Methylamin pK_B: 3,36
sekundäres Amin	$H_3C-\overline{N}H-CH_3$	Dimethylamin pK_B: 3,29
tertiäres Amin	$H_3C-\overline{N}(CH_3)-CH_3$	Trimethylamin pK_B: 4,26
quartäres Ammoniumion	$H_3C-N^{\oplus}(CH_3)_2-CH_3 \quad Cl^{\ominus}$	Tetramethylammoniumchlorid

Amine tragen infolge der hohen Elektronegativität des Stickstoffatoms eine negative Partialladung δ– „am Stickstoff" und eine positive Partialladung δ+ „am Wasserstoff", sind also **polar** gebaut. Bis auf die tertiären Amine sind sie daher in der Lage, Wasserstoffbrückenbindungen auszubilden.

Die **Chemie der Amine** wird durch ihr freies Elektronenpaar am Stickstoffatom dominiert. Wegen des freien Elektronenpaares besitzen Amine **basische** und **nucleophile** Eigenschaften.

Wie Ammoniak reagieren Amine mit Wasser als Base, ihre wässrigen Lösungen sind daher **alkalisch**. Für Methylamin und das Methylammoniumion lässt sich folgendes Protolyse-Gleichgewicht formulieren:

$$CH_3-\overline{N}H_2 + H_2O \rightleftharpoons CH_3-\overset{\oplus}{N}H_3 + H\overline{\underline{O}}|^{\ominus}$$

Amine besitzen eine umso größere Basenstärke, je leichter sie ihr freies Elektronenpaar bereitstellen können, um ein Proton zu binden. Da **Alkylsubstituenten** einen schwachen +I-Effekt besitzen, erhöhen sie die Ladungsdichte am Stickstoffatom. Primäre und sekundäre Amine sind daher stärkere Basen als Ammoniak.

Säureamide sind Derivate von Carbonsäuren und formal das Reaktionsprodukt eines **Amins** mit einer Carbonsäure. Die **Säureamidbindung** und die **Peptidbindung** sind chemisch identisch (siehe S. 157). Harnstoff kann als Diamid der Kohlensäure aufgefasst werden.

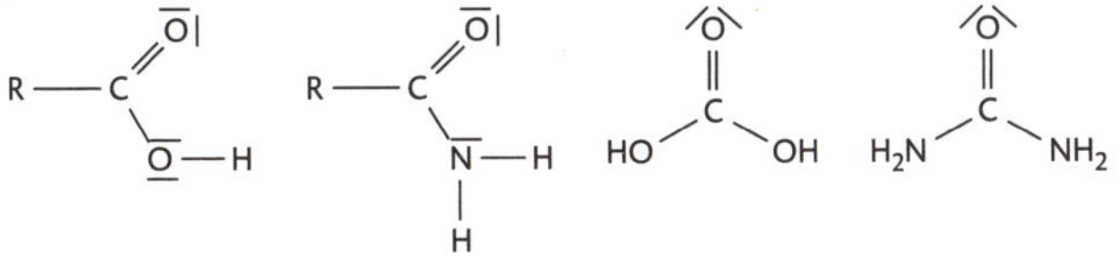

R—C(=O)—OH
Carbonsäure

R—C(=O)—NH—H
Carbonsäureamid

HO—C(=O)—OH
Kohlensäure

H_2N—C(=O)—NH_2
Harnstoff

5.3 Proteogene Aminosäuren als Proteinbildner

Bei den **20 proteogenen**, d. h. am Aufbau der Proteine (Polypeptide) beteiligten **Aminosäuren** handelt es sich um 2-Aminocarbonsäuren (α-Aminosäuren).

Beide funktionellen Gruppen der Aminosäuren, die **Carboxyl-** und die **Aminogruppe** sind im Molekül direkt benachbart; sie sitzen am **α-Kohlenstoffatom.**

Bei der Aminosäure **Alanin** handelt es sich um die 2-Aminopropansäure (α-Aminopropionsäure) CH_3–$CH(NH_2)$–COOH. Die strukturisomere 3-Aminopropansäure (β-Aminopropionsäure) $CH_2(NH_2)$–CH_2–COOH ist kein Baustein natürlicher Polypeptide.

COOH
|
H_2N—$\overset{\alpha}{C}$—H
|
R

α-L-Aminosäure

D-Aminosäuren kommen in Proteinen nicht vor.

Die **räumliche Struktur** am α-Kohlenstoffatom ist die eines Tetraeders. Es sind daher zwei unterschiedliche Positionen der Aminogruppe denkbar. Die beiden Stereoisomere, die Moleküle der Links- und Rechtsform, sind nicht deckungsgleich. Sie verhalten sich wie Bild und Spiegelbild, sind „händig" oder chiral. Die unterschiedlichen Substanzen werden entsprechend der Stellung der Aminogruppe in der FISCHER-Projektion D- (von lat. *dexter*: rechts) bzw. L-(von lat. *laevus*: links) Aminosäuren genannt. Die Aminosäure **Glycin** ist nicht chiral, da ihr α-Kohlenstoffatom zwei Wasserstoffatome trägt.

Die folgenden Abbildungen zeigen die Halbstrukturformeln von vier der 20 proteogenen Aminosäuren.

COOH
|
H_2N—C—H
|
H

Glycin (Glykokoll)
Aminoethansäure
Kurzform: Gly

COOH
|
H_2N—C—H
|
$(CH_2)_2$
|
COOH

Glutaminsäure
2-Aminopentandisäure
Kurzform: Glu

COOH | H_2N—C—H | $(CH_2)_4$ | NH_2

Lysin
2,6-Diaminohexansäure
Kurzform: Lys

COOH | H_2N—C—H | CH_2 | SH

Cystein
2-Amino-3-mercaptopropansäure
Kurzform: Cys

5.4 Aminosäuren als Ammoniumcarboxylate

Alle Aminosäuren sind kristalline Feststoffe mit sehr **hohen Schmelztemperaturen**. Bei weiterem Erhitzen erfolgt anstatt einer Verdampfung eine Zersetzung. Bei Glycin liegt die Schmelztemperatur bei 292 °C, die thermische Zersetzung beginnt bereits bei 230 °C. Aus diesen Werten lässt sich schließen, dass α-Aminosäuren im festen Zustand durch starke elektrostatische Kräfte zusammengehalten werden, wie sie sonst nur für **ionische Verbindungen** typisch sind. Da Aminosäuren die saure Carboxyl- (–COOH) und die basische Aminogruppe ($-NH_2$) besitzen, liegen sie durch **intramolekularer Protolyse** im festen Zustand als **„Zwitterionen"** vor:

Aminosäure-Molekül → Ammoniumcarboxylat-Zwitterion

Gleiches gilt für wässrige Lösungen. Bei kleinen Aminosäuremolekülen ist die **Wasserlöslichkeit** daher sehr gut, bei den übrigen hängt sie von der Größe und der Polarität der Seitenkette R ab.

Die **Acidität** der Aminocarbonsäuren ist im Vergleich zu den unsubstituierten Carbonsäuren erniedrigt. Glycin als Aminoessigsäure hat einen pK_S-Wert von 9,80, Essigsäure weist einen pK_S-Wert von 4,75 auf. Da Glycin in wässriger Lösung als Zwitterion vorliegt, gibt nicht die Carboxyl- (–COOH), sondern die **Ammoniumgruppe** ($-NH_3^+$) das Proton ab, wirkt also als **Säure**.

Aminosäuren liegen als **zwitterionische Ammoniumcarboxylate**, d. h., in Form „innerer Salze“ vor. Das erklärt die hohe Schmelztemperatur, das Lösungsverhalten und ihre gegenüber unsubstituierten Carbonsäuren **verminderte Acidität**.

5.5 Aminosäuren als Ampholyte

Aminosäure-Zwitterionen können als Säure oder Base fungieren, besitzen also **ampholytische** Eigenschaften, ihre Lösungen sind **Puffer**. Im Sauren nimmt die Carboxylatgruppe als Base ein Proton auf, das Zwitterion wird zum Kation. Im Alkalischen gibt die Ammoniumgruppe ein Proton ab, das Zwitterion wird zum Anion. Die Lage dieser **Protolyse-Gleichgewichte** ist pH- abhängig:

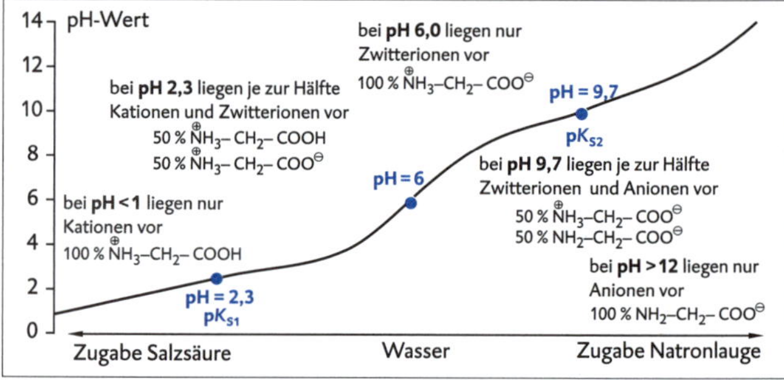

Im Falle von Glycin überwiegen in wässriger Lösung bei pH-Werten unter 2,3 die Kationen, bei pH-Werten über 9,7 die Anionen.

Der pH-Wert, bei dem die größte Konzentration an Zwitterionen in Lösung vorliegt, wird **isoelektrischer Punkt (IEP)** genannt. Am IEP wandert eine Aminosäure im elektrischen Feld nicht, sie verhält sich nach außen elektrisch neutral.

Das Verhalten im elektrischen Feld wird zur Auftrennung von Aminosäuregemischen mittels **Elektrophorese** genutzt:

Die **Wanderungsrichtung** im elektrischen Feld wird durch das Vorzeichen der Ionenladung bestimmt, die **Geschwindigkeit** hängt von der Masse der Teilchen und der Höhe der Ladung ab.

Aromatische Verbindungen – Benzol und seine Verwandten

1 Benzol & Co.

1.1 Benzol und der aromatische Zustand: Mesomerie statt KEKULÉ

Benzol ist eine farblose, flüchtige (Siedetemperatur 80 °C), mit Wasser nicht mischbare, leicht entzündliche, giftige und **krebserregende** Flüssigkeit. Benzol brennt mit stark rußender Flamme, ein Hinweis auf einen hohen Kohlenstoffgehalt und den ungesättigten Charakter der Moleküle. Die **Summenformel C_6H_6** bestätigt diese Vermutung. 1865 schlug KEKULÉ für das Benzolmolekül eine Ringstruktur mit abwechselnden Doppel- und Einfachbindungen vor:

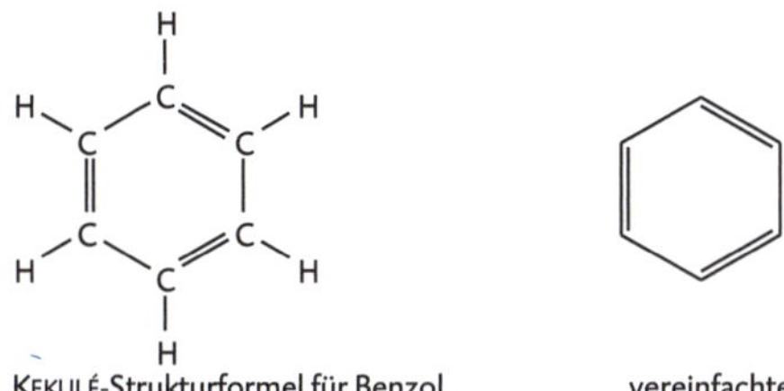

KEKULÉ-Strukturformel für Benzol — vereinfachte Darstellung

Für die von KEKULÉ angegebene Molekülstruktur sprechen:

- Die erfüllte Forderung nach Vierbindigkeit der Kohlenstoffatome und
- Die Tatsache, dass Benzol katalytisch zu Cyclohexan (C_6H_{12}) hydriert werden kann.

Gegen den lange Zeit akzeptierten Strukturvorschlag sprechen

- der Befund, dass Benzol nicht in der Lage ist, Bromwasser zu entfärben, also nicht das gleiche Reaktionsverhalten wie Verbindungen mit Doppelbindung(en) zeigt,
- die Tatsache, dass Benzol reaktionsträger ist als Alkene,
- die Beobachtung, dass am Benzolmolekül **Substitutions- statt Additionsreaktionen** ablaufen,

- die Tatsache, dass die theoretisch erwartete Reaktionsenthalpie für die Hydrierung dreier Doppelbindungen mit $-360\ kJ \cdot mol^{-1}$ deutlich größer ist als die experimentell ermittelte **Hydrierungsenergie** des Benzols von $-209\ kJ \cdot mol^{-1}$,
- die Daten der Bindungslängen, die zeigen, dass das Benzolmolekül ein gleichmäßiges Sechseck mit einer **einheitlichen C–C-Bindungslänge** von 138 pm darstellt. Die Benzol-Bindungslänge liegt damit zwischen der Bindungslänge einer C=C-Doppelbindung (134 pm) und einer C–C-Einfachbindung (153 pm).

Aufgrund experimenteller Befunde zu Reaktionsverhalten, Bindungslänge und Hydrierungsenergie lässt sich folgern, dass Benzol **kein Cyclohexatrien** ist. Das Benzolmolekül weist **keine Doppelbindungen** auf.

Das **Mesomeriemodell** umschreibt die besonderen Bindungsverhältnisse im Benzolmolekül mit zwei hypothetischen **Grenzformeln** – im Bewusstsein, dass keine der beiden Strukturen die „wahren Bindungsverhältnisse" korrekt wiedergibt. Die Bindungswirklichkeit liegt **zwischen** den durch die fiktiven Darstellungen beschriebenen Elektronenverteilungen, was durch den **Mesomeriepfeil** ⟷ angedeutet wird. (Dieser darf nicht mit dem Doppelpfeil ⇌ verwechselt werden, der für chemische Gleichgewichtsreaktionen verwendet wird.)

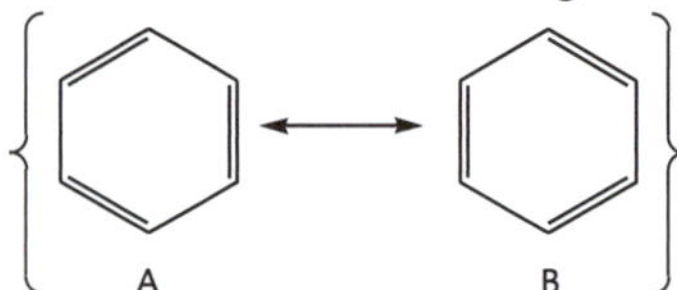

Benzol ist **kein** Gemisch aus den gezeigten isomeren Molekülen A und B. Benzol liegt also **nicht** abwechselnd in den Molekülformen A und B vor. Stattdessen herrschen im Benzolmolekül besondere, eben aromatische Bindungsverhältnisse.

Mesomerie ist das Fremdwort für unsere Unfähigkeit, die Struktur einer aromatischen Verbindung mit einer einzigen Lewis-Strukturformel zu beschreiben.

Anschaulich dargestellt werden kann die Elektronenverteilung im Benzolmolekül mit dem **Orbitalmodell**. Orbitale sind „Aufenthaltsräume für Elektronen“. Die sechs Bindungselektronen, die in der KEKULÉ-Formel mit Bindungsstrichen für drei Doppelbindungen dargestellt werden, sind nicht lokalisiert, d. h., sie sind keinem bestimmten Kohlenstoffatom zugeordnet. Man spricht deshalb von einem **delokalisierten π-Elektronensystem**. Sechs delokalisierte Elektronen befinden sich in zwei ringförmigen Elektronenwolken ober- und unterhalb der Ringebene. In der vereinfachten Schreibweise wird der Kohlenstoffring heute als Sechseck und die π-Elektronenwolke als Kreis dargestellt (Abb. rechts oben und unten).

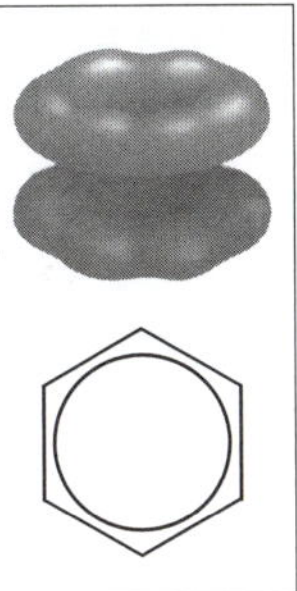

Vergleicht man die Werte der Enthalpien von verschiedenen Hydrierungsreaktionen, wird deutlich, dass Benzol sich ganz anders verhält als das anfangs vorgeschlagene, hypothetische Cyclohexatrien mit lokalisierten Doppelbindungen (KEKULÉ-Struktur):

- Hydriert man die C=C-Doppelbindung in Alkenen, so wird ein Energiebetrag von 120 $kJ \cdot mol^{-1}$ pro Doppelbindung frei.
- Würde Benzol in der KEKULÉ-Struktur existieren, müssten bei seiner Hydrierung insgesamt 360 $kJ \cdot mol^{-1}$ frei gesetzt werden.
- Experimentell ermittelt werden aber nur 209 $kJ \cdot mol^{-1}$.
- Das Benzolmolekül ist also um die Differenz von 151 $kJ \cdot mol^{-1}$ energieärmer und damit stabiler als ein hypothetisches Cyclohexatrienmolekül.
- Diese Differenz ist die **Mesomerieenergie** von Benzol.

Aufgrund seines mesomeren Systems (delokalisiertes Elektronensystem) ist der Benzolring **besonders stabil**. Der Betrag, um den das real existierende Benzolmolekül energieärmer als das durch eine Grenzformel beschriebene Teilchen ist, wird **Mesomerieenergie** genannt.

Die nachfolgende Grafik fasst den rechnerischen Vergleich der energetischen Verhältnisse zusammen.

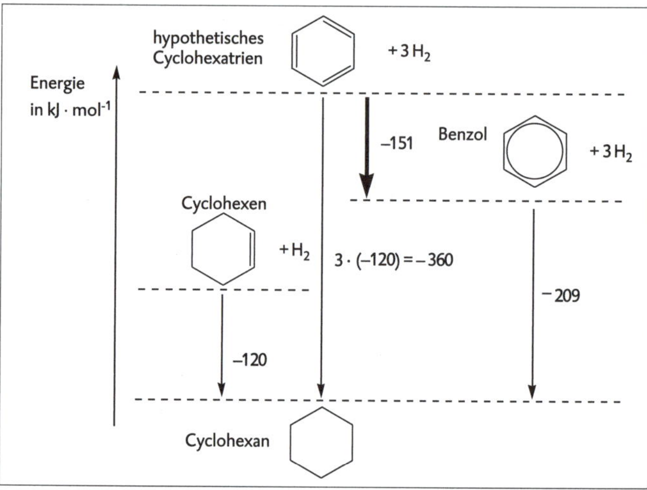

1.2 Kriterien für aromatische Verbindungen: HÜCKEL-Regel

Folgende Eigenschaften charakterisieren aromatische Verbindungen:

- Aromatische Systeme sind besonders stabil **(Mesomerieenergie)**.
- Der bevorzugte Reaktionstyp bei Aromaten ist die **Substitution**. Das aromatische Ringsystem bleibt bei Substitutionsreaktionen erhalten.
- Die Moleküle der Aromaten sind **ringförmig** und **planar**.
- In aromatischen Molekülen liegt ein **delokalisiertes π-Elektronensystem** vor. Um die Elektronenverteilung wiederzugeben, sind mehrere Grenzformeln erforderlich.
- Die Anzahl der delokalisierten Elektronen beträgt **4n+2**. Diese so genannte **HÜCKEL-Regel** gilt nur für **monocyclische** Verbindungen. Dabei steht n für eine ganze natürliche Zahl (inklusive null).

Aromatische Verbindungen besitzen planare Ringstrukturen mit hoher Mesomerieenergie.
Monocyclische Verbindungen weisen Ringmoleküle mit 4n + 2 delokalisierten Elektronen auf.
Polycyclische Verbindungen sind durch mehrere Grenzformeln als mehrkernige konjugierte Ringsysteme darstellbar.

1.3 Klassifizierung aromatischer Verbindungen

Aromaten lassen sich wie folgt klassifizieren:

Benzolderivate:

Methylbenzol (Toluol): aliphatisch-aromatischer Kohlenwasserstoff

Heteroaromaten:

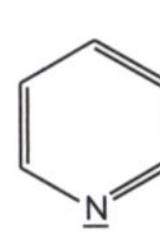

Pyridin: ein Stickstoffatom eingebaut in ein aromatisches Sechsringmolekül

Mehrkernige aromatische Ringsysteme:

nicht-kondensierte

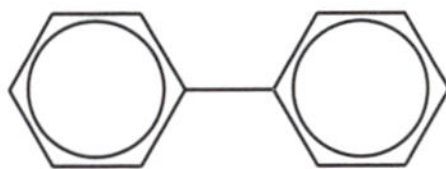

Biphenyl: zwei isolierte aromatische Systeme

kondensierte

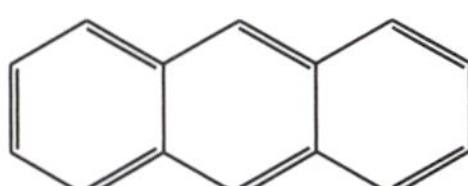

Anthracen: drei kondensierte Ringe mit 14 delokalisierten π-Elektronen

Nicht benzoide Verbindungen:

Cycloheptatrienyliumkation: eine interessante Siebenring-Variante zum Benzolmolekül mit sechs delokalisierten Elektronen

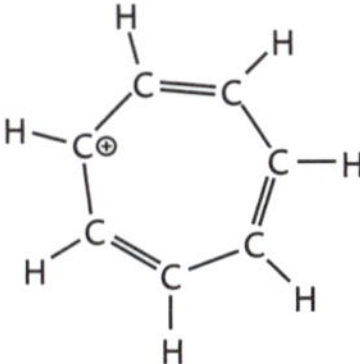

1.4 Benzolderivate: ortho, meta und para

Die Moleküle der **Alkylbenzole** tragen Alkylreste als Substituenten am Benzolring. Auch Hydroxy-, Carboxy-, Amino-, Nitro- und Halogensubstituenten sowie andere Atomgruppierungen sind in Einzahl oder Mehrzahl als Substituenten möglich. Dadurch ergibt sich eine breite Palette von Benzolderivaten mit zahlreichen Stellungsisomeren. Für viele dieser Verbindungen existieren neben den systematischen Benennungen nach wie vor historisch bedingte und auch heute gebräuchliche Trivialnamen.

Eine **1,2-Stellung** benachbarter Substituenten am Ring wird als **ortho**-Stellung, die **1,3-Position** zweier Reste als **meta**-Stellung und die **1,4-Position** zweier Substituenten als **para**-Stellung bezeichnet.

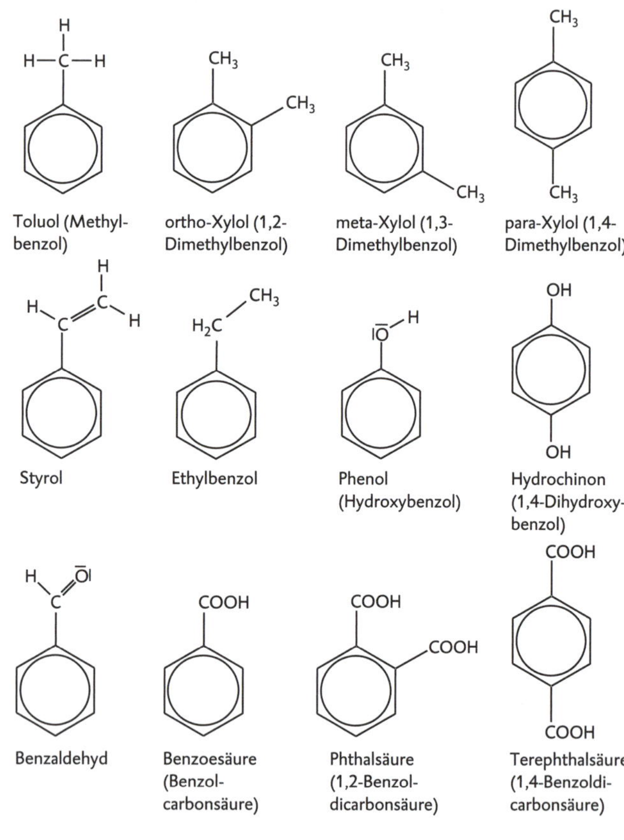

Salicylsäure (2-Hydroxy-benzoesäure) | Anilin (Aminobenzol) | Nitrobenzol | Benzol-sulfonsäure

1.5 Phenol: ein aromatischer Alkohol

Phenol ist **Monohydroxybenzol** (Formel **C_6H_5OH**) und gehört in die Klasse der Alkanole. Auf die **Hydroxygruppe** im Molekül verweist bereits die Nachsilbe „-ol" im Stoffnamen. Das feste, farblose Phenol zeigt in Wasser **saure Reaktion**, eine Tatsache, die die alte Bezeichnung „Carbolsäure" für wässrige Phenollösungen erklärt.

Ethanol hat einen pK_S-Wert von 16, Phenol einen pK_S-Wert von 10. Phenol ist also eine **stärkere Säure** als vergleichbare aliphatische Hydroxyverbindungen. Der Befund einer **erhöhten Acidität** kann auf zwei Arten erklärt werden:

1. über eine erhöhte Tendenz des Phenolmoleküls zur Protonenabgabe und
2. über die verminderte Tendenz des Phenolatanions zur Protonenaufnahme.

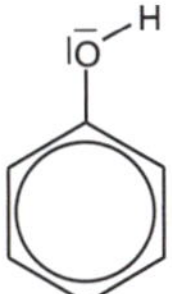

Phenol

Wichtig zur Erklärung ist der **positive mesomere Effekt**, den die Hydroxygruppe mit ihren freien Elektronenpaaren ausübt.

1. Durch den positiven mesomeren Effekt **(+M-Effekt)** der Hydroxygruppe wird die Elektronendichte im Ring erhöht:

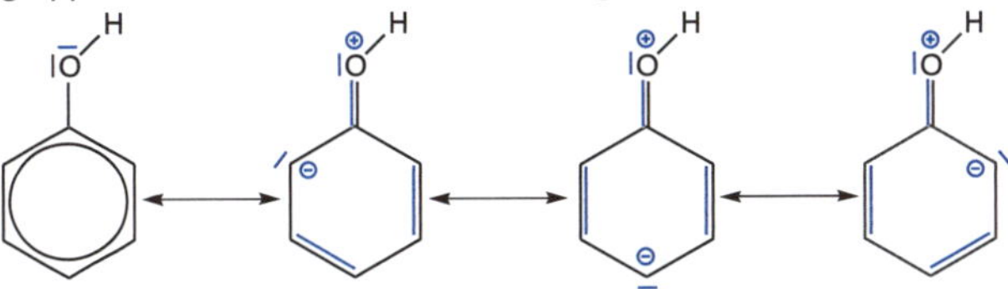

Durch den +M-Effekt wird die O–H-Bindung der Hydroxygruppe noch **stärker polarisiert**, als es durch die hohe Elektronegativität des

Sauerstoffatoms ohnehin schon der Fall ist. Erkennbar wird dies in den Grenzformeln durch positive Ladungen am Sauerstoffatom in drei der vier Strukturen. Damit ist die Abgabe eines Protons erleichtert. Im Ethanolmolekül ist die Protonenabgabe durch den schwach elektronenschiebenden + I-Effekt der Ethylgruppe aber erschwert.

Die Einbeziehung eines freien Elektronenpaares in die Mesomerie des Benzolringes wird als **mesomerer Effekt** (M-Effekt) bezeichnet. Elektronenschiebende oder -ziehende Effekte aufgrund von Elektronegativitätsunterschieden werden **induktive Effekte** (+/– I-Effekt) genannt.

2. Die Argumentation über das Phenolatanion als konjugierte Base des Phenols lautet ähnlich: Die im Folgenden dargestellten Grenzformeln lassen erkennen, dass die **negative Ladung** des Phenolatanions über das gesamte Ringsystem **delokalisiert** ist. Diese Ladungsverteilung stabilisiert das Anion. Die Elektronendichte am Sauerstoff ist vermindert und die Fähigkeit des Sauerstoffatoms, ein Proton aufzunehmen, verringert sich entsprechend.

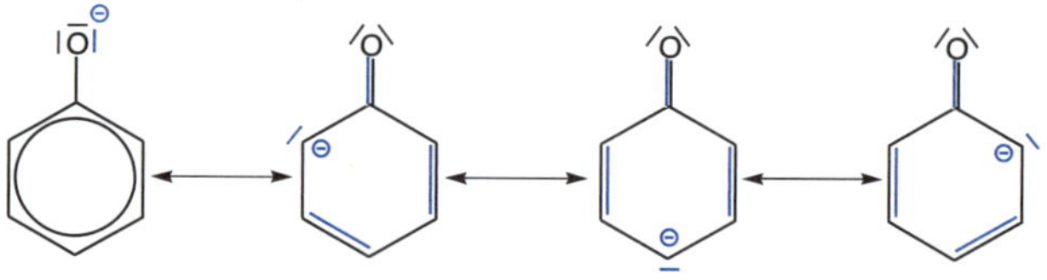

1.6 Anilin: ein aromatisches Amin

Anilin ist **Monoaminobenzol** (Formel $C_6H_5NH_2$) und gehört zur Gruppe der Amine. Mit einer **Aminogruppe** im Molekül kann Anilin **basisch** reagieren. Allerdings besitzt dieses aromatische Amin eine geringere Basenstärke als vergleichbare aliphatische Amine. Anilin hat einen pK_B-Wert von 9,4, Aminomethan ($CH_3{-}NH_2$) einen pK_B-Wert von 3,3. Anilin ist also eine **schwächere Base** als vergleichbare aliphatische Aminoverbindungen. Der Befund einer **verminderten Basizität** kann wieder über den **+M-Effekt** erklärt werden, den die Aminogruppe mit ihrem freien Elektronenpaar auf den Ring ausübt:

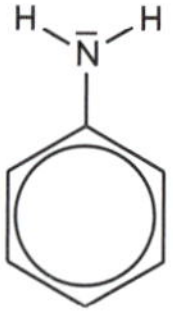

Anilin

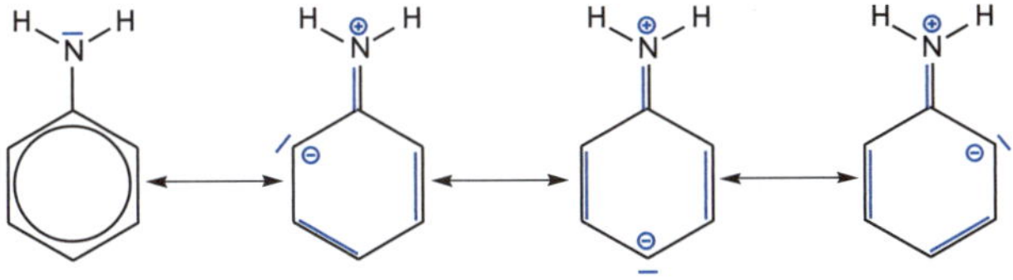

Die Elektronendichte am Stickstoffatom ist erniedrigt, weil die Aminogruppe ihr Elektronenpaar für die **Mesomerie** mit dem Benzolring zur Verfügung stellt Die Basenstärke des Anilins ist damit gegenüber der Basizität von Aminomethan deutlich reduziert.

2 Aromaten und ihre Reaktionen: Substitution bevorzugt

2.1 Reaktionen der Aromaten: elektrophile Substitution

Bei Aromaten finden keine elektrophilen Additionen wie bei Alkenen statt. Die typische Reaktion der Aromaten ist die **elektrophile Substitution (S_E)**.

Nach einem S_E-Mechanismus verlaufen zum Beispiel die **Halogenierung** und **Nitrierung** am Aromaten. Die Sulfonierung und Alkylierung werden hier nicht genauer besprochen.

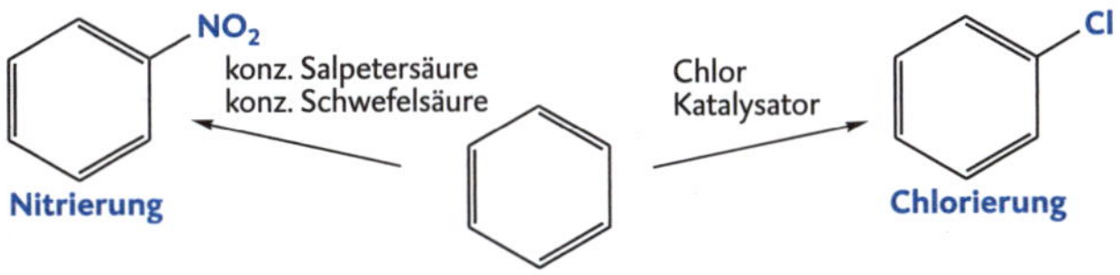

2.2 Mechanismus der S_E-Reaktion: Beispiel Halogenierung

Im **ersten Schritt** der Chlorierung von Benzol nähert sich ein Chlormolekül dem elektronenreichen Benzolring, tritt mit den delokalisierten Ringelektronen in Wechselwirkung, wird polarisiert und bildet mit dem π-Elektronensystem einen **π-Komplex** als **Übergangszustand:**

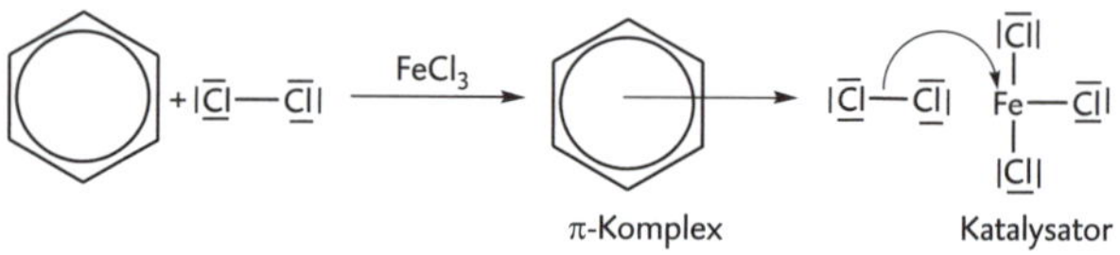

π-Komplex Katalysator

Der aus dem Benzolmolekül austretende Pfeil deutet an, dass im Übergangszustand die Bindung zwischen dem Kohlenstoffatom des Benzolmoleküls und „dem linken" Chloratom noch nicht vollständig ausgebildet ist. Die Bindung zwischen den Chloratomen ist auch noch nicht vollständig gelöst.

Die **heterolytische Spaltung des Chlormoleküls** (die Spaltung in ein Chloridion Cl^- und ein elektrophiles Chlor-Kation Cl^+) wird durch den Katalysator Eisen(III)-chlorid beschleunigt, der das entstehende Chloridion übernehmen kann.

Im **zweiten Schritt** entsteht ein **σ-Komplex**, der als **Zwischenprodukt** stofflich fassbar ist. Die Struktur des σ-Komplexes kann mit einer Grenzformel wie folgt angegeben werden:

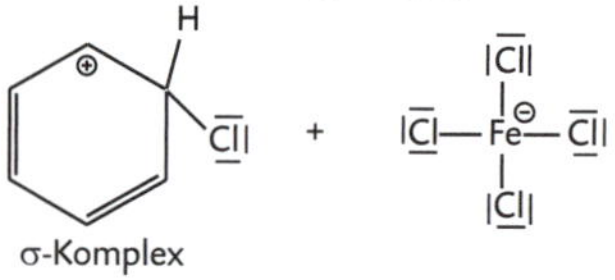

σ-Komplex

Der σ-Komplex ist als **Carbokation** relativ energiereich, auch wenn die **Ladung im Ring delokalisiert** ist (mehrere Grenzformeln), denn durch die Addition des elektrophilen Cl^+-Teilchens ist der energetisch günstige aromatische Zustand mit sechs delokalisierten π-Elektronen aufgehoben. Deshalb erfolgt im Folgeschritt keine Addition des Chloridions an den σ-Komplex, sondern **Rearomatisierung** unter Abspaltung eines Protons.

In diesem **dritten Schritt** entstehen – unter Regeneration des Katalysators – Chlorbenzol und Chlorwasserstoff als Reaktionsprodukte:

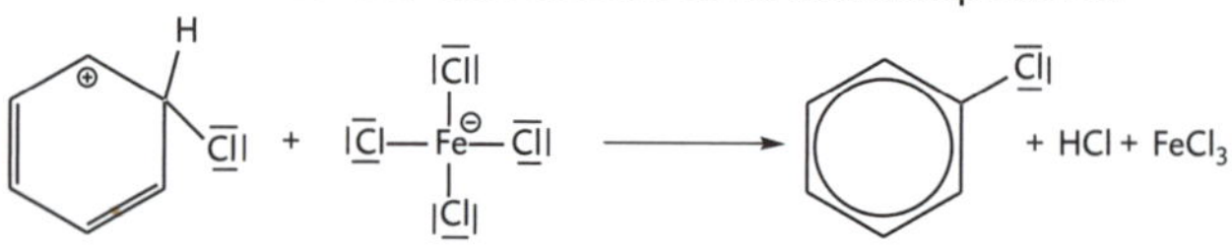

Das **Energiediagramm** verdeutlicht, warum von den beiden denkbaren **Konkurrenzreaktionen** die Substitution tatsächlich abläuft.

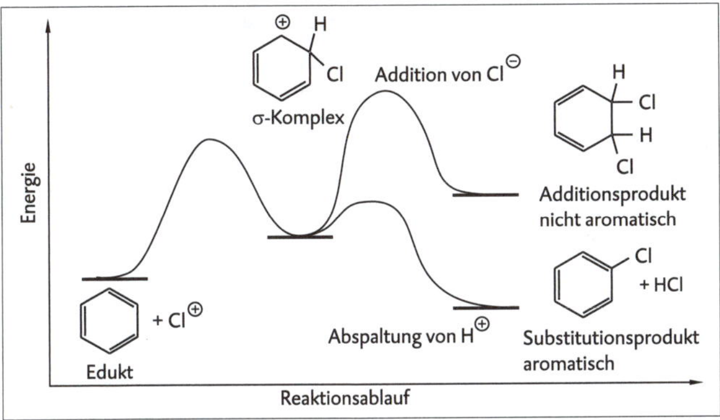

Der erste Reaktionsschritt erfolgt über einen energiereichen Übergangszustand, den **π-Komplex**. Im Zwischenprodukt, dem **σ-Komplex**, ist die cyclische Delokalisierung der Elektronen und damit der aromatische Charakter verloren gegangen. Im letzten Reaktionsschritt wird der aromatische Ring wieder regeneriert, indem ein Proton abgespalten wird. Dieser Schritt ist energetisch viel günstiger als die Reaktion mit einem Nucleophil wie z. B. dem Chloridion, wodurch ein energiereiches Additionsprodukt entstünde.

2.3 Nitrierung: der Weg zum Nitrobenzol

Die Nitrierung von Aromaten wird mit Nitriersäure, einem Gemisch aus konzentrierter Salpetersäure (HNO_3) und konzentrierter Schwefelsäure (H_2SO_4) durchgeführt. Als Elektrophil wirkt das Nitryl-Kation NO_2^+ („Nitronium-Ion"):

$$HNO_3 + H_2SO_4 \longrightarrow H_2NO_3^{\oplus} + HSO_4^{\ominus}$$
$$H_2NO_3^{\oplus} \longrightarrow H_2O + NO_2^{\oplus}$$

Die Reaktion verläuft in den bereits genannten Teilschritten:

$+NO_2^{\oplus}$ → π-Komplex ($NO_2^{\oplus}$) → σ-Komplex (⊕, H, NO_2) → Nitrobenzol (NO_2)

π-Komplex σ-Komplex

2.4 Aktivierend und dirigierend: Die Zweitsubstitution am Ring

Toluol reagiert bei Substitutionen deutlich rascher als Benzol. Eine mögliche Erklärung ist der elektronenschiebende +I-Effekt der Methylgruppe im Toluolmolekül, der zu einer Erhöhung der Elektronendichte im Ring führt und damit einen elektrophilen Angriff erleichtert.
Aber auch Phenol und Anilin zeigen **höhere Substitutionsgeschwindigkeiten** als Benzol, obwohl ihre funktionellen Gruppen, die Hydroxy- (–OH) und die Aminogruppe (–NH_2), jeweils einen elektronenziehenden –I-Effekt aufweisen.
Eine Erklärung liefert wieder das Mesomeriemodell: Die freien Elektronenpaare der Hydroxy- und Aminogruppe beteiligen sich am delokalisierten π-Elektronensystem. Sie üben einen positiven mesomeren Effekt (+M-Effekt) aus, der ihren –I-Effekt mehr als kompensiert. Die Elektronendichte im Ring ist bei Phenol und Anilin daher insgesamt erhöht.

Hydroxy- (–OH) und Aminogruppen (–NH_2) sind elektronenschiebende Substituenten. Sie üben einen +M-Effekt aus, erhöhen die Elektronendichte im aromatischen Ring und wirken **aktivierend**, beschleunigen also eine Zweitsubstitution.
Nitro- (–NO_2) und Aldehydgruppen (–CHO) sind elektronenziehende Substituenten. Sie **deaktivieren** und bewirken so eine Verlangsamung der Zweitsubstitution.

Besonders gravierend ist die desaktivierende Wirkung bei **Nitro-Substituenten** am Ring, da bei der Nitrogruppe Induktionseffekt (–I) und Mesomerieeffekt (–M) in die gleiche Richtung wirken:

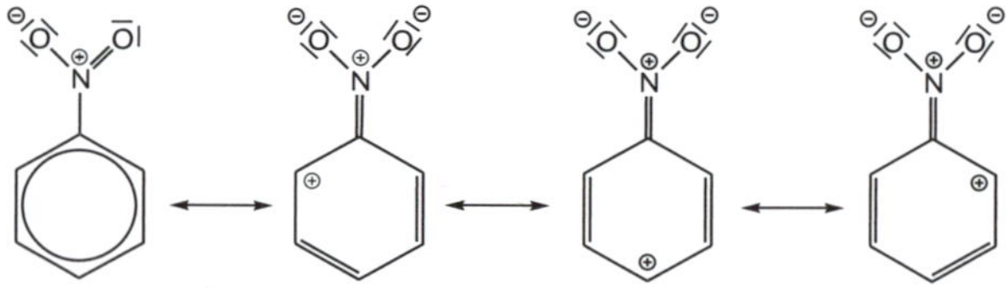

Auch bei **Benzaldehyd** lassen sich mehrere Grenzformeln formulieren, die den –M-Effekt und seine Auswirkungen auf die Elektronendichte im aromatischen Ring verdeutlichen. Die Grenzformeln für die ortho- bzw. die para-Position zur Aldehydgruppe enthalten eine positive Ladung an den Ring-Kohlenstoffatomen:

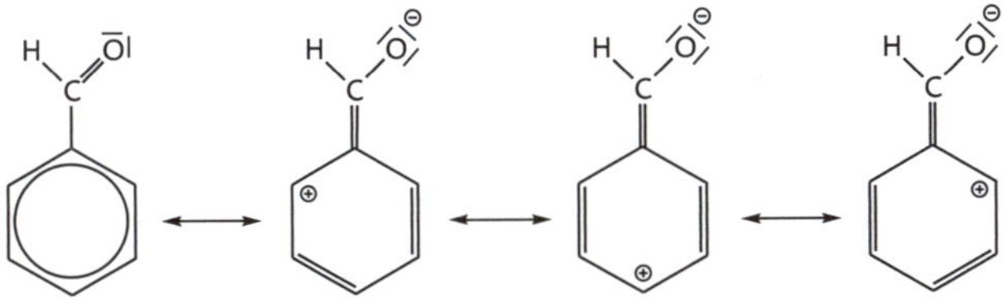

Das obige Beispiel zeigt, dass der Erstsubstituent, hier die –CHO-Gruppe, nicht nur die Reaktivität hinsichtlich einer Zweitsubstitution, sondern auch die bevorzugten „Andockstelle" des Zweitsubstituenten beeinflusst. Ein elektrophiles Teilchen wird bevorzugt an den Ringpositionen angreifen, an denen eine **hohe Elektronendichte** herrscht. Bei Benzaldehyd ist der bevorzugte Ort der Substitution die meta-Stellung, da in ortho- und para-Stellung die Elektronendichte vermindert ist.

Stichhaltiger ist allerdings die Betrachtung der **Stabilität** der bei einer Zweitsubstitution gebildeten **σ-Komplexe**. Für Erstsubstituenten mit **+M-Effekt** lassen sich in ortho- und para-Stellung vier vergleichbare mesomere Grenzformeln formulieren, bei Substitution in meta-Stellung nur drei. Anhand der Chlorierung von Phenol soll dieser Zusammenhang genauer dargestellt werden: Beim elektrophilen Angriff in **ortho-Stellung** ergeben sich die folgenden vier Grenzstrukturen für den σ-Komplex:

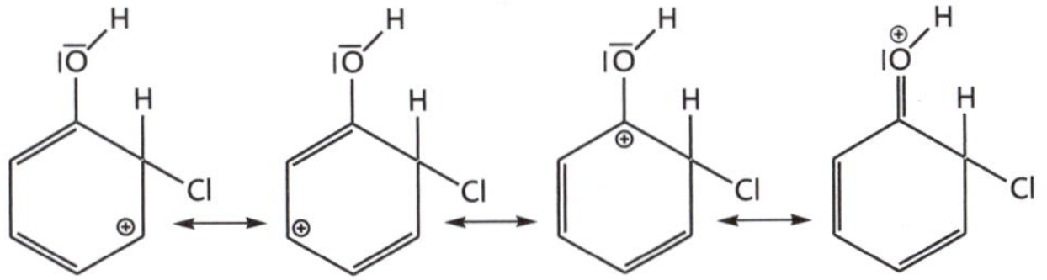

Auch bei Zweitsubstitution in **para-Stellung** lassen sich vier sinnvolle Grenzformeln aufstellen:

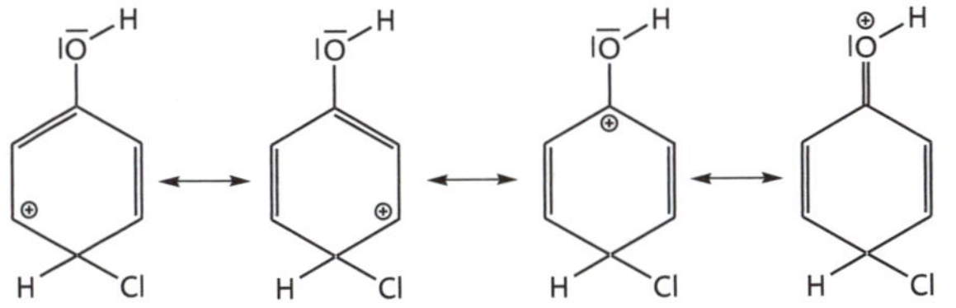

Der Zweitsubstituent in **meta-Stellung** führt hingegen zu nur drei energetisch gleichwertigen Grenzstrukturen:

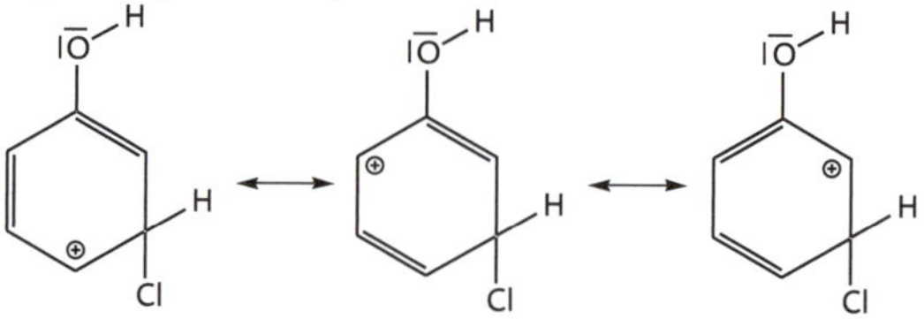

Die höhere Anzahl an Grenzformeln entspricht einer **größeren Stabilität** des betreffenden σ-Komplexes, da die positive Ladung besser delokalisiert ist. Als Zwischenprodukte der Substitution entstehen bevorzugt die stabileren σ-Komplexe, denn der Reaktionsweg verläuft dann auch über energieärmere Übergangszustände (π-Komplexe). Bei der Chlorierung von Phenol überwiegen daher im Produktgemisch das ortho- und para-Chlorphenol.
Bei **deaktivierenden** Erstsubstituenten kehrt sich das Bild genau um. Hier ist der σ-Komplex mit dem Zweitsubstituenten in meta-Stellung energetisch günstiger und es entsteht bevorzugt – aber wiederum nicht ausschließlich – das meta-Produkt.

Erstsubstituenten mit **+M-Effekt,** wie OH-, NH_2- und Alkylgruppen, beschleunigen die Substitution und dirigieren in **ortho-/para-Stellung**. Erstsubstituenten mit **–M-Effekt**, wie die NO_2-, NH_3^+-, CHO- und COOH-Gruppe, verlangsamen die Substitution und dirigieren in **meta-Stellung**.

Eine Ausnahme bilden **Halogensubstituenten** mit +M- und –I-Effekt. Chloratome am Ring wirken zwar deaktivierend, dirigieren den Zweitsubstituenten aber in ortho- oder para-Position.

2.5 Oxidationen und Reduktionen: alles wie gehabt

An den Substituenten des Benzolrings können alle Reaktionen ablaufen, die auch bei den entsprechenden nicht-aromatischen (aliphatischen) Verbindungen möglich sind. So kann **Benzoesäure** durch katalytische **Oxidation** von Toluol mit Luftsauerstoff synthetisiert werden:

CH_3 / $COOH$

$$2 \;[\text{Ring}] + 3\,O_2 \longrightarrow 2\;[\text{Ring}] + 2\,H_2O$$

Anilin lässt sich durch **Reduktion** aus Nitrobenzol herstellen. Als starkes Reduktionsmittel dient atomarer Wasserstoff. Dieser **Wasserstoff in „statu nascendi“** (H_{nasc}) wird durch die Reaktion von Zink mit Salzsäure bereitgestellt:

NO_2 / NH_2

$$[\text{Ring}] + 6\,H_{nasc} \longrightarrow [\text{Ring}] + 2\,H_2O$$

Für die **Anilin-Synthese** ergibt sich damit folgender Syntheseweg: Von Benzol ausgehend erfolgt zunächst durch Umsetzung mit Nitriersäure eine **Nitrierung**; (siehe S. 143), anschließend erfolgt die **Reduktion** des Nitrobenzols zu Anilin.

2.6 Nucleophile Substitution: bei Aromaten ziemlich selten

Die nucleophile Substitution spielt bei Aromaten eine untergeordnete Rolle, da das aromatische System sehr elektronenreich ist. Sie ist nur an Aromaten mit elektronenziehenden Substituenten möglich.
Für die **Synthese von Phenol** kann folgender Weg beschritten werden: Von Benzol ausgehend erfolgt zunächst eine **Chlorierung** durch elektrophile Substitution. Die folgende Umsetzung des Chlorbenzols mit wässriger Natronlauge stellt eine seltene **nucleophile Substitution** an einem aromatischen Ring dar (DOW-Verfahren). Das Hydroxidion fungiert als Nucleophil und ersetzt den Chlorsubstituenten am Benzolring. Durch Protolyse wird das Natriumphenolat in Phenol überführt:

Cl / $O^{\ominus}\,Na^{\oplus}$ / OH

$$\text{Chlorbenzol} \xrightarrow[360°,\ 300\ \text{atm}]{NaOH} \text{Natriumphenolat} \xrightarrow{HCl} \text{Phenol}$$

Naturstoffe – Baupläne der Biomoleküle

1 Isomeriephänomene: die Vielfalt der Biomoleküle

1.1 Das Leben und die Stereochemie

Die **Raumstruktur** von Molekülen und Makromolekülen ist bedeutend für deren gegenseitige Interaktion und mögliche Reaktionen. Durch den dreidimensionalen Bau der Moleküle können ihre Bestandteile unterschiedlich im Raum angeordnet werden, ohne die Abfolge der Atomverknüpfungen zu verändern. Dadurch existieren von einer Verbindung verschiedene, sogenannte **Stereoisomere**.
Lebende Systeme bevorzugen häufig eine Sorte von Stereoisomeren. Das liegt daran, dass Naturstoffe von Enzymen aufgebaut werden, die selbst eine spezifische Stereoisomerie aufweisen: Sie können nur eines von zwei Isomeren an ihrem aktiven Zentrum anlagern und seine Umsetzung katalysieren **(„Stereoselektivität")**.
Die folgenden Naturstoffe zeigen dieses Phänomen der „Bevorzugung" bestimmter Stereoisomere:

- In den natürlich vorkommenden **Proteinen** findet man ausschließlich **L-Aminosäuren**. Die Schraubenstruktur der Proteine ist stets eine **rechtsgängige α-Helix**.
- Beim natürlich vorkommenden Traubenzucker, einem Vertreter der **Kohlenhydrate**, handelt es sich um **D-Glucose**. Die meisten „natürlichen" **Monosaccharide** gehören zur D-Reihe.
- Die ungesättigten **Fettsäuren** in den Fettmolekülen besitzen an den Doppelbindungen fast immer die **cis-Konfiguration**; eine trans-Anordnung der Kohlenstoffketten wie bei der Elaidinsäure ist sehr ungewöhnlich.
- Das berühmte WATSON-CRICK-Modell zum Aufbau der DNA zeigt eine **rechtsdrehende DNA-Doppelhelix**, die aus zwei umeinander gewundenen komplementären Kettenstrukturen gebildet wird. Das linksdrehende Stereoisomer besitzt einen räumlich ungünstigeren Aufbau und ist daher weniger stabil.

Wie unterschiedlich die **biologische Wirkung** von spiegelbildlichen Molekülen mit sonst identischem Molekülaufbau ist, zeigen die folgenden **Aromastoffe**, deren Geruch bzw. Geschmack entscheidend von ihrer Konfiguration abhängt:

Limonen $C_{10}H_{16}$ besitzt ein asymmetrisches Zentrum (*). An diesem unterscheidet sich die räumliche Ausrichtung der Substituenten, veranschaulicht durch Keilstrichschreibweise. D-Limonen ist der Hauptaromastoff der Zitrone, L-Limonen ist dagegen ein typischer Duftstoff in Nadelbäumen.

L-Phenylalanin ist eine proteogene und essenzielle Aminosäure. Die freie Aminosäure schmeckt bitter. Ihr „Spiegelbild" **D-Phenylalanin** erzeugt eine süße Geschmacksempfindung.

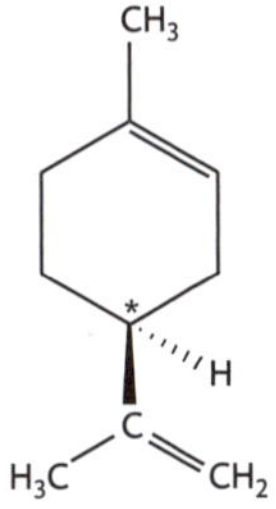

D-Limonen 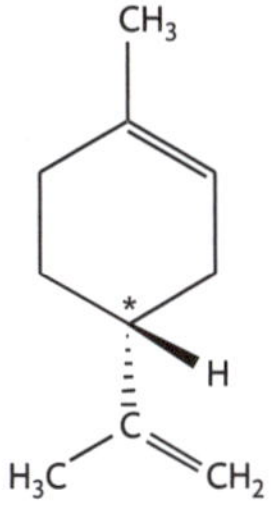 L-Limonen 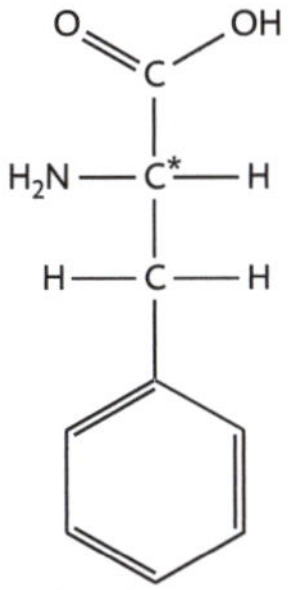 L-Phenylalanin 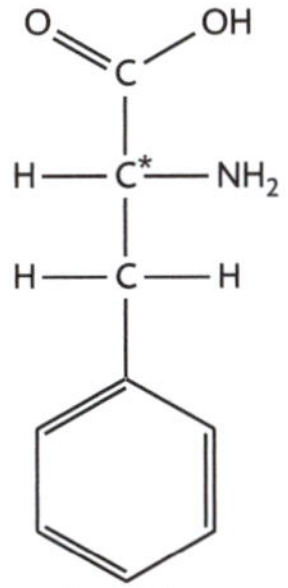 D-Phenylalanin

Die Moleküle verhalten sich wie Bild und Spiegelbild, bzw. wie eine linke und eine rechte Hand. In einer biologischen Reaktionskette müssen chirale („händige") Moleküle mit anderen chiralen **Biomolekülen,** wie z. B. Rezeptoren oder Enzymen, einen Komplex nach dem **Schlüssel-Schloss-Prinzip** bilden (vergleiche Enzym-Substrat-Komplex). Eine rechte Hand passt aber nur in einen rechten Handschuh.

1.2 Konstitution, Konfiguration, Konformation

Isomere Moleküle stimmen in Art und Anzahl ihrer Atome überein, besitzen also die **gleiche Summenformel.** Sie unterscheiden sich nur in der Anordnung der Atome, haben also **unterschiedliche Strukturformeln**.

Konstitutionsisomere (Strukturisomere) weisen eine unterschiedliche **Abfolge** bzw. Verknüpfung der Atome im Molekül auf.

In strukturisomeren Molekülen kann eine unterschiedliche Stellung der Seitengruppen vorliegen, weshalb man von **Stellungsisomerie** spricht.

Beispiele:
- n-Butan und Methylpropan
- ortho-, meta- und para-Xylol (1,2-, 1,3- und 1,4-Dimethylbenzol)
- 1-Propanol und 2-Propanol

Auch können in strukturisomeren Molekülen unterschiedliche funktionelle Gruppen auftreten **(Funktionsgruppenisomerie)**.

Beispiele:
- Dimethylether und Ethanol
- Glucose (eine Aldose) und Fructose (eine Ketose)

Konfigurationsisomere besitzen bei gleicher Konstitution, d. h. gleicher Abfolge, eine unterschiedliche **räumliche Anordnung** (Geometrie oder Topologie) der Atome im Molekül.

Beim Phänomen der **geometrischen Isomerie** („cis-trans-Isomerie") muss im Molekül **Symmetrie** – bzw. eine Symmetrieachse oder eine Symmetrieebene – vorliegen. Das ist bei Ethen und bei cyclischen Molekülen wie Cyclohexan der Fall. Beide Moleküle besitzen eine eingeschränkte Drehbarkeit der Gruppen. Bei Derivaten dieser Verbindungen sind geometrische Isomere mit **cis- bzw. trans-Stellung** der Substituenten möglich.

Beispiele:

- **Ethen-Derivate:** cis-trans-Beziehung in einer Ebene:

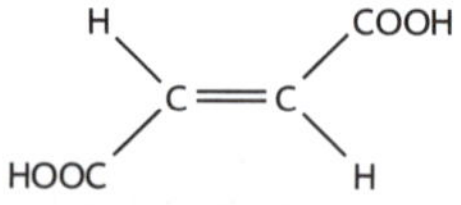

H, COOH, C=C, HOOC, H

trans-Butendisäure
cis-1,2-Cyclohexandiol

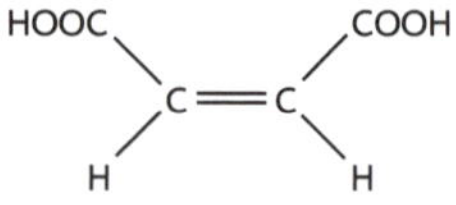

HOOC, COOH, C=C, H, H

cis-Butendisäure
trans-1,2-Cyclohexandiol

- **Cyclohexan-Derivate:** cis-trans-Beziehung zu einer Bindungsachse

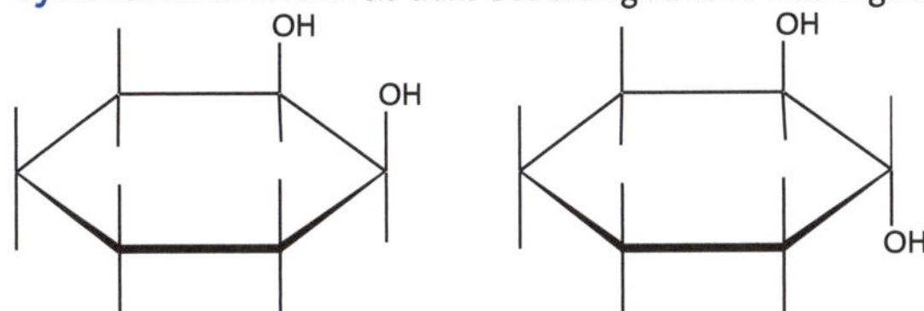

Bei der **Chiralitätsisomerie**, der „eigentlichen Stereoisomerie“, darf **keine Symmetrie** im Molekül vorliegen. Das ist immer dann der Fall, wenn ein Kohlenstoffatom vier verschiedene Substituenten trägt und dadurch zu einem **Chiralitätszentrum** (bzw. „asymmetrischen Kohlenstoffatom“) wird. Von solchen Molekülen existiert eine Links- und eine spiegelbildliche Rechtsform, sie sind chiral oder „händig“.

> Chirale Moleküle, die sich wie Bild und Spiegelbild verhalten, nennt man **Enantiomere** oder **Spiegelbildisomere**.

Das Phänomen der Spiegelbildisomerie tritt immer auf, wenn nur **ein Chiralitätszentrum** im Molekül vorliegt.

Beispiel:

L-Milchsäure D-Milchsäure

> Chirale Moleküle, die sich nicht wie Bild und Spiegelbild verhalten, werden **Diastereomere** genannt.

Beispiel:

2-Brom-3-Chlor-Butan-Moleküle haben **zwei Chiralitätszentren**. Die Moleküle I und II sind Enantiomere. Gleiches gilt für das Molekülpaar III und IV. Die Moleküle I und III sind nicht spiegelbildlich zueinander, die Moleküle II und IV sind es ebenfalls nicht. Diese Moleküle sind Diastereomere:

(I)	(II)	(III)	(IV)
CH_3	CH_3	CH_3	CH_3
H—C*—Br	Br—C*—H	H—C*—Br	Br—C*—H
Cl—C*—H	H—C*—Cl	H—C*—Cl	Cl—C*—H
CH_3	CH_3	CH_3	CH_3

Weitere Beispiele sind Glucose, Galactose, Mannose und andere Aldohexosen (siehe S. 170 und S. 176) oder die **Anomere** α-D-Glucosepyranose und β-D-Glucosepyranose (siehe S. 177).
Auch bei festgelegter Konformation und Konfiguration gibt es zahlreiche weitere Möglichkeiten der räumlichen Anordnung der Bausteine eines Moleküls, insbesondere infolge der **Rotation um Bindungen**, z. B. um C–C-Einfachbindungen. Die verschiedenen räumlichen Anordnungen **(Konformationen)** lassen sich allerdings nicht als stabile Isomere isolieren.

Wegen des geringen Energiebetrags für ihre Umwandlung gehen **Konformationsisomere** leicht ineinander über.

Die folgende Übersicht zeigt eine **Einteilung der Isomere:**

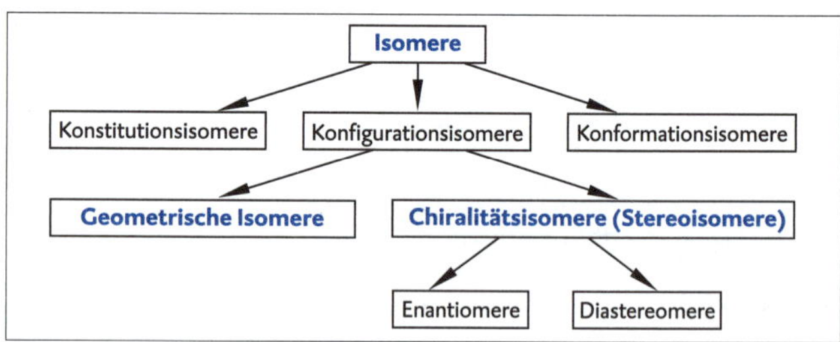

Oft werden die zuvor besprochenen Isomerieformen als **statische Isomerie** zusammengefasst, um sie von der **dynamischen Isomerie** oder **Tautomerie** abzugrenzen.

Tautomerie liegt bei unterschiedlicher Position eines Protons in den isomeren Molekülen vor **(Protonenisomerie)**. Die konstitutionsisomeren Moleküle stehen in einem dynamischen Gleichgewicht und können sich ineinander umwandeln.

Am bekanntesten ist die **Keto-Enol-Tautomerie**, bei der sich ein Alkanonmolekül (Keton, siehe S. 108) durch Umprotonierung in ein Enolmolekül umlagert. Ein Enol ist ein Molekül, das eine Hydroxylgruppe („ol“) an einer Doppelbindung („en“) trägt.

$$R_1-CH_2-C(=O)-R_2 \underset{+H^{\oplus}}{\overset{-H^{\oplus}}{\rightleftharpoons}} R_1-CH=C(O^{\ominus})-R_2 \underset{-H^{\oplus}}{\overset{+H^{\oplus}}{\rightleftharpoons}} R_1-CH=C(OH)-R_2$$

Ketoform — Enolat-Ion — Enolform

1.3 Enantiomere und Diastereomere

Betrachtet man die unterschiedlichen Eigenschaften von Stoffen mit stereoisomeren Molekülen, gilt es zwischen Diastereomeren und Enantiomeren zu differenzieren:

Diastereomere Moleküle besitzen eine unterschiedliche **Geometrie**. Die Substanzen unterscheiden sich daher in ihren physikalischen und chemischen Eigenschaften.
Enantiomere Moleküle besitzen unterschiedliche **Topografie** bei ansonsten gleicher Struktur. Die Substanzen stimmen in den wesentlichen physikalischen und chemischen Eigenschaften überein, können sich aber in ihrer biologischen Wirkung deutlich unterscheiden.

- **Enantiomere** Moleküle sind sich sehr ähnlich, weil sie gleiche Bindungslängen, gleiche Bindungswinkel und den gleichen Energieinhalt besitzen. Deshalb haben die Substanzen identische physikalische Eigenschaften (Schmelz- und Siedetemperatur, Löslichkeit, Dichte) und übereinstimmende **chemische Eigenschaften**, mit Ausnahme ihrer Wechselwirkung mit anderen chiralen Molekülen wie Biomolekülen.
  Außerdem unterscheiden sich ihre Lösungen im Verhalten gegenüber **linear polarisiertem Licht**: Das Enantiomer, das die Ebene des

polarisierten Lichtes um den Winkel α im Uhrzeigersinn dreht, wird als rechtsdrehendes (+)-Enantiomer, das andere als linksdrehendes (–)-Enantiomer bezeichnet. Die gemessene Drehung ist eine makroskopische Eigenschaft und stellt die Summe über die Rotationsbeiträge der einzelnen Moleküle dar. Man spricht von der **optischen Aktivität** der Substanz.

- **Diastereomere** Moleküle unterscheiden sich in ihrem Energieinhalt, weshalb die Substanzen unterschiedliche physikalische und chemische Eigenschaften aufweisen:

	D(–)-	L(+)-	meso-Weinsäure
	COOH HO—C—H H—C—OH COOH	COOH H—C—OH HO—C—H COOH	COOH H—C—OH H—C—OH COOH Spiegel-ebene identisch COOH HO—C—H HO—C—H COOH
Schmelztemperatur	168 °C	168 °C	147 °C
spezifische Drehung α_{sp}	–13°	+13°	0°
Säurestärke (pK_{S1})	2,98	2,98	3,22
Wasserlöslichkeit (20°C)	$139\,g \cdot 100\,mL^{-1}$	$139\,g \cdot 100\,mL^{-1}$	$125\,g \cdot 100\,mL^{-1}$
Dichte (20°C)	$1{,}76\,g \cdot cm^{-3}$	$1{,}76\,g \cdot cm^{-3}$	$1{,}67\,g \cdot cm^{-3}$

Obwohl Weinsäure-Moleküle zwei Chiralitätszentren besitzen, existieren nur drei Stereoisomere (statt $2^2 = 4$), denn neben den beiden Enantiomeren tritt **eine meso-Form** auf. Diese meso-Weinsäure ist rechts in der vorangegangenen Tabelle in zwei deckungsgleichen Moleküldarstellungen abgebildet. Die beiden gezeigten Moleküle sind identisch, da sie durch Rotation ineinander überführt werden können. Grund hierfür ist die Existenz einer intramolekularen Spiegelebene.

2 Proteine: Bausteine des Lebens

2.1 Bedeutung der Proteine

Der Name „Protein“ leitet sich vom griechischen „proteuo“ ab und bedeutet so viel wie *„Ich nehme den ersten Platz ein“*. Er verweist damit auf die überragende **biologische Bedeutung** dieser vielseitigen und vielgestaltigen Makromoleküle in allen lebenden Systemen:

	Typen	Funktionen	Vorkommen
Strukturproteine	Faser- und Skleroproteine	Keratin Fibroin Kollagen	Horn, Nägel, Haar Seide Knochen, Sehnen
	globuläre Proteine	Speicherproteine (Casein, Albumin) Membranproteine	z. B. in Milch in der Zellmembran
	kontraktile Proteine	Actin und Myosin	Muskulatur
Bindeproteine mit hoher Spezifität	Transportproteine	Hämoglobin (Sauerstofftransport) Carriermoleküle Tunnelproteine	im Blut in der Zellmembran in der Zellmembran
	Informationsübertragende Proteine	Hormone z. B. Insulin Rezeptormoleküle z. B. für Transmitter oder Hormone Opsin (Teil des Sehfarbstoffs)	im Blut in der Zellmembran in der Netzhaut
	Schutzproteine	Antikörper (Immunglobuline)	Immunsystem
	Proteine zur Steuerung des Stoffwechsels	Enzyme als Biokatalysatoren („Werkzeuge der Zellen“)	im Cytoplasma

2.2 Aminosäuren: die Proteinbausteine

Die **20 proteogenen Aminosäuren** sind die Grundbausteine der Proteine oder „Eiweißkörper" (siehe auch S. 130).

Aminosäuren sind 2-Aminocarbonsäuren (α-Aminocarbonsäuren), die eine **Aminogruppe** ($-NH_2$) in Nachbarschaft zur **Carboxylgruppe** ($-COOH$) im Molekül tragen. Aminosäuren besitzen einen übereinstimmenden Grundbauplan. Sie unterscheiden sich nur im Rest R.

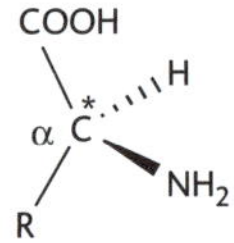

Alle Aminosäuremoleküle mit Ausnahme von Glycin besitzen ein Kohlenstoffatom mit vier verschiedenen Substituenten. Sie haben also ein **Chiralitätszentrum** (*), sodass zwei spiegelbildliche Konfigurationen, eine Rechts- und eine Linksform existieren. Man spricht deshalb von chiralen Molekülen.

COOH
H
α C*
NH_2
R

Bedingt durch ihr Chiralitätstzentrum weisen Aminosäuren optische Aktivität auf. Alle natürlich vorkommenden proteogenen Aminosäuren gehören der L-Reihe an. Für die Bezeichnung als **D-**(von lat. *dexter*: „rechts") oder **L-**(von lat. *laevus*: „links") Aminosäure ist die Stellung der Aminogruppe in der **FISCHER-Projektionsformel** entscheidend: Das am höchsten oxidierte Kohlenstoffatom, die Carboxylgruppe, zeigt nach oben. Das asymmetrisch substituierte C-Atom liegt in der Zeichenebene. Bindungen, die nach unten oder oben weisen, liegen hinter, der Zeichenebene; Bindungen, die nach links oder rechts zeigen, liegen vor der Zeichenebene:

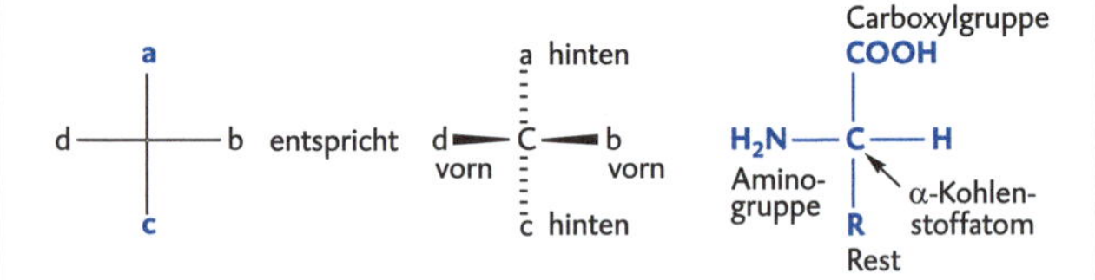

a
d — b entspricht d — C — b
a hinten
vorn vorn
c hinten
c

räumliche Anordnung der Substituenten

Carboxylgruppe
COOH
H_2N — C — H
Aminogruppe
α-Kohlenstoffatom
R
Rest

FISCHER-Projektion

Entsprechend ihrer unterschiedlichen **Reste –R** lassen sich die α-Aminocarbonsäuren in unpolare und polare sowie in saure (mit zwei $-COOH$-Gruppen) und basische (mit zwei $-NH_2$-Gruppen) Aminosäuren einteilen.

Die folgende Tabelle stellt diese Einteilungsmerkmale zusammen:

Rest R	Trivialname	Abk.	Klassifizierung
$-H$	Glycin	Gly	**unpolarer Rest**
$-CH_3$	Alanin	Ala	
$-CH_2-C_6H_5$	Phenylalanin	Phe	(Phe: aromatischer Rest)
$-CH_2-OH$	Serin	Ser	**polarer Rest**
$-CH_2-C_6H_4-OH$	Tyrosin	Tyr	(Tyr: aromatischer Rest,
$-CH_2-SH$	Cystein	Cys	Cys: schwefelhaltiger Rest)
$-(CH_2)_4-NH_2$	Lysin	Lys	**basischer Rest**
$-CH_2-CH_2-COOH$	Glutaminsäure	Glu	**saurer Rest**

2.3 Die Peptidbindung: eine ganz besondere Bindung

Da Aminosäuren mit der Amino- und der Carboxylgruppe **zwei** reaktive **funktionelle Gruppen** besitzen, können sie „nach zwei Seiten" reagieren. Unter Abspaltung von Wassermolekülen (Kondensation) bilden sich **Peptidbindungen**. Die Spaltung von Peptiden verläuft säure- oder enzymkatalysiert in umgekehrter Richtung als **Hydrolyse:**

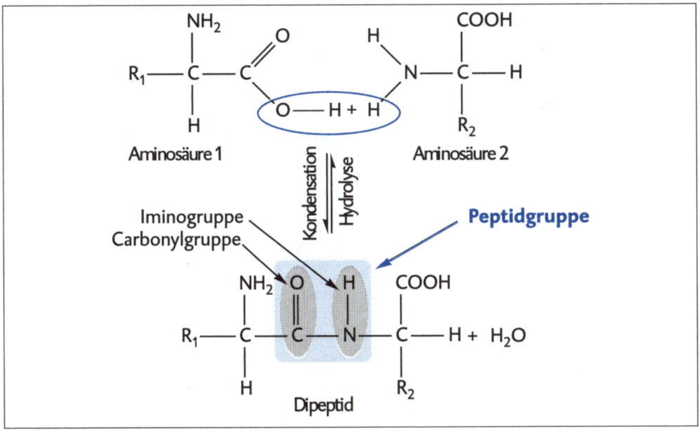

Ein Peptid aus zwei Aminosäuren ist ein Dipeptid. Entsprechend gibt es Tri-, Tetra-, Pentapeptide usw. **Oligopeptide** entstehen durch Verknüpfung weniger (zwei bis neun), **Polypeptide** durch Kondensation zahlreicher (10 bis 100) Aminosäuren. Erst bei mehr als 100 verknüpften Aminosäuren spricht man im eigentlichen Sinne von **Proteinen**.

Unabhängig von der Kettenlänge bleibt an einem der Enden eine freie Aminogruppe **(N-terminales Ende)**, am anderen eine freie Carboxylgruppe bestehen **(C-terminales Ende):**

Konformation eines Tetrapeptidmoleküls

Die folgende Abbildung zeigt die Geometrie der Peptidbindung im „ball-and-stick-Modell". Dargestellt ist ein α-Kohlenstoffatom mit tetraedrischer Anordnung zwischen zwei **planaren Peptidgruppen:**

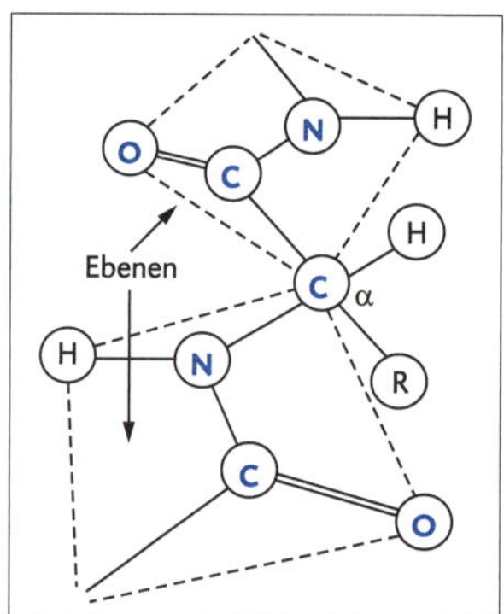

Die C–N-Peptidbindung ist mit 133 pm kürzer als eine „gewöhnliche" C–N-Bindung mit 147 pm. Die C=O-Doppelbindung der Peptidgruppe ist mit 124 pm länger als die „normale" C=O-Doppelbindung mit 121 pm.

Die experimentellen Befunde lassen sich durch den ca. 40 %-igen **Doppelbindungscharakter** der Peptidbindung erklären. Dieser wird durch die Grenzformel II in der folgenden Mesomeriedarstellung der Bindungsverhältnisse unterstrichen:

Grenzformel I ⟷ Grenzformel II

Mesomerie der Peptidbindung

Der Doppelbindungsanteil der Peptidbindung begründet:
- die verkürzte Bindungslänge,
- die eingeschränkte Rotation um die Bindungsachse und damit die „quasi-trans-Stellung" der Reste R benachbarter α-Kohlenstoffatome,
- den planaren Bau der Peptidgruppe (Bindungswinkel etwa 120°).

Die wichtigsten Struktur-Eigenschaften von Proteinen im Überblick:

- Proteine sind Polypeptide aus **mehr als 100 Aminosäure-Bausteinen.**
- Die Aminosäuren sind über **Peptidbindungen** verknüpft.
- Die **Peptidgruppe** (–CO–NH–) entsteht durch **Kondensation** der –COOH-Gruppe und der $-NH_2$-Gruppe zweier Aminosäuren.
- Proteinmoleküle sind als Vielfaches der Repetiereinheit –(CHR–CO–NH)– charakterisierbar.
- Die **Reste –R** der Aminosäuren stehen aus der Polypeptid-Zick-Zack-Kette hervor.
- Die Peptidkette weist ein Amino- („linkes Ende") und ein Carboxylende („rechtes Ende") auf.
- Die **Spezifität von Proteinen** liegt in der Abfolge der Aminosäuren.

2.4 Die Proteinstruktur: Helix, Faltblatt, Wollknäuel

Proteine zeichnen sich durch eine geordnete räumliche Struktur aus, die Grundlage ihrer biologischen Funktion ist. Verlieren Proteine ihre definierte Raumstruktur durch **Denaturierung**, können sie ihre Funktion, z. B. im Stoffwechsel, nicht mehr erfüllen.
Man unterscheidet vier Strukturebenen der Proteinmoleküle:

1. Die **Primärstruktur** beschreibt die **Abfolge** der Aminosäuren in der Polypeptidkette, die „Aminosäuresequenz". Vereinbarungsgemäß wird diese Sequenz vom N- zum C-terminalen Ende geschrieben.
2. Die **Sekundärstruktur** beschreibt die **räumliche Struktur** der Polypeptidkette, die aus Wasserstoffbrückenbindungen zwischen den Atomen der Peptidbindungen resultiert. Zwei strukturelle „Muster" findet man in natürlichen Proteinen besonders häufig vor: die **α-Helix-** und die **β-Faltblatt-Struktur**.
   Die „wendeltreppenartig" geschraubte, äußerst flexible **α-Helix** entsteht, wenn sich eine Polypeptidkette regelmäßig um sich selbst windet. Die Seitenketten der Aminosäuren ragen dabei nach außen aus dem entstehenden „Hohlzylinder" heraus.

Eine **α-Helix** ist eine rechtsgängige Spiralform mit 3,6 Aminosäure-Bausteinen pro Windung und **intramolekularen Wasserstoffbrücken** zwischen Imino- und Carbonylgruppen der Peptidbindungen.

Die sehr stabile, einer Ziehharmonika ähnliche **Faltblatt-Struktur** entsteht, wenn mehrere parallel gelagerte Polypeptidketten untereinander Wasserstoffbrückenbindungen ausbilden. Die Seitenketten der Aminosäuren ragen senkrecht nach oben oder nach unten aus der gefalteten Fläche heraus.

In einem **β-Faltblatt** liegen **intermolekulare Wasserstoffbrückenbindungen** zwischen den Peptidbindungen verschiedener zickzackförmig gefalteter Peptidketten vor.

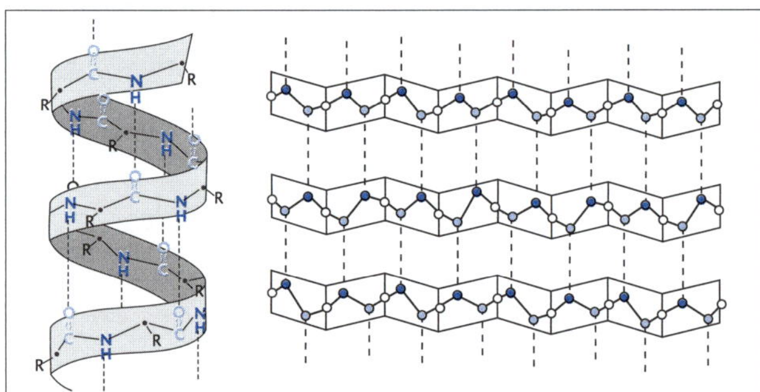

Sekundärstrukturen der Proteine: links α-Helix-, rechts β-Faltblatt-Struktur (gestrichelte Linien symbolisieren Wasserstoffbrückenbindungen)

3. Die **Tertiärstruktur** beschreibt die **dreidimensionale** Konformation eines Proteins und damit die Lage seiner Atome im Raum („Wollknäuelstruktur“). Stabilisiert wird diese Struktur durch verschiedenartige **Wechselwirkungen zwischen den Seitenketten** („Resten“) der Aminosäuren. Dabei handelt es sich um:
   - Wasserstoffbrückenbindungen (Abb. S. 161 unten, a)
   - hydrophobe Wechselwirkungen zwischen unpolaren Resten (Abb. S. 161 unten, b)
   - Ionenanziehung zwischen positiv ($-NH_3^+$) und negativ ($-COO^-$) geladenen Resten (Abb. S. 161 unten, c)

- Disulfidbrücken (d), die durch die Dehydrierung von –SH-Gruppen zweier Cystein-Reste entstehen:

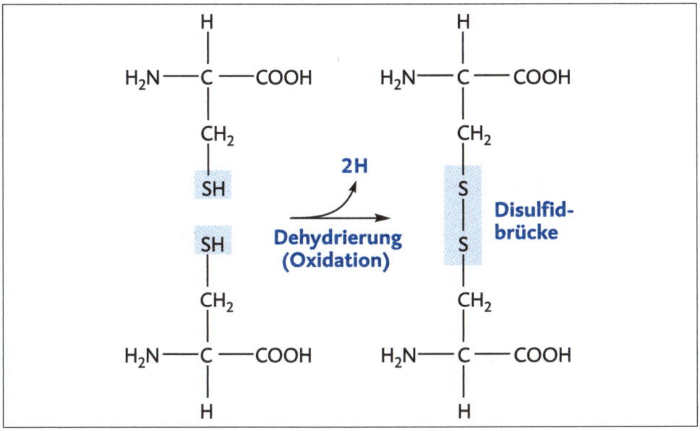

Disulfidbrücken

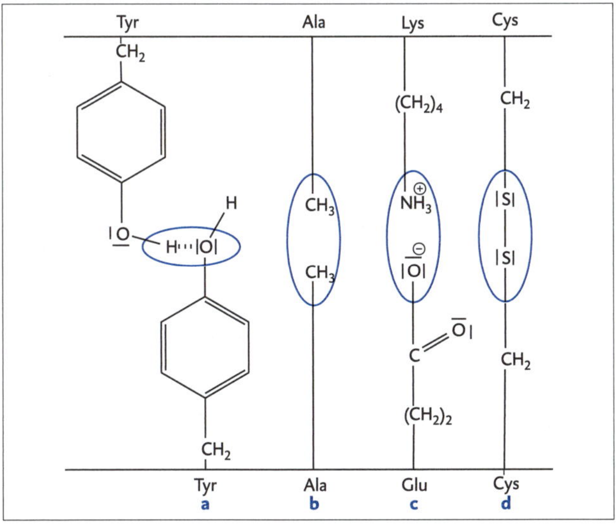

Bindende Wechselwirkungen zwischen Aminosäureresten

4. Die **Quartärstruktur** beschreibt die Raumstruktur von **Aggregaten** aus mehreren Polypeptidketten. Manche Proteine bilden mit anderen eine Funktionseinheit. Beispielsweise besteht das Hämoglobin-Molekül aus vier Untereinheiten: zwei α-Polypeptidketten aus jeweils 141 Aminosäuren und zwei β-Polypeptidketten aus je 146 Aminosäuren. Von Quartärstruktur spricht man, wenn **Komplexe aus Polypeptiden** mit zwei oder mehr Untereinheiten vorliegen.

Die folgende Tabelle stellt die Strukturebenen der Proteine zusammen:

Strukturebene	Gestalt	Beschreibung	Bindungskräfte
Primärstruktur	„Basiskette"	Aminosäuresequenz der Polypeptidkette	Peptidbindungen –CO–NH–
Sekundärstruktur	α-Helix	aufgeschraubte Primärstruktur	intramolekulare Wasserstoffbrückenbindungen zwischen –NH- und –CO-Gruppen
	β-Faltblatt	parallel verlaufende Primärstrukturbereiche	intermolekulare Wasserstoffbrückenbindungen zwischen –NH- und –CO-Gruppen
Tertiärstruktur	Wollknäuel	Raumstruktur einer Polypeptidkette	sekundäre Bindungskräfte und Schwefelbrücken zwischen den Seitenketten
Quartärstruktur	Aggregat	Komplex aus mehreren Polypeptidketten	sekundäre Bindungskräfte und Schwefelbrücken

Grundlage der Raumstruktur des Proteinmoleküls ist seine **Primärstruktur**, die sich zur Helix spiralisiert oder zur β-Struktur auffaltet (Sekundärstruktur). Beide finden sich in der Tertiärstruktur räumlich weiter geordnet. Die Abfolge der Aminosäuren und ihrer Seitenketten in der Basiskette determiniert bereits, in welcher Weise sich eine Polypeptidkette räumlich organisiert.

2.5 Denaturierung: Strukturverlust – Funktionsverlust

Jeder Eingriff, der die Sekundär- und Tertiärstruktur eines Proteinmoleküls einschneidend verändert, beeinflusst die Löslichkeit des Proteins und führt zu dessen Ausfällung oder Ausflockung. Außerdem wird seine biologische Funktionsfähigkeit beeinträchtigt. So führen Veränderungen am **aktiven Zentrum** eines Enzymmoleküls aufgrund der verminderten „Passgenauigkeit" zum Substratmolekül („Schlüssel-Schloss-Prinzip") zum Verlust der Fähigkeit, das Substrat zu binden und katalytisch umzusetzen. Proteine denaturieren

- irreversibel beim **Erhitzen** auf über 60 °C (Hitzedenaturierung),
- durch starke **pH-Wert-Änderungen** (Einfluss auf Ionenladungen),
- durch **Schwermetall-Ionen** (Bildung von Komplexen),
- unter dem Einfluss von **Methanal** („Formaldehyd") als Desinfektions- bzw. Konservierungsmittel,
- durch **Reduktionsmittel** (Spaltung der Disulfidbrücken).

2.6 Nachweisreaktionen für Proteine

Die folgenden Testverfahren können zum Nachweis von Proteinen angewandt werden:

- **Biuret-Reaktion:** Nachweis mit Natronlauge und Kupfer(II)-sulfat-Lösung. Peptidgruppen reagieren mit Cu^{2+}-Ionen unter Bildung rotvioletter Farbkomplexe.
- **Xanthoprotein-Reaktion:** Nachweis mit konzentrierter Salpetersäure. Proteine, die Aminosäuren mit aromatischen Seitenketten enthalten, zeigen Gelbfärbung.
- **Ninhydrin-Reaktion:** Nachweis mit Ninhydrin-Spray

2.7 Chromatografie – eine spezielle analytische Methode

Peptide hydrolysieren und analysieren

Will man die Struktur von **Glutathion**, eines Tripeptids und wichtigen Co-Enzyms in fast allen lebenden Zellen, aufklären, so gilt es in einem ersten Schritt die einzelnen Aminosäuren im sauren Hydrolysegemisch zu **isolieren** und zu **identifizieren**.

Glu: $H_2N—CH(COOH)—CH_2—CH_2—C(=O)—$

Cys: $—NH—CH(CH_2—SH)—C(=O)—$

Gly: $—NH—CH_2—COOH$

Im Glutathion-Hydrolysat liegen Glycin, L-Cystein und L-Glutaminsäure vor. Es ist eine Besonderheit der Glutathion-Struktur, dass die α-ständige Carboxylgruppe des Glutaminsäure-Moleküls an der Peptidbindung zwischen dem Glutaminsäure- und dem Cystein-Baustein nicht beteiligt ist. Glutathion ist **γ-L-Glutamyl-L-cysteinyl-glycin**.

Die Trennung und Identifizierung der Aminosäuren im Anschluss an die Hydrolyse gelingt mittels **Dünnschicht-Chromatografie** (DSC). Verfahren wie die DSC haben folgende Vorteile:

- **Kleinstmengen** lassen sich trennen (µg-Bereich).
- Der erzielte **Reinheitsgrad** ist sehr hoch (gute Trennschärfe).
- Die Trennung der Substanzen gelingt rasch **(kurze Laufzeiten)**.
- Die DSC ist ein **preiswertes Verfahren** (geringer apparativer Aufwand).

Chromatografie ist die Sammelbezeichnung für Verfahren der chemischen Analytik, mit denen **reine Substanzen** aus Gemischen isoliert werden.

Das Prinzip der Chromatografie: Anhaften, Lösen, Wandern

Das Grundprinzip der Chromatografie beruht auf selektiver **Adsorption**, also dem Anhaften eines Stoffes an die Oberfläche einer **stationären Phase** (z. B. SiO_2). Das Stoffgemisch wird in einer **mobilen Phase** über diese stationäre Phase geführt. In der mobilen Phase werden die Teilchen im Laufmittelfluss transportiert. An der stationären Phase werden die Teilchen des Substanzgemisches aufgrund unterschiedlicher **Ladung**, Polarität oder Teilchengröße unterschiedlich stark adsorbiert. Dazu lösen sie sich aufgrund der **Polarität** des Lösungs- oder Laufmittels unterschiedlich gut in der mobilen Phase. Nach erfolgter Adsorption lösen sich die Teilchen wieder von der stationären Phase und kehren in die mobile Phase zurück und umgekehrt. Da der Übergang von einer

Phase in die andere reversibel ist, wiederholen sich **Adsorption**, **Lösung** und **Wanderung** laufend.

Bei der Chromatografie findet eine **Verteilung eines Stoffes** zwischen einer **stationären Phase**, an der er adsorbiert wird, und einer **mobilen Phase**, in der er gelöst und transportiert wird, statt.

Die Elektrophorese: Auftrennung nach Ladung und Molekülgröße

Eine weitere Methode, ein Aminosäuregemisch aufzutrennen, ist die **Elektrophorese**. Hierbei wird das Gemisch auf ein lösungsmittelgetränktes Filterpapier oder ein Gel aufgetragen und eine Spannung wird angelegt. Je nach pH-Wert des Mediums, den daraus resultierenden Ladungen der Aminosäuren (siehe isoelektrischer Punkt, S. 132) und der Molekülgröße wandern die Molekülionen im elektrischen Feld unterschiedlich schnell zu der Elektrode mit der entgegengesetzten Ladung.

2.8 Enzyme

Damit viele biochemische Reaktionen mit der notwendigen Geschwindigkeit und Effizienz ablaufen, sind katalytisch wirksame Proteine (Enzyme) nötig.

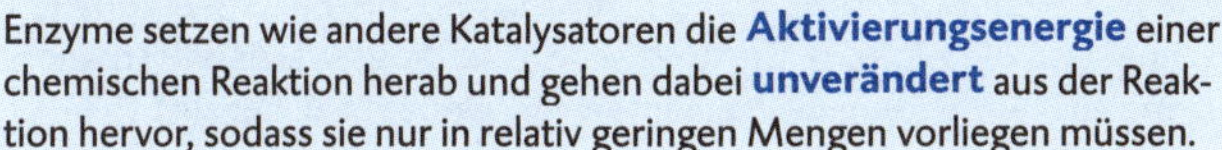

Enzyme setzen wie andere Katalysatoren die **Aktivierungsenergie** einer chemischen Reaktion herab und gehen dabei **unverändert** aus der Reaktion hervor, sodass sie nur in relativ geringen Mengen vorliegen müssen.

Funktionsweise von Enzymen

Bei einer typischen Enzymreaktion wird ein Substrat über die Bildung eines **Enzym-Substrat-Komplexes** zu einem Produkt (bzw. Produkten) umgesetzt. Nur wenn das Substratmolekül nach dem **Schlüssel-Schloss-Prinzip** in das **aktive Zentrum** des Enzyms passt, kann es vom Enzym reversibel gebunden werden. Das aktive Zentrum stellt also eine Substratbindungsstelle dar, die durch ein dreidimensionales Profil und eine bestimmte Ladungsstruktur charakterisiert ist. Die Produktmoleküle, die bei der Reaktion entstehen, passen nicht mehr zum aktiven Zentrum und lösen sich ab. Das Enzym liegt am Ende der Reaktion unverändert vor und kann nun wieder ein Substratmolekül binden, sodass eine neue Enzymreaktion starten kann.

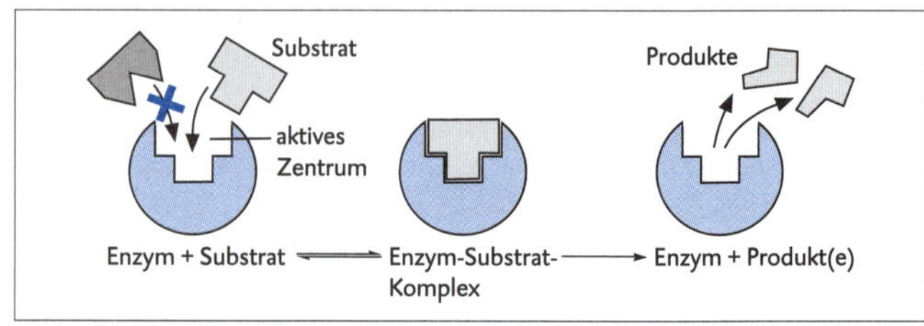

Schema einer Enzymreaktion

Da jedes Enzym nur ein bestimmtes Molekül (oder sehr ähnliche Molekülgruppen) in seinem aktiven Zentrum binden kann, liegt eine **Substratspezifität** vor. Außerdem sind Enzyme **wirkungsspezifisch,** d. h., sie katalysieren immer nur einen bestimmten Reaktionstyp.

Ein Enzym setzt sein Substrat also immer in einer bestimmten Reaktion zu einem oder mehreren Produkten um. Beispiele für Enzyme sind die Glucoseisomerase (wandelt Glucose in Fructose um), die Alkoholdehydrogenase (reduziert Ethanal zu Ethanol) oder die DNA-Ligase (verknüpft DNA-Abschnitte über Esterbindungen). Oft enthält der systematische Name eines Enzyms den Substratnamen, die Enzymwirkung und anschließend die typische **Endung -ase**. Allerdings werden für manche Enzyme auch unsystematische Namen verwendet (z. B. Pepsin).

Abhängigkeit der Enzymaktivität von äußeren Faktoren

Die **Reaktionsgeschwindigkeit (Enzymaktivität)** beschreibt die Geschwindigkeit, mit der die enzymatische Reaktion abläuft (siehe S. 16). Verschiedene äußere Faktoren können sie beeinflussen.

- **Substratkonzentration:**
  Bei niedrigen Substratkonzentrationen ist die Reaktionsgeschwindigkeit direkt proportional zur Substratkonzentration. Dies kann damit erklärt werden, dass genügend freie Enzymmoleküle vorhanden sind, die Substratmoleküle binden können.

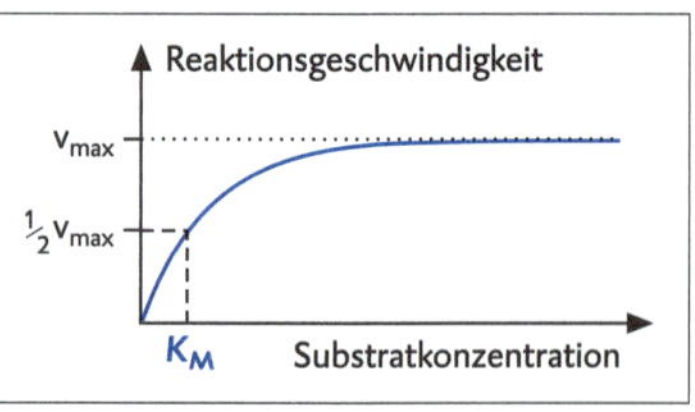

Abhängigkeit der Reaktionsgeschwindigkeit (Enzymaktivität) von der Substratkonzentration

Mit zunehmender Substratkonzentration steigt die Reaktionsgeschwindigkeit nur noch langsam an, da die Zahl an freien Enzymmolekülen abnimmt. Die Maximalgeschwindigkeit (v_{max}) wird bei **Substratsättigung** erreicht, d. h., wenn alle Enzymmoleküle mit Substratmolekülen besetzt sind. Als Kenngröße für ein Enzym dient die Substratkonzentration bei halbmaximaler Reaktionsgeschwindigkeit, die **Michaelis-Konstante K_M**. Je kleiner diese Konstante ist, desto effektiver bindet ein Enzym das entsprechende Substrat.

- **Temperatur:** Bei niedrigen Temperaturen verdoppelt sich bei einer Temperaturerhöhung um 10 °C aufgrund zunehmender Molekülbewegungen die Geschwindigkeit chemischer Reaktionen gemäß der **Reaktionsgeschwindigkeit-Temperatur (RGT)-Regel**. Ab einer gewissen Temperatur sinkt die Reaktionsgeschwindigkeit sehr schnell, da die Enzyme **(hitze)denaturiert** werden. Die Eiweißstrukturen des Enzyms werden dabei irreversibel zerstört und das Enzym verliert seine Funktion, es kann keine Enzym-Substrat-Komplexe mehr bilden.
- **pH-Wert:** Der pH-Wert des Mediums, in dem sich ein Enzym befindet, wirkt sich auf das Ladungsmuster und damit auf die Raumstruktur des Proteins aus und beeinflusst so die Enzymaktivität. Dabei liegt eine Optimumskurve vor: Beim Optimum ist die Enzymaktivität am größten und Abweichungen vom Optimum bedeuten eine niedrigere Aktivität. Das Optimum des pH-Werts eines Enzyms entspricht den Bedingungen, in denen es normalerweise vorkommt. Je nach Enzym sind daher sehr unterschiedliche Werte möglich.

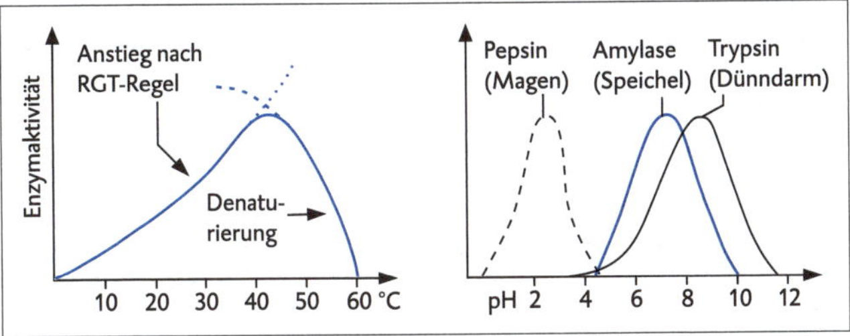

Abhängigkeit der Enzymaktivität von der Temperatur und dem pH-Wert

Enzymhemmung

Enzyme können auch gehemmt werden. Die Hemmung eines Enzyms durch einen **Hemmstoff (Inhibitor)** kann eine Regulation darstellen, bei der Stoffwechselvorgänge in der Zelle angepasst werden. Es kann sich bei einer Enzymhemmung jedoch auch um eine Vergiftung handeln, wenn Stoffe (z. B. Schwermetalle) unerwünscht eine Hemmung auslösen.

Bei Enzymhemmungen kann man zwischen **kompetitiver Hemmung** und **nicht-kompetitiver Hemmung** unterscheiden.

- **Kompetitive Hemmung:** Bei einer kompetitiven Hemmung ähnelt der Hemmstoff chemisch dem Substrat und **konkurriert** mit ihm um die Bindestelle(n) im aktiven Zentrum. Er kann dieses blockieren, sodass die Enzymreaktion nicht ablaufen kann.
  Die **Michaelis-Konstante K_M** einer kompetitiv gehemmten Reaktion ist **größer**, da nicht nur Enzym-Substrat-, sondern auch Enzym-Hemmstoff-Komplexe gebildet werden. Da die Bindung kompetitiver Hemmstoffe ans aktive Zentrum **reversibel** ist, schwächt eine Erhöhung der Substratkonzentration die Hemmung ab. Je nach Konzentration von Substrat- und Hemmstoffmolekül kann die Hemmung also beeinflusst werden.
- **Nicht-kompetitive Hemmung:** Bei einer nicht-kompetitiven Hemmung lagert sich der Hemmstoff nicht an das aktive Zentrum, sondern an einer anderen Stelle des Enzyms an. Dadurch kommt es zu einer **Strukturveränderung des aktiven Zentrums**, sodass dieses kein Substrat mehr binden kann und blockiert ist.
  Wenn sich der Hemmstoff **reversibel** am sog. **allosterischen Zentrum** (eine weitere Bindestelle) anlagert, so handelt es sich um eine **allosterische Hemmung**.
  Schwermetalle (z. B. Blei und Quecksilber) zählen zu den Enzymgiften, da sie sich **irreversibel** an Enzyme binden und sie durch die Denaturierung der Proteinstruktur dauerhaft unwirksam machen.
  Die **Michaelis-Konstante K_M** einer nicht-kompetitiv gehemmten Enzymreaktion bleibt **gleich**, allerdings ist die **maximale Reaktionsgeschwindigkeit verringert**. In diesem Fall kann auch eine Erhöhung der Substratkonzentration die Hemmung nicht abschwächen.

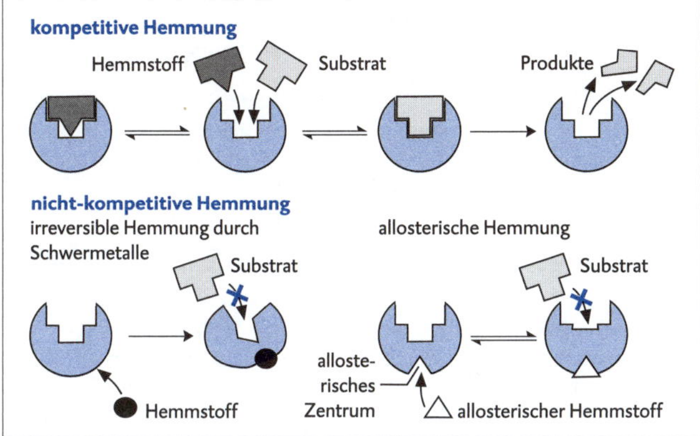

Enzymhemmungen

3 Kohlenhydrate: Zucker, Stärke, Cellulose

3.1 Klassifizierung: mono-, di-, oligo- und poly-

Kohlenhydrate werden von allen Lebewesen zur **Energiegewinnung und -speicherung** genutzt und nehmen damit eine zentrale Rolle für das Leben auf der Erde ein. Für den Menschen sind sie bedeutsame **Nahrungsbestandteile** und wichtige **Rohstoffe**.
Kohlenhydrate (Glucose, Stärke) werden als organische Substanzen bei der pflanzlichen **Fotosynthese** aus den anorganischen Edukten Kohlenstoffdioxid und Wasser „assimiliert“:

$$x\,CO_2 + y\,H_2O \xrightarrow{\text{Chlorophyll}} C_x(H_2O)_y + x\,O_2$$

Durch oxidativen Abbau wird die in ihnen gespeicherte (Sonnen-)Energie wieder freigesetzt **(„Zellatmung“):**

$$C_x(H_2O)_y + x\,O_2 \longrightarrow x\,CO_2 + y\,H_2O$$

Die Bezeichnung „Kohlenhydrate“ („Hydrate des Kohlenstoffs“) ist irreführend und historisch bedingt. Sie erklärt sich aus der Tatsache, dass in der allgemeinen Summenformel $C_x(H_2O)_y$ neben dem Element Kohlenstoff ausschließlich die Elemente Wasserstoff und Sauerstoff im Atomzahlenverhältnis 2 : 1 wie im Wassermolekül vorkommen.

Kohlenhydrate besitzen die allgemeine Summenformel **$C_x(H_2O)_y$**. Einfache Kohlenhydrate sind **Polyhydroxyverbindungen** mit einer **Carbonylgruppe** im Molekül.

Kohlenhydrate werden in vier Gruppen eingeteilt:

1. **Monosaccharide** oder „Einfachzucker" **$C_nH_{2n}O_n$**. Nach der Anzahl der Kohlenstoffatome lassen sich Triosen $C_3H_6O_3$, Tetrosen $C_4H_8O_4$, Pentosen $C_5H_{10}O_5$ und Hexosen $C_6H_{12}O_6$ unterscheiden. Monosaccharide mit endständiger Carbonylgruppe sind Aldosen, abgeleitet von „Aldehyd" (Alkanal). Monosaccharide mit mittelständiger Carbonylgruppe sind Ketosen, abgeleitet von „Keton" (Alkanon).
2. **Disaccharide:** Doppelzucker **$(C_6H_{10}O_5)_2 \cdot H_2O$**
3. **Oligosaccharide:** Mehrfachzucker **$(C_6H_{10}O_5)_m \cdot H_2O$**; m = 3 – 10
4. **Polysaccharide:** Vielfachzucker **$(C_6H_{10}O_5)_m \cdot H_2O$**; m > 10

3.2 Monosaccharide: FISCHER-Projektionsformeln

Monosaccharide sind die einfachsten Kohlenhydrate. Sie lassen sich nicht zu kleineren Einheiten hydrolysieren. Die Moleküle der Einfachzucker enthalten eine Aldehyd- oder eine Keton-Funktion. Die funktionelle Gruppe und die Anzahl der Kohlenstoffatome werden zu Klassifizierung der Monosaccharide herangezogen:

Monosaccharide mit endständiger Carbonylgruppe (R–CO–H) werden als **Aldosen**, Monosaccharide mit mittelständiger Carbonylgruppe (R_1–CO–R_2) als **Ketosen** bezeichnet.

Glucose: Aldohexose

Fructose: Ketohexose

Ribose: Aldopentose

Bereits bei den sehr einfach gebauten Triosen liegt **Konstitutionsisomerie** (Funktionsgruppenisomerie; siehe S. 150) vor:

- 2,3-Dihydroxypropanal (Glycerinaldehyd) ist eine **Aldotriose**.
- 1,3-Dihydroxypropanon ist eine **Ketotriose**.

Glycerinaldehyd: Aldotriose

1,3-Dihydroxyaceton: Ketotriose

Im Glycerinaldehyd-Molekül ist das mittlere Kohlenstoffatom ein Chiralitätszentrum, sodass spiegelbildliche **Konfigurationsisomere** (Enantiomere) existieren. Bei **D-**Glycerinaldehyd steht die Hydroxylgruppe am asymmetrischen C-Atom rechts, bei **L-**Glycerinaldehyd links:

D-Glycerinaldehyd

L-Glycerinaldehyd

Die **Carbonylgruppe** besitzt das am höchsten oxidierte Kohlenstoffatom und steht gemäß Konvention in der Moleküldarstellung **oben**.

Monosaccharidmoleküle werden oft in **FISCHER-Projektionsformeln** dargestellt. Waagerechte Linien stellen dort diejenigen Bindungen dar, die zum Betrachter gerichtet sind, senkrechte Linien weisen von ihm weg.

Die Zugehörigkeit zur D- oder L-Reihe der Zucker richtet sich nach der Stellung der **Hydroxygruppe am unteren Chiralitätszentrum**.

Fast alle Monosaccharide in der Natur gehören in die D-Reihe.

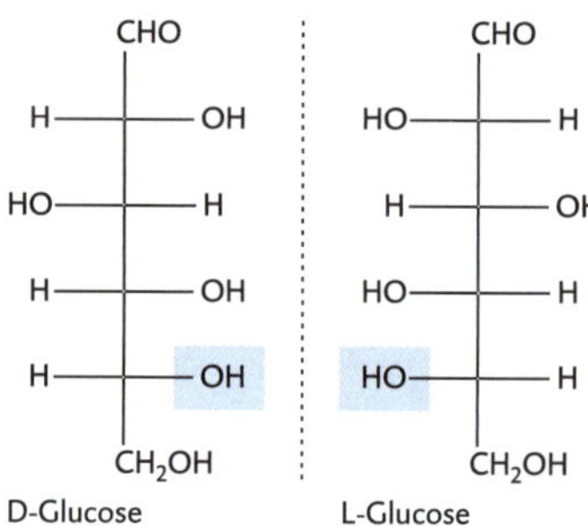

In der FISCHER-Projektionsformel des zuvor gezeigten D-Glucose-Moleküls steht die OH-Gruppe rechts, in der des L-Glucose-Moleküls links. Da es sich bei den beiden Molekülen um Enantiomere handelt, sind die Stellungen der Hydroxylgruppen **an allen Chiralitätszentren** spiegelbildlich, nicht nur am unteren.

In der Reihe der Aldosen nimmt die **Anzahl der Stereoisomere** mit zunehmender Anzahl der Chiralitätszentren zu: bei den Aldotetrosen mit zwei Chiralitätszentren existieren vier, bei den Aldopentosen mit drei Chiralitätszentren acht und bei den Aldohexosen mit vier Chiralitätszentren 16 Stereoisomere.

Bei **n** Chiralitätszentren in einem Zuckermolekül lassen sich **2^n** mögliche Stereoisomere des Moleküls formulieren.

Unter den vier stereoisomeren Aldotetrosen findet man zwei **Diastereomere**, die Erythrose und die Threose. Erythrose und Threose treten als Paare von **Enantiomeren** auf:

D-Erythrose	L-Erythrose	D-Threose	L-Threose
CHO	CHO	CHO	CHO
H—C—OH	HO—C—H	HO—C—H	H—C—OH
H—C—**OH**	**HO**—C—H	H—C—**OH**	**HO**—C—H
CH_2OH	CH_2OH	CH_2OH	CH_2OH

3.3 Ringform der Monosaccharide: HAWORTH-Projektion

Während FISCHER-Projektionsformeln Zuckermoleküle in ihrer offenkettigen Form darstellen, werden sie durch **HAWORTH-Projektionsformeln** als fünf- oder sechsgliedrige Ringmoleküle dargestellt.

Die Ringform der Monosaccharide entsteht durch intramolekulare **Halbacetalbildung** aus der „Kettenform".

Wie auf S. 107 bereits gezeigt, können Aldehyde und Ketone mit Alkanolen reagieren und dabei erst Halbacetale (Halbketale), dann (Voll-)Acetale (Ketale) bilden.
Als Hydroxycarbonylverbindungen sind Monosaccharide in der Lage, **intramolekulare Halbacetale** zu bilden. Glucose und andere Hexosen sowie Pentosen liegen in wässriger Lösung in einem **Gleichgewicht** zwischen offenkettiger und cyclischer Halbacetalform vor. Die Verteilung in Glucoselösungen liegt bei > 99,9 % für die cyclische und < 0,1 % für die offenkettige Molekülform.
Der Ringschluss erfolgt im Glucosemolekül durch nucleophilen Angriff eines freien Elektronenpaares der Hydroxylgruppe am fünften Kohlenstoffatom auf das positiv polarisierte Kohlenstoffatom der Carbonylgruppe. Durch die Cyclisierung wird das Carbonyl-Kohlenstoffatom asymmetrisch, sodass sich zwei stereoisomere Moleküle bilden:

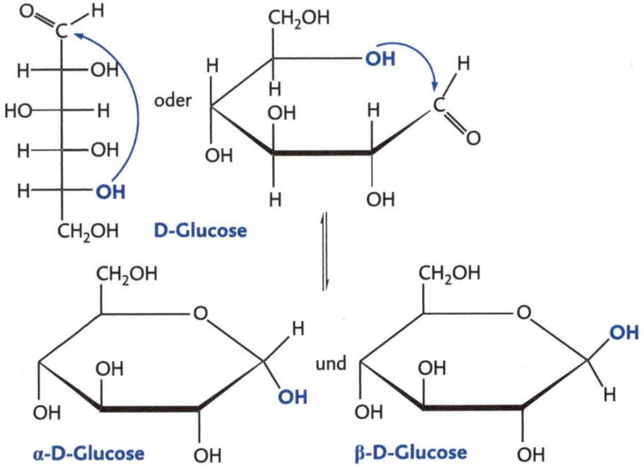

Auf diese Weise entstandene Zucker-Diastereomere nennt man **Anomere**. Das neue Chiralitätszentrum bezeichnet man entsprechend als das anomere Kohlenstoffatom.

> Bei der Halbacetalbildung entstehen zwei Diastereomere, die sich in der Konfiguration ihrer **halbacetalischen Hydroxylgruppen** unterscheiden: Zeigt die durch den Ringschluss entstandene anomere Hydroxygruppe in der HAWORTH-Projektionsformel nach unten, liegt das **α-Anomer** vor, zeigt sie nach oben, liegt das **β-Anomer** vor.

α-D- und β-D-Glucose stehen durch Umwandlung über die offenkettige Form in einem Gleichgewicht miteinander, wobei 64 % der Moleküle als β-Form und 36 % als α-Form vorliegen.
Prinzipiell kann die Halbacetalbildung von jeder der alkoholischen Hydroxygruppen der offenkettigen Zuckermoleküle ausgehen. Tatsächlich entstehen neben den **Sechsringmolekülen** auch **Fünfringmoleküle**. Bei Glucose etwa kann auch die Hydroxygruppe am vierten Kohlenstoffatom das Kohlenstoffatom der Carbonylgruppe angreifen:

C5-Atom

α-D-Glucopyranose

C4-Atom

α-D-Glucofuranose

> Monosaccharidmoleküle, die als **Sechsringe** vorliegen, werden nach dem sauerstoffhaltigen Sechsring Pyran als **Pyranosen** bezeichnet. Monosaccharidmoleküle, die als **Fünfringe** vorliegen, werden nach dem sauerstoffhaltigen Fünfring Furan als **Furanosen** bezeichnet.

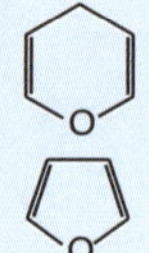

Das Verhältnis der Gleichgewichtskonzentrationen von α- und β-Glucopyranose zu α- und β-Glucofuranose liegt in wässriger Lösung bei **99,9 : 0,1**. Im Gegensatz dazu besteht das Gleichgewichtsgemisch bei Fructose aus 60 % Fructopyranose und 40 % Fructofuranose:

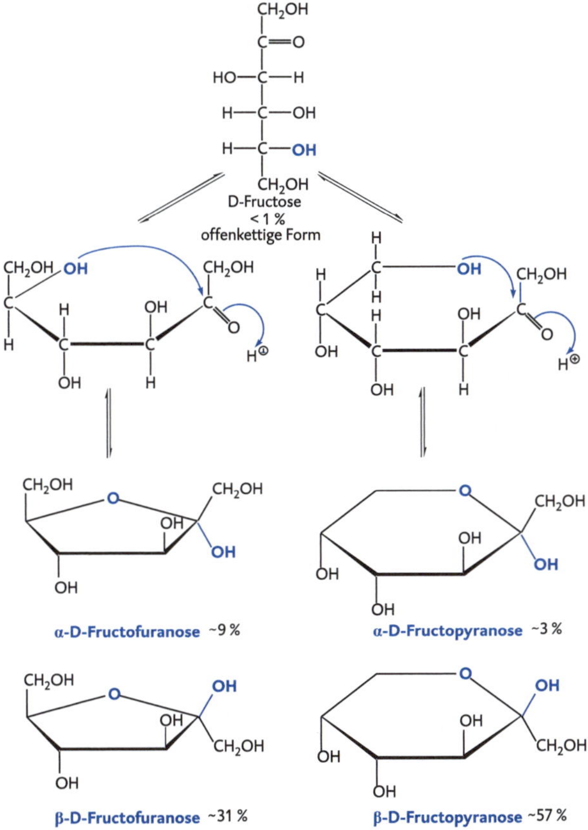

D-Fructose
< 1 %
offenkettige Form

α-D-Fructofuranose ~9 %

α-D-Fructopyranose ~3 %

β-D-Fructofuranose ~31 %

β-D-Fructopyranose ~57 %

Wichtige Monosaccharide in der HAWORTH-Darstellung im Überblick:

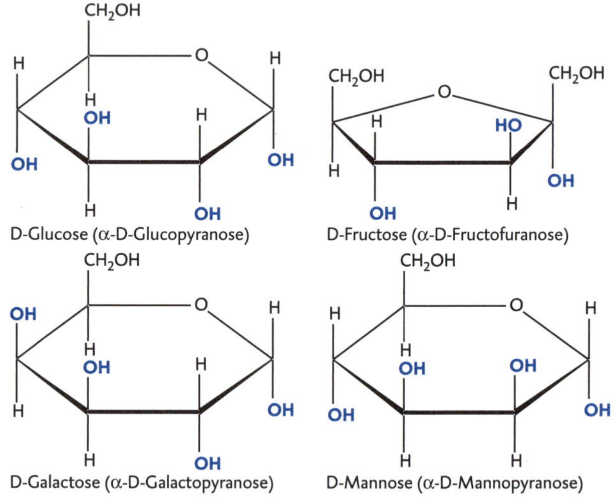

Von Glucose unterscheidet sich **Galactose** in der Konfiguration am C4-Atom, **Mannose** in der Konfiguration am C2-Atom. D-Glucose, D-Galactose und D-Mannose sind Diastereomere.

3.4 Mutarotation, Glycosidbildung, Isomerisierung

Mutarotation: Umwandlung der Anomere

Wenn Glucose aus einer konzentrierten wässrigen Lösung auskristallisiert, entstehen Kristalle, die bei 146 °C schmelzen und ausschließlich aus α-D-(+)-Glucopyranose bestehen. Das Pluszeichen weist darauf hin, dass die wässrige Lösung einen positiven Drehwert aufweist, die Schwingungsebene linear polarisierten Lichts also nach rechts gedreht wird.
Löst man die kristalline α-D-(+)-Glucopyranose in Wasser und ermittelt sofort den Drehwinkel, stellt man einen Wert $[\alpha]_D^{25}$ von +112° fest, der aber mit der Zeit bis auf +52,7° absinkt, um dann konstant zu bleiben. Durch Zugabe von Säure lässt sich der Vorgang beschleunigen. Die chemische Reaktion, die zur Änderung der spezifischen Drehung der

Zuckerlösung führt, wird **Mutarotation** (von lat. *mutare*: „verändern“; lat. *rotare*: „sich drehen“) genannt.

Mutarotation beschreibt den Vorgang der **Gleichgewichtseinstellung** zwischen zwei Anomeren und die damit verbundene Änderung der optischen Drehung in wässrigen Lösungen. Jede anomere Form wird über die offenkettige Form in ein Gleichgewichtsgemisch verwandelt, das aus cyclischen Formen zusammengesetzt ist.

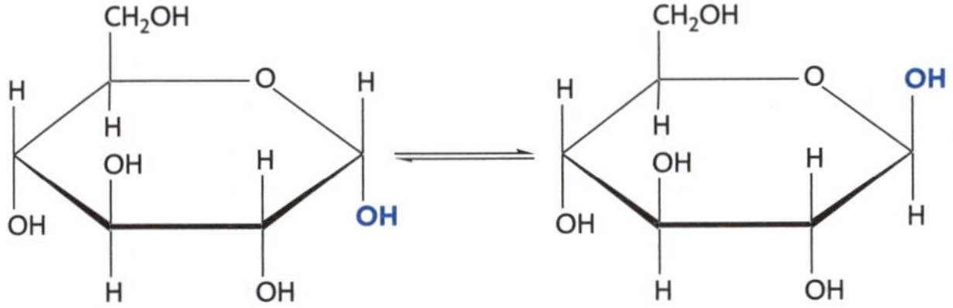

36 % α-D-Glucopyranose, $[\alpha]_D = +112°$ ⇌ 64 % β-D-Glucopyranose, $[\alpha]_D = +18{,}7°$

Glycosidbildung

Die Bildung eines Vollacetals verläuft ausgehend von einem Alkanal (Aldehyd) und Alkanolen (Alkoholen) über die Zwischenstufe eines Halbacetals:

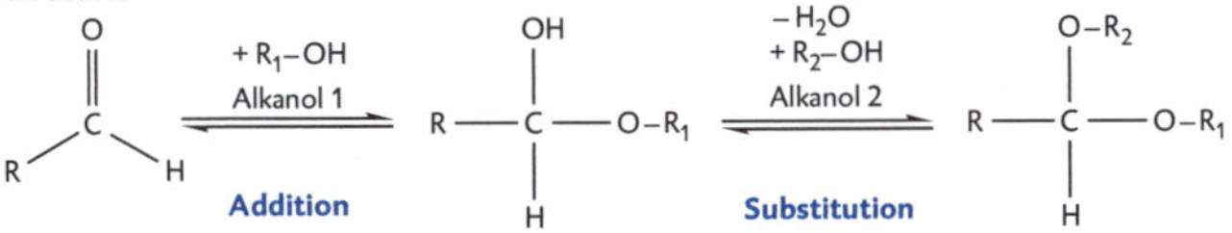

Alkanal (R–CHO) ⇌ [+ R_1–OH, Alkanol 1; **Addition**] Halbacetal ($R-CH(OH)-O-R_1$) ⇌ [$-H_2O$, + R_2–OH, Alkanol 2; **Substitution**] Acetal ($R-CH(O-R_2)-O-R_1$)

Nach diesem Reaktionsschema kann auch ein Monosaccharidmolekül mit der Hydroxylgruppe eines Alkanolmoleküls oder eines anderen Monosaccharidmoleküls zu einem Vollacetal reagieren:

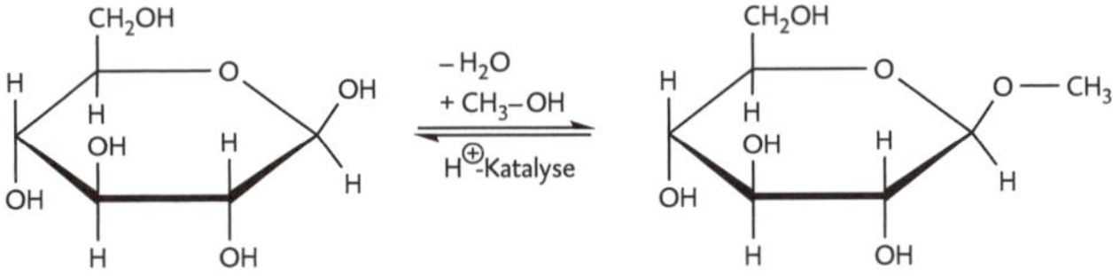

β-D-Glucopyranose ⇌ [$-H_2O$, + CH_3–OH, $H^{\oplus}$-Katalyse] Methyl-β-D-Glycopyranosid

Zuckeracetale bezeichnet man als **Glycoside**, Acetale der Glucose als Glucoside. Im Gegensatz zu den Halbacetalen besteht bei Acetalen in wässrigen Lösungen kein reversibles Gleichgewicht mit mit offenkettigen Formen. Erst durch Säuren werden Glycoside (Acetale) hydrolysiert.

Oxidation von Monosacchariden

Die leicht oxidierbaren **Aldehydgruppen** der Aldosen können mit milden Oxidationsmittel selektiv zu Carboxylgruppen oxidiert werden. Auf der reduzierenden Eigenschaft der Aldosen beruhen die klassischen Nachweise nach **FEHLING** mit Cu^{2+}-Ionen als Oxidationsmittel bzw. nach **TOLLENS** mit Ag^{+}-Ionen als Oxidationsmittel. Dabei werden die Aldosen in Aldonsäuren übergeführt. Zucker, bei denen diese Tests positiv ausfallen, bezeichnet man als reduzierende Zucker.

Alle Aldosen stellen **reduzierende Zucker** dar, weil ihre im Gleichgewicht in geringer Konzentration vorliegende offenkettige Molekülform eine **freie Aldehydgruppe** besitzt.

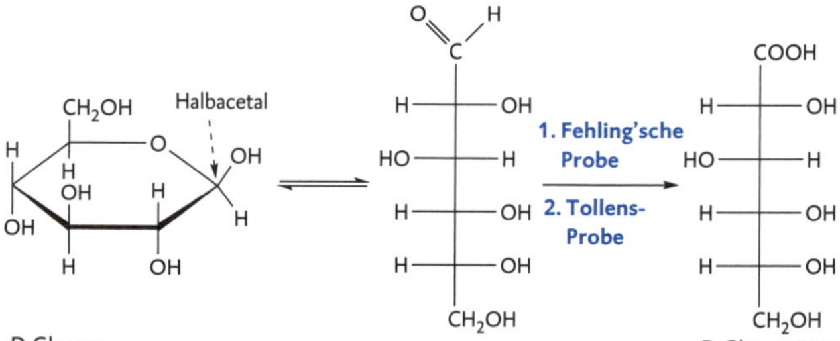

CH₂OH Halbacetal O OH H H H OH H OH H H OH

D-Glucose

O H C; H—OH; HO—H; H—OH; H—OH; CH_2OH

1. Fehling'sche Probe

2. Tollens-Probe

COOH; H—OH; HO—H; H—OH; H—OH; CH_2OH

D-Gluconsäure

Isomerisierung

Erstaunlicherweise verläuft der Nachweis auf reduzierende Zucker nach FEHLING oder TOLLENS auch mit Fructose positiv, obwohl die Moleküle dieser Ketose nicht über reduzierende Aldehydfunktionen (–CHO) verfügen. Beide Nachweisreaktionen werden in alkalischem Milieu durchgeführt.

Im Alkalischen kann sich die Ketose Fructose in die Aldose Glucose umlagern. Tests auf reduzierende Zucker fallen daher mit Fructose-Lösungen positiv aus. Die **Isomerisierung** der nicht reduzierenden Fructose in die reduzierende Glucose verläuft über **Endiolatbildung**.

Deprotonierung

$-H^{\oplus}$

$+H^{\oplus}$

Fructose

Carbanion 1

Endiolat 1

Endiolat 1

Umprotonierung

$-H^{\oplus}$

$+H^{\oplus}$

Protonierung

Glucose

Carbanion 2

Endiolat 2

3.5 Disaccharide: Kondensation, Hydrolyse und Nachweis

Disaccharide sind aus zwei Monosaccharidmolekülen aufgebaut.

Disaccharide entstehen durch **Acetalbildung**. Die Verknüpfung erfolgt unter **Kondensation** (Wasserabspaltung), die Spaltung entsprechend durch Hydrolyse. Zu den Disacchariden gehört **Saccharose** (Rohrzucker, Rübenzucker) als wichtigstes Süßungsmittel.

Wird die anomere Hydroxylgruppe (–OH) eines Monosaccharid-Halbacetals durch den Alkoxysubstituenten (RO–) eines Alkanolmoleküls (R–OH) ersetzt, entsteht ein Glycosidmolekül.

Handelt es sich bei der Alkanolkomponente um ein anderes Monosaccharidmolekül, so entsteht ein **Disaccharidmolekül**:

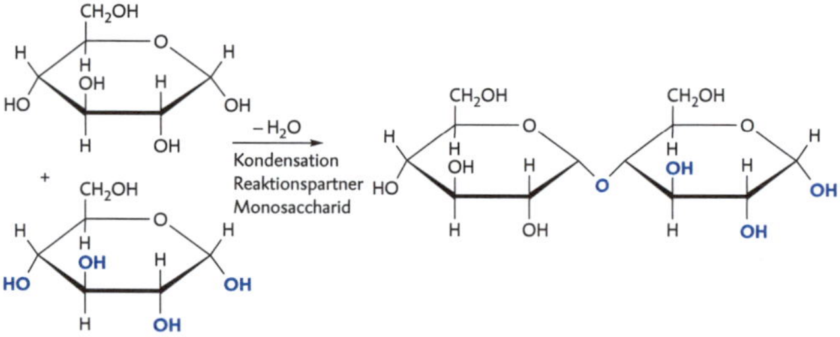

$-H_2O$ Kondensation Reaktionspartner Monosaccharid

Die „Sauerstoffbrücke" **(Acetalbrücke)** der Disaccharidmoleküle wird zwischen dem anomeren Kohlenstoffatom des einen und einer Hydroxylgruppe des anderen Zuckermoleküls ausgebildet. Diese Bindung kann **α- oder β-glycosidisch** sein. Eine Glycosidbindung zwischen dem C1-Atom des ersten Zuckermoleküls und dem C4-Atom des zweiten Zuckermoleküls wird als **1,4-glycosidische Verknüpfung** bezeichnet. Entsprechend gibt es 1,2- und 1,6-glycosidische Bindungen.

Im Folgenden werden wichtige Vertreter der Disaccharide vorgestellt.

- **Maltose** (Malzzucker) entsteht durch Verknüpfung zweier α-D-Glucopyranose-Einheiten („α-1,4-glycosidische Bindung"). Maltose kann daher als **α-D-Glucopyranosyl-D-Glucopyranose** beschrieben werden. (Der „erste" Monosaccharid-Baustein wird als Rest betrachtet und erhält deshalb die Endung „-yl".)

Maltose

- Im **Cellobiosemolekül** liegt eine 1,4-glycosidische Verknüpfung zweier β-D-Glucopyranose-Moleküle vor („β-1,4-glycosidische Bindung"). Cellobiose ist **β-D-Glucopyranosyl-D-Glucopyranose**:

Cellobiose

- **Lactose** (Milchzucker) ist aus β-D-Galactose und D-Glucose aufgebaut. Lactose ist damit als **β-D-Galactopyranosyl-D-Glucopyranose** zu beschreiben. Aus Darstellungsgründen wurde der β-D-Galactose-Baustein um 180° gedreht und steht „kopfüber":

Lactose

Die Disaccharid-Moleküle der Lactose, Maltose und Cellobiose enthalten jeweils eine Acetalgruppe, von der keine reduzierende Wirkung ausgehen kann. Der 4-glycosidisch gebundene Glucose-Baustein kann aber durch Ringöffnung am C1-Atom eine Aldehydfunktion ausbilden.

Die Disaccharide **Lactose**, **Maltose** und **Cellobiose** sind reduzierende Zucker. In wässriger Lösung ist Mutarotation möglich, d. h. die α- und β-Anomere dieser Zucker liegen im Gleichgewicht vor.

Anders stellt sich die Situation bei der als „Haushaltszucker" bekannten **Saccharose** dar: Saccharose ist ein **nichtreduzierendes** Disaccharid. Die „Sauerstoffbrücke" wird hier durch **α,β-1,2-Verknüpfung** zwischen den beiden Monosacchariden gebildet:

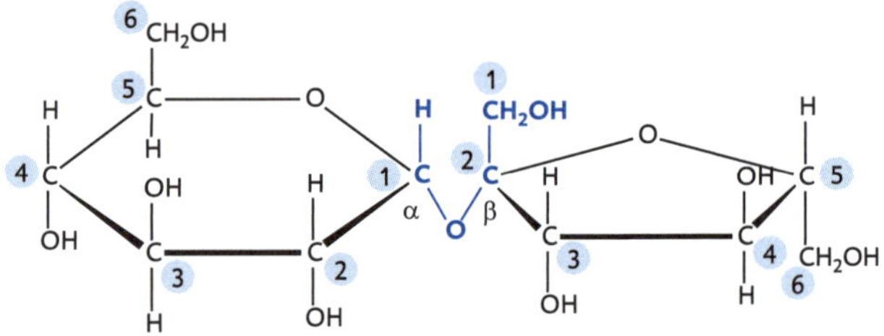

Saccharose

Bei Saccharose verläuft die Kondensationsreaktion zwischen den halbacetalischen Hydroxylgruppen **beider** anomerer Kohlenstoffatome. Beide Monosaccharid-Bausteine sind damit Glycoside:

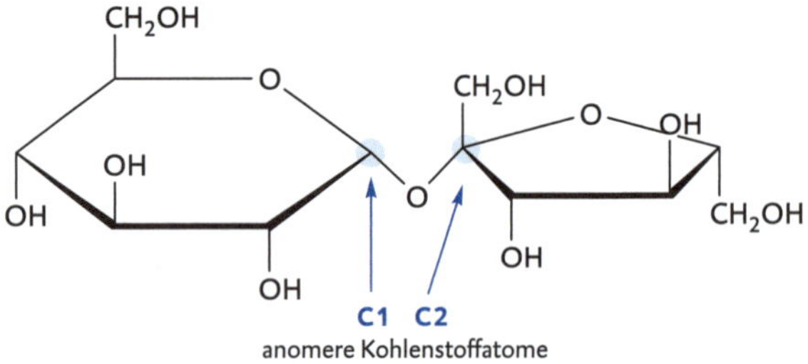

C1 C2
anomere Kohlenstoffatome

Für die Darstellung wurde der β-D-Fructofuranose-Baustein (rechts) so gedreht, dass das C2-Atom auf der linken Seite des Moleküls steht.

Saccharose ist **α-D-Glucopyranosyl-β-D-fructofuranosid**. Die Endung „-osid" statt „-ose" verweist darauf, dass es sich um einem nichtreduzierenden Zucker handelt.

Im Saccharose-Molekül liegt **kein Halbacetal** und somit **keine** Möglichkeit der **Umwandlung in eine Aldehydgruppe** vor. Ringöffnung und Mutarotation sind daher in wässriger Lösung ausgeschlossen.

Wie andere Disaccharide kann auch Saccharose durch Zugabe von Säure oder bestimmten Enzymen in die Monomerbausteine aufgespalten werden **(Hydrolyse)**.

Zuckernachweis-Reaktionen für Mono- und Disaccharide
Für den **FEHLING-Nachweis** auf reduzierende Zucker wird eine Kupfer-(II)-sulfat-Lösung („FEHLING I") mit Natronlauge und Kalium-Natrium-Tartrat als Komplexbildner („FEHLING II") vermischt. Es entsteht eine tiefblaue, lösliche Komplexverbindung, wodurch eine Ausfällung von schwer löslichem Kupfer(II)-hydroxid verhindert wird. Bei Anwesenheit eines reduzierenden Zuckers bildet sich beim Erhitzen ziegelrotes, unlösliches Kupfer(I)-oxid als Niederschlag:

$$R{-}C({=}O){-}H + 2\,Cu^{2\oplus}(aq) + 4\,OH^{\ominus} \longrightarrow R{-}C({=}O){-}OH + Cu_2O\,(s) + 2\,H_2O$$

Aldose | alkalisches Milieu | Aldonsäure | orangerotes Kupfer-(I)-oxid

Für den **TOLLENS-Nachweis** auf reduzierende Zucker versetzt man eine ammoniakalische Silbersalzlösung (Ammoniak sorgt für das alkalische Milieu und dient als Komplexbildner) mit einem reduzierenden Zucker. Dabei entsteht fein verteiltes Silber, das die Lösung dunkel färbt oder sich – bei vorsichtigem Erwärmen – als **Silberspiegel** auf der Glaswand des Reaktionsgefäßes absetzt.

$$R{-}C({=}O){-}H + 2\,Ag^{\oplus}(aq) + 2\,OH^{\ominus} \longrightarrow R{-}C({=}O){-}OH + 2\,Ag\,(s) + H_2O$$

Aldose | durch Ammoniak alkalisches Milieu | Aldonsäure | elementares Silber

Glucose-Teststreifen bzw. der **GOD-Test** sind selektiv für Glucose, da sie auf der Tätigkeit zweier Enzyme beruhen. Das Enzym **Glucose-oxidase** reagiert spezifisch nur mit Glucosemolekülen als Substrat, dabei entsteht Gluconsäure. Außerdem entsteht Wasserstoffperoxid (H_2O_2), welches unter dem Einfluss einer **Peroxidase** einen Redoxindikator oxidiert und so einen Farbwechsel bewirkt.
Bei der wenig spezifischen **SELIWANOW-Probe**, die aber für Lebensmittel-Untersuchungen ausreicht, erfolgt der Nachweis von D-Fructose in salzsaurer Lösung mittels Resorcin. Bei Rotfärbung ist der Test positiv.

3.6 Polysaccharide: Cellulose, Amylose, Amylopektin

Polysaccharide sind **Polymere** aus Monosaccharid-Bausteinen.

Polysaccharide entstehen durch Polykondensation aus Monosaccharid-Einheiten. Die drei häufigsten natürlichen Polysaccharide, **Cellulose**, **Stärke** und **Glycogen**, leiten sich vom selben Monomer-Baustein, der Glucose ab.

Cellulose: häufigstes Kohlenhydrat

Cellulose („Zellstoff") ist als Gerüststoff pflanzlicher Zellwände das häufigste Kohlenhydrat. Baumwolle besteht aus fast reiner Cellulose. Der Massenanteil der Cellulose im Holz liegt bei ca. 50 %. Für Menschen ist Cellulose unverdaulich, da Cellulasen in unserer Enzymausstattung fehlen. Cellulose ist daher der wichtigste Ballaststoff in unserer Nahrung.

In **Cellulose**-Molekülen sind bis zu **10 000** D-Glucose-Einheiten durch **β-1,4**-glycosidische Bindungen zu **unverzweigten** (linearen) **Molekülketten** verknüpft.

Cellulose ist ein 1,4-β-D-Glucopyranosid-Polymer. In der folgenden Abbildung ist ein Ausschnitt aus einem Cellulose-Makromolekül gezeigt. Da die OH-Gruppe an den C1-Atomen in der HAWORTH-Projektionsformel nach oben und die OH-Gruppen an den C4-Atomen nach unten stehen, ist jeder zweite Glucopyranose-Baustein in der folgenden Darstellung um 180° gekippt und steht damit sozusagen „auf dem Kopf".

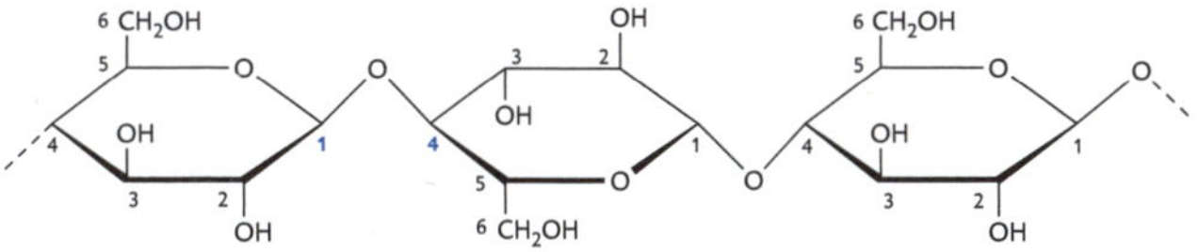

Cellulose

Als **nachwachsende** (regenerierbare) **Rohstoffe** besitzen Cellulose und Stärke große Bedeutung. Ein interessantes Derivat der Cellulose ist **Cellulosetrinitrat**: Durch Veresterung der Hydroxylgruppen mit Salpetersäure entsteht „Schießbaumwolle" als explosiver **Sprengstoff**.

Stärke: Zweikomponenten-Speicherstoff

Stärke ist das Speicher- und Reservekohlenhydrat der Pflanzen. Stärke ist keine einheitliche Substanz, sondern besteht aus zwei Hauptkomponenten, zu ca. 20 % aus **Amylose** und zu ca. 80 % aus **Amylopektin**.

In (kolloidal) **„löslicher Stärke"** liegen **Amylose**-Makromoleküle vor, die aus bis zu **1 000 α-1,4-glycosidisch** verknüpften D-Glucose-Einheiten aufgebaut sind. **Amylopektin**-Makromoleküle sind aus bis zu **15 000** α-D-Glucose-Einheiten aufgebaut, die im Gegensatz zu Amylose-Molekülen **verzweigt** sind, da ca. jeder 25. Glucose-Baustein zusätzlich eine **1,6-glycosidische** Verknüpfung aufweist.

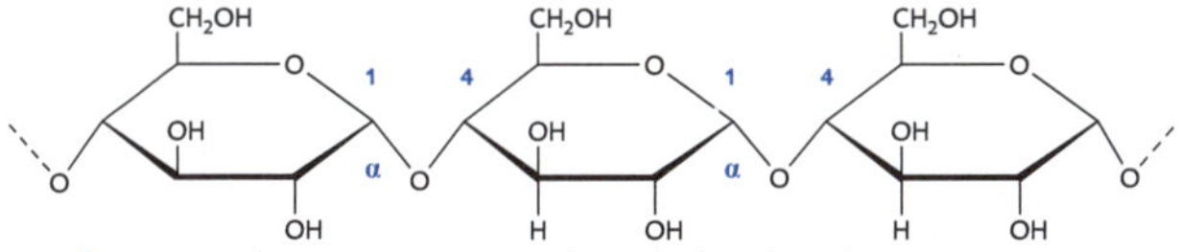

Amylose: α-D-Glucose-Bausteine 1,4-glycosidisch verknüpft

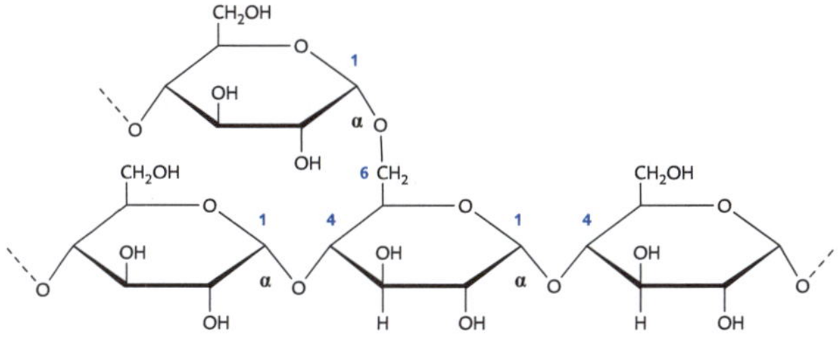

Amylopektin: 1,4- und 1,6-glycosidisch verknüpfte α-D-Glucose-Einheiten

Stärke ist in nahezu jedem pflanzlichen **Nahrungsmittel** enthalten. Für den Menschen stellt Stärke den wichtigsten Energieträger dar. Der tägliche Kohlenhydrat-Bedarf eines Erwachsenen liegt bei ca. 500 g. Im Verlauf der Amyloseverdauung katalysiert das Enzym **Amylase** die Zerlegung in kurzkettige Dextrine. Diese werden anschließend zu Maltose-Einheiten abgebaut. Der „Doppelzucker" Maltose wird durch das Enzym **Maltase** in **Glucose** gespalten, welche die „Transportform" für Kohlenhydrate darstellt und in die Zellen aufgenommen werden kann. Für die Hydrolyse der 1,6-glycosidischen Verknüpfungen bei Amylopektin ist **Isomaltase** als weiteres Verdauungsenzym zuständig.
Die bekannte **Nachweisreaktion** auf **Stärke** wird mit Iod-Kaliumiodidlösung („LUGOL'sche Lösung") durchgeführt. Bei Anwesenheit von Amylose zeigt sich eine intensive Blaufärbung. Mit Amylopektin ergibt sich eine braun-violette Färbung. Die Farbreaktion beruht darauf, dass sich Iodmoleküle in den Hohlraum der spiralig aufgewundenen Amylose-Makromoleküle (Helix-Struktur) einlagern, wodurch eine farbige Einschlussverbindung entsteht.

Glycogen: Energiespeicher in Mensch und Tier

Glycogen ist ein Polysaccharid mit einer dem Amylopektin sehr ähnlichen Struktur. Glycogen-Makromoleküle haben aber einem höheren Verzweigungsgrad und besitzen eine viel größere molekulare Masse als Amylopektin-Moleküle. Glycogen dient der Energiespeicherung bei Mensch und Tier und wird daher als „tierische Stärke" charakterisiert.

Die wichtigsten Kohlenhydrate im Überblick:

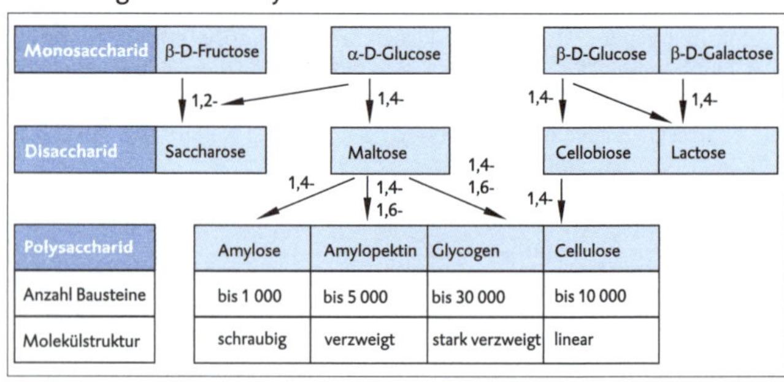

4 Fette: Speicher- und Strukturstoffe

4.1 Fett: Lipid und Glycerid

Die umgangs- und fachsprachlichen Begriffe Fett und Öl, Wachs und Lipid, Lipoid und Glycerid sind nicht klar voneinander abgegrenzt. Es ist hilfreich, klare Begriffsbestimmungen zur chemischen Klassifizierung der entsprechenden Substanzen zu treffen. Die gängigste und knappste Definition für Fette lautet: Fette sind **Ester** aus **Glycerin** und **Fettsäuren**. Fettsäuren sind langkettige Carbonsäuren. Noch exakter ist die folgende Formulierung:

Fette sind **Tri-Carbonsäureester** des dreiwertigen Alkanols **Glycerin** (1,2,3-Propantriol). Nur **Tri-Acylglyceride** sind Fette.

Der Begriff **Glycerid** bedeutet „Ester des Glycerins", fasst also Mono-, Di- und Triester zusammen. Schließlich lassen sich Fette durch ihren festen Aggregatzustand von den flüssigen Ölen abgrenzen:

Fette sind Tri-Carbonsäureester des Glycerins, die bei Raumtemperatur als **Feststoffe** vorliegen. **Öle** sind **flüssige**, hochviskose Fettsäureester.

Wachse als „natürliche fettähnliche Stoffe" sind Ester sehr langkettiger Carbonsäuren („Wachssäuren") mit langkettigen Alkanolen („Wachsalkoholen"). **Lipide** sind alle hinsichtlich Löslichkeit und Aufbau fettähnlichen Substanzen. Die wasserunlöslichen Lipide lassen sich durch wenig polare organische Lösungsmittel, z. B. durch Diethylether, aus Zellen extrahieren. Zu den Lipiden zählen unter anderem die Steroide, z. B. Cholesterin, die Carotinoide, z. B. β-Carotin, und die Terpene, z. B. Menthol. Diese Stoffe werden in Abgrenzung zu den „echten Fetten", die chemisch Triglyceride sind, als **Lipoide** zusammengefasst. Fette und Lipoide bilden zusammen die Gruppe der Lipide.

4.2 Bedeutung der Fette: Energiespeicher und Lösungsmittel

Der physiologische Brennwert von Fett ist mit ca. $40\ kJ \cdot g^{-1}$ doppelt so hoch wie der Brennwert von Eiweißen oder Kohlenhydraten. Fette stellen damit einen **Speicherstoff** und eine wichtige **Energiereserve** dar (z. B. Depotfett bei Winterschläfern).

Fettähnliche Stoffe wie Lecithin sind Hauptbestandteil der Zellmembran, also wichtige **Baustoffe** und **Strukturbestandteile** der Zellen. Zur Fettbiosynthese sind **essenzielle Fettsäuren** notwendig. Das sind mehrfach ungesättigte Fettsäuren wie Linolsäure, die der menschliche Organismus nicht selbst synthetisieren kann.
Die lebenswichtigen, ebenfalls essenziellen **Vitamine** A, D und E sind fettlöslich. Auch viele **Umweltgifte** wie DDT sind fettlöslich und werden im Fettgewebe von Organismen gespeichert. Da sie als wasserunlösliche Substanzen nicht ausgeschieden werden können, kommt es zur **Anreicherung in der Nahrungskette** und höchsten Konzentrationen bei den Endkonsumenten wie dem Menschen.

4.3 Chemischer Aufbau: Fette sind Tri-Acylglyceride

Natürlich vorkommende Fette sind keine Reinstoffe, sondern **Gemische** aus unterschiedlichen Triacylglyceriden. Der Baustein Glycerin ist in jedem Fettmolekül mit drei Fettsäuren verestert.

Feste Fette enthalten mehr langkettige und/oder mehr **gesättigte** Fettsäuren. **Flüssige Fette** hingegen sind reich an **ungesättigten Fettsäuren** und/oder kurzkettigen Fettsäuren.

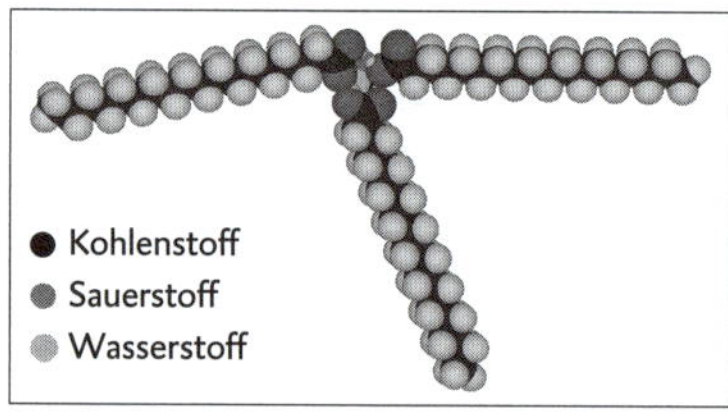

Fettmolekül im Kalottenmodell

Ester sind Verbindungen, die durch Kondensationsreaktionen aus Alkanolen und (Carbon-)Säuren entstehen (siehe S. 120). Die Alkanol-Komponente in Fetten ist immer 1,2,3-Propantriol (Glycerin). Als Carbonsäure-Komponenten können die verschiedensten **längerkettigen Carbonsäuren** auftreten. In natürlichen Fetten kommen nur Fettsäuren mit gerader Anzahl an Kohlenstoffatomen vor. **Gesättigte** Fettsäuren enthalten ausschließlich C–C-Einfachbindungen. Eine Fettsäure mit Doppelbindung wird **ungesättigte Fettsäure**, eine mit mehreren Doppelbindungen **mehrfach** ungesättigte Fettsäure genannt.

Wichtige gesättigte und ungesättigte Fettsäuren im Überblick:

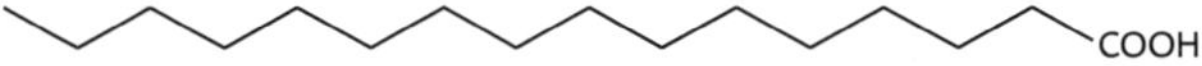

COOH

Palmitinsäure (Hexadecansäure): $C_{15}H_{31}COOH$

COOH

Stearinsäure (Octadecansäure): $C_{17}H_{35}COOH$

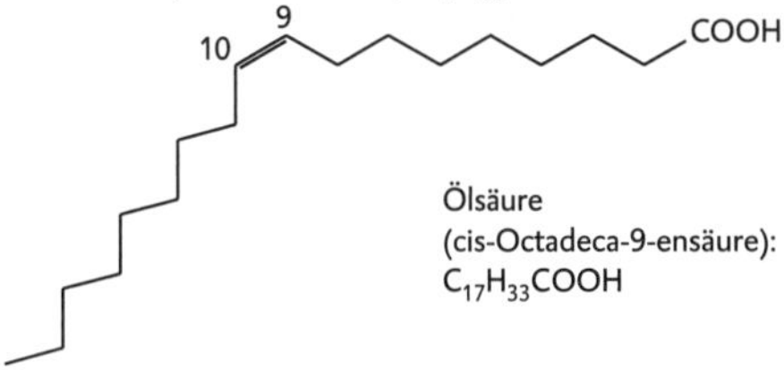

9
10
COOH

Ölsäure
(cis-Octadeca-9-ensäure):
$C_{17}H_{33}COOH$

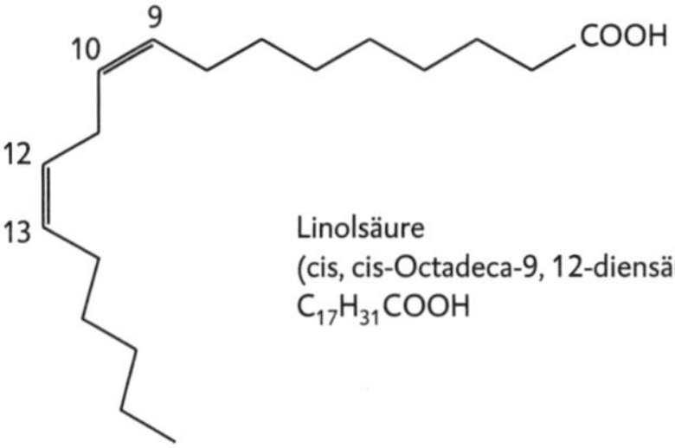

9
10
COOH
12
13

Linolsäure
(cis, cis-Octadeca-9, 12-diensäure):
$C_{17}H_{31}COOH$

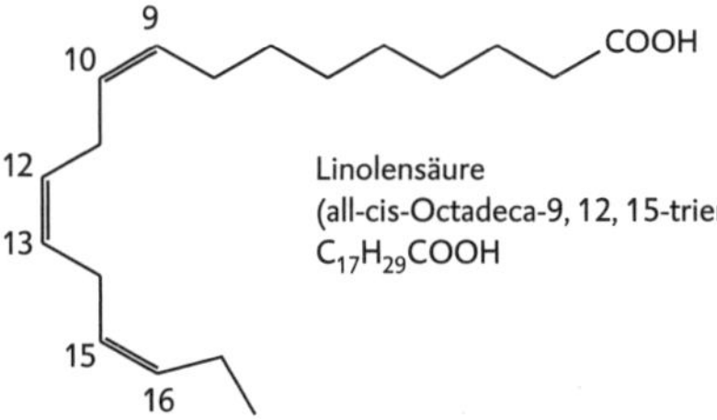

9
10
COOH
12
13
15
16

Linolensäure
(all-cis-Octadeca-9, 12, 15-triensäure):
$C_{17}H_{29}COOH$

Ungesättigte Fettsäuren sind von ölig-flüssiger Konsistenz, gesättigte Fettsäuren sind wachsartige Feststoffe. Der Unterschied in den Stoff-

eigenschaften lässt sich mit den unterschiedlichen **Molekülstrukturen** erklären: Die durch die cis-Anordnung an den Doppelbindungen auftretende starren „Knicke" und die dadurch „sperrigen" Molekülketten verhindern eine parallele Anordnung der Fettsäuremoleküle. Die Ausbildung von **van-der-Waals-Kräften** zwischen den unpolaren Alkylresten ist damit erschwert und der intermolekulare Zusammenhang relativ schwach. Niedrigere Schmelztemperaturen sind die Folge.
Die unterschiedliche Konsistenz von Glycerinestern dieser Fettsäuren – Fetten wie Ölen – ist in völlig analoger Weise zu erklären. Öle besitzen einen höheren Anteil (mehrfach) **ungesättigter Fettsäuren**. So haben beispielsweise Butter und Schweineschmalz ihren **Schmelzbereich** bei ca. +30 °C. Olivenöl hingegen ist noch bei 0 °C, Sonnenblumenöl noch bei –10 °C flüssig. Als Prinzip lässt sich formulieren: Je höher der Anteil ungesättigter Fettsäuren in einem Fett ist, umso niedriger liegt sein Schmelzbereich.
Beim im Folgenden dargestellten Fettmolekül handelt es sich um einen **Stearinsäure-Ölsäure-Linolsäure-Glycerinester**. Die drei markierten Estergruppen entstehen durch Kondensation und können durch Hydrolyse wieder gespalten werden.

4.4 Reaktionen der Fette

Hydrolyse: der Weg zurück zu den Edukten
Durch Säuren oder Enzyme katalysiert, können die Esterbindungen des Fettes gespalten und Glycerin und die Fettsäuren gewonnen werden:

$$\begin{array}{l} CH_2-O-CO-(CH_2)_{16}-CH_3 \\ CH-O-CO-(CH_2)_{14}-CH_3 \\ CH_2-O-CO-(CH_2)_{14}-CH_3 \end{array} + 3\,H_2O \xrightarrow{\text{säurekatalysiert}}$$

$$\underbrace{\begin{array}{l} CH_2-O-H \\ CH-O-H \\ CH_2-O-H \end{array}}_{\text{Glycerin}} + \begin{array}{ll} H-O-CO-(CH_2)_{16}-CH_3 & \text{1 x Stearinsäure} \\ H-O-CO-(CH_2)_{14}-CH_3 & \\ H-O-CO-(CH_2)_{14}-CH_3 & \text{2 x Palmitinsäure} \end{array}$$

Verseifung: Fett reagiert mit Lauge zu Seife
Bei der **Verseifung** eines Fetts mit Natron- oder Kalilauge entstehen Glycerin und Seife. Seifen sind waschaktive Substanzen (siehe S. 215 ff.).

> **Seifen** sind Alkalisalze langkettiger Carbonsäuren.

Fettverderb: bakteriell, oxidativ oder thermisch
Ursachen für das Ranzigwerden von Fetten, erkennbar u. a. am unangenehmen Geruch nach Buttersäure, ist einerseits die hydrolytische Spaltung der Esterbindungen durch **Bakterien**. Für die mikrobielle Zersetzung der Fette ist ein gewisser Wassergehalt erforderlich. Andererseits kann es durch den Angriff von **Luftsauerstoff** auf die Doppelbindungen zur Spaltung der Alkylreste in kurzkettige Carbonsäuren, Alkanale und Alkanone kommen, weil als Zwischenprodukte stark oxidierend wirkende Peroxide auftreten (Autoxidation). Fette können bei **hohen Temperaturen** mit Wasser unter Bildung von Glycerin und Fettsäuren reagieren (Hydrolyse). Bei Temperaturen über 250 °C entsteht aus Glycerin in einer Folgereaktion unter Wasserabspaltung das übelriechende, sehr giftige **Acrolein** (Propenal).

Iod-Zahl: die „Dobi-Anzahl" ist bestimmbar
Ein Nachweis auf Doppelbindungen lässt sich durch Entfärbung von Brom führen, da Brom an die Doppelbindung addiert wird. Die Anzahl der C=C-Bindungen in Fetten oder Ölen wird durch **Addition von Iod** bestimmt. Es ist wichtig, die Zahl der C=C-Bindungen zu kennen, da ein hoher Gehalt eines Öles an essenziellen, mehrfach ungesättigten Fettsäuren ein Qualitätskriterium darstellt. In der Lebensmittelchemie werden definierte Maßlösungen für den quantitativen Nachweis verwendet. Die **Iod-Zahl** gibt an, wieviel Gramm Iod eine 100 g-Fettportion bindet.

Fetthärtung: was Fettsäuren „satt" macht
Ziel der **Fetthärtung** ist es, flüssige Öle in feste, streichfähige Fette wie Margarine umzuwandeln. Hierzu wird Wasserstoff an die Doppelbindungen der ungesättigten Fettsäurereste addiert. Durch eine solche **Hydrierung** kann z. B. Ölsäure in Stearinsäure überführt werden:

$$CH_3-(CH_2)_7-CH=CH-(CH_2)_7-COOH + H_2 \longrightarrow CH_3-(CH_2)_{16}-COOH$$

Die Hydrierung sollte nur einen Teil der Doppelbindungen absättigen, da neben dem Verlust des essenziellen Charakters auch eine schlechtere Verdaubarkeit gehärteter Fette resultiert.

Kunststoffe, Farbstoffe und waschaktive Stoffe

1 Kunststoffe: Makromoleküle aus dem Labor

1.1 Prinzipien des Aufbaus und Eigenschaften

Kunststoffe sind moderne organische Werkstoffe, die aus **Makromolekülen** (Polymeren) aufgebaut sind. Sie werden durch **Polyreaktionen** aus Monomeren (i. d. R. auf Erdölbasis) synthetisiert oder entstehen durch Umwandlung von Naturstoffen (halbsynthetische Kunststoffe).
Das Konzept und der Begriff Makromoleküle für „Riesenmoleküle" mit mehr als 1 000 Atomen wurden von Hermann STAUDINGER (Nobelpreis 1953), dem „Vater der makromolekularen Chemie", geprägt.
Aufgrund unterschiedlicher Moleküllängen können für Kunststoffe nur durchschnittliche molekulare Massen und nur **Schmelzbereiche**, keine festen Schmelztemperaturen, angegeben werden.
Kunststoffmakromoleküle zeigen ein gleichmäßiges, **sich wiederholendes Bauprinzip** (Synthese aus Monomeren) und bestehen aus einer beschränkten Anzahl von Elementen (C, H, O, N, Cl, F, S). Zwischen den Makromolekülen bestehen **starke intermolekulare Kräfte**. Kunststoffe sind daher nicht verdampfbar, stattdessen erfolgt Zersetzung bei hohen Temperaturen. Sie bilden keine echten Lösungen, besitzen z. T. aber Quellvermögen. Weitere wichtige Kunststoffeigenschaften sind:

- **geringe Dichte:** Fahrzeugbau, Verpackungsmaterialien
- **schlechte** akustische und thermische **Leitfähigkeit:** Isolation
- **große Beständigkeit** gegen Laugen, Säuren und Lösungsmittel
- **niedrige Härte** und geringe thermische Stabilität

Die Eigenschaften eines bestimmten Kunststoffes hängen aber stark vom Aufbau der Polymere ab. Sie können durch geeignete Wahl der Monomere wesentlich beeinflusst werden. Kunststoffe werden damit zu „Werkstoffen nach Maß".

Kunststoffe sind synthetisch erzeugte, makromolekulare organische Verbindungen mit **maßgeschneiderten Eigenschaften**.

1.2 Klassifizierung: Bauprinzip und thermisches Verhalten

Einteilung nach den physikalischen Eigenschaften

Thermoplaste werden beim Erwärmen weich und lassen sich ohne chemische Veränderung „schmelzen" und als Werkstoffe (ver-)formen. Thermoplaste sind aus **linearen** Makromolekülketten aufgebaut.

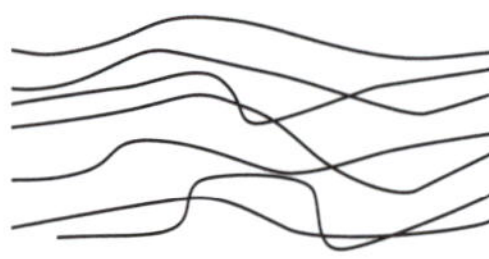

Duroplaste sind harte und spröde Kunststoffe, die bei höheren Temperaturen thermisch zersetzt werden ohne zuvor zu erweichen. Sie sind daher nicht plastisch verformbar. Duroplaste bestehen aus netzartig aufgebauten, **engmaschig** verknüpften Polymeren.

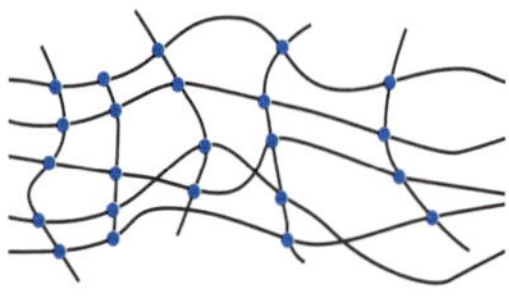

Elastomere sind gummielastische Kunststoffe, die sich bei höheren Temperaturen thermisch zersetzen. Sie zeigen hohe Dehnbarkeit und nehmen bei Entlastung wieder ihre ursprüngliche Form an. Elastomere bestehen aus **weitmaschig** verknüpften, wenig vernetzten Polymeren.

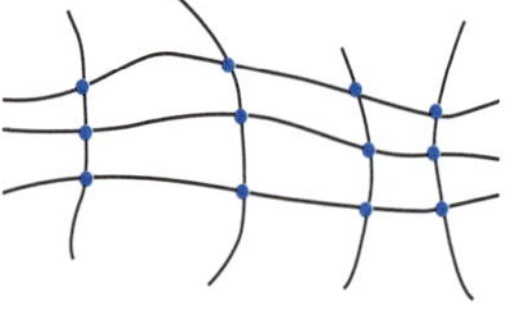

Einteilung nach dem Typ der Polyreaktion

Das Prinzip der **Kunststoffsynthese** lässt sich wie folgt formulieren:

> Niedermolekulare Bausteine **(Monomere)**, die mindestens zwei reaktionsfähige Gruppen oder mindestens eine reaktionsfähige Doppelbindung enthalten, werden durch Mehrfachreaktion zu Makromolekülen **(Polymeren)** verknüpft.

Bei einer **Polymerisation** schließen sich Moleküle einer ungesättigten Verbindung unter Aufspaltung der Doppelbindungen zu Makromolekülen zusammen. Diese Reaktionen verlaufen als Kettenreaktionen, die durch Radikale oder Ionen als Initiatoren ausgelöst werden (radikalische, anionische und kationische Polymerisation). Dabei entstehen i. d. R. thermoplastische Kunststoffe.

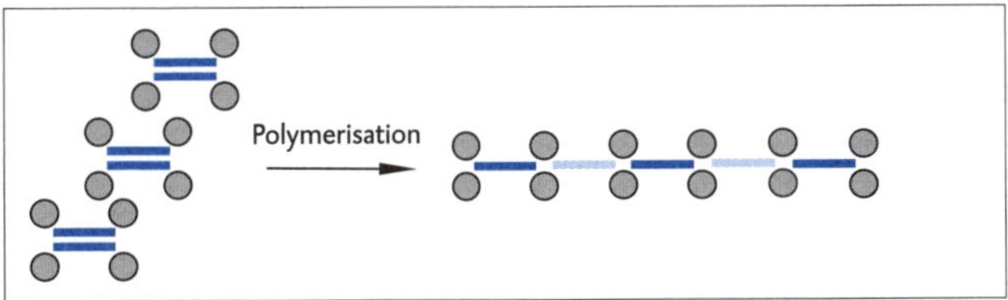

Durch **Polykondensation** werden Monomere mit mindestens zwei funktionellen Gruppen wie Hydroxy-, Carboxy- oder Aminogruppen unter Austritt kleiner Moleküle wie Wasser zu Makromolekülen verknüpft. Bifunktionelle Edukte führen zu linearen Makromolekülen (Thermoplaste), trifunktionelle Edukte zu vernetzten Polymeren:

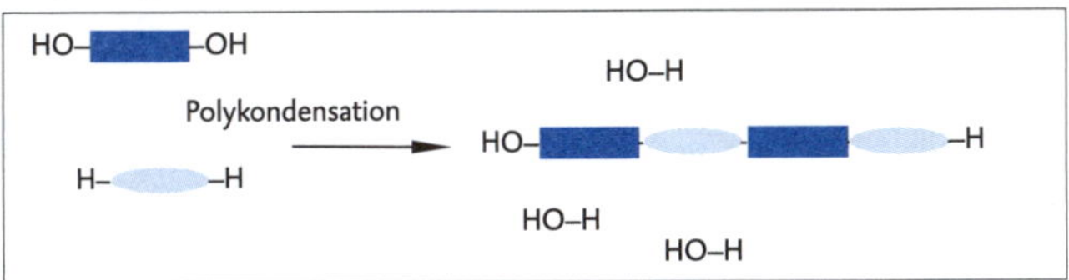

Werden Makromoleküle durch Verknüpfung mehrfunktioneller Monomere über deren Endgruppen gebildet, so spricht man von **Polyadditionen**. Additionsreaktionen erfolgen ohne Austritt von kleinen Molekülen. Allerdings wandert bei jedem Reaktionsschritt ein Proton. Bifunktionelle Monomere dienen der Synthese thermoplastischer, trifunktionelle Monomere zur Synthese duroplastischer Kunststoffe:

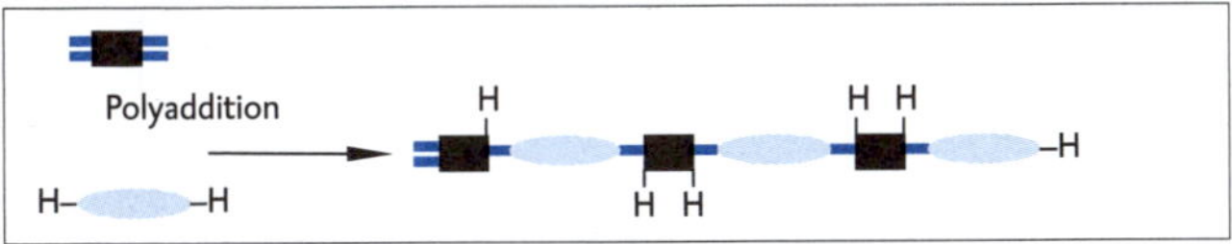

1.3 Polymerisation: Massenkunststoffe im Alltag

Zu den **Polymerisaten** zählen die Massenkunststoffe Polyethen (PE), Polypropen (PP), Polyvinylchlorid (PVC) und Polystyrol (PS) sowie Polytetrafluorethen (PTFE, „Teflon“), Polyacrylnitril (PAN) und Polymethylmethacrylat (PMMA, „Plexiglas“).

Die Tabelle zeigt Ausschnitte wichtiger Polymerisationskunststoffe:

Monomer	**Polymer** (Ausschnitt)
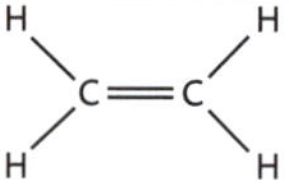 $H_2C{=}CH_2$ Ethen	$—CH_2—CH_2—CH_2—CH_2—$ Polyethylen (PE)
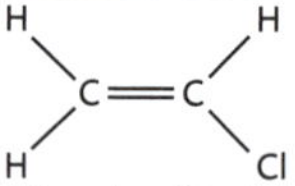 $H_2C{=}CHCl$ Chlorethen (Vinylchlorid)	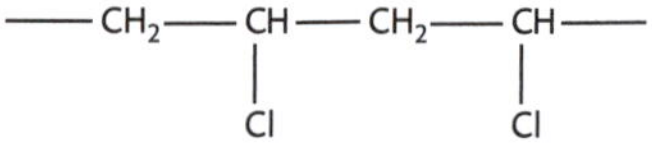 $—CH_2—CH(Cl)—CH_2—CH(Cl)—$ Polyvinylchlorid (PVC)
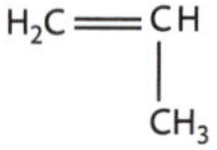 $H_2C{=}CH{-}CH_3$ Propen	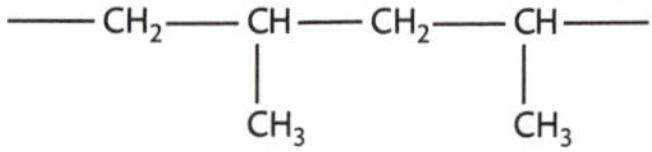 $—CH_2—CH(CH_3)—CH_2—CH(CH_3)—$ Polypropen (PP)
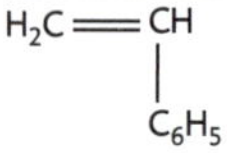 $H_2C{=}CH{-}C_6H_5$ Styrol	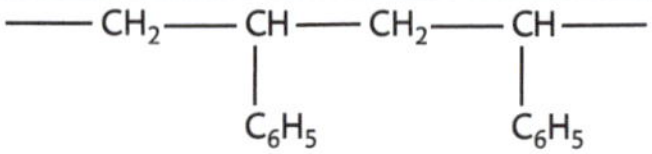 $—CH_2—CH(C_6H_5)—CH_2—CH(C_6H_5)—$ Polystyrol (PS)

Ablauf der radikalischen Polymerisation von Polystyrol

Als Initiatoren der Reaktion fungieren Radikale, die durch thermischen Zerfall von **Peroxiden** oder **Azoverbindungen** entstehen:

$$R{-}O{-}O{-}R \longrightarrow 2\,R{-}O\bullet \quad (R:\ C_6H_5{-}CO{-}\ \text{bei Dibenzoylperoxid})$$

$$R{-}N{=}N{-}R \longrightarrow 2\,R\bullet + N_2 \quad (R:\ NC{-}C(CH_3)_2{-}\ \text{bei Azodiisobuttersäuredinitril})$$

Der Mechanismus der radikalischen Polymerisation von Polystyrol lässt sich in drei Schritten formulieren.

1. **Kettenstart:** Ein Starter-Radikal entkoppelt die Elektronen der Doppelbindung eines Monomer-Moleküls, es entsteht ein Monomer-Radikal:

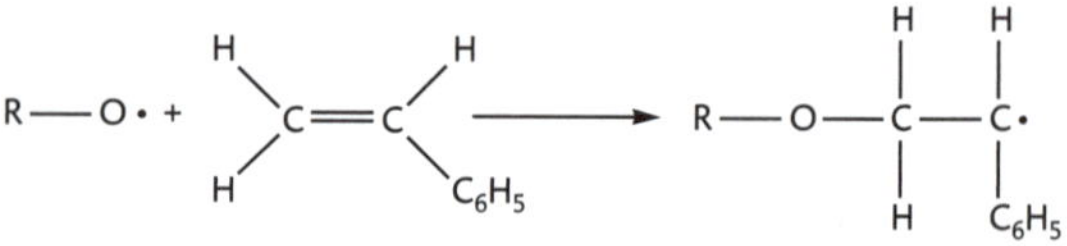

$$R{-}O\bullet + H_2C{=}CH{-}C_6H_5 \longrightarrow R{-}O{-}CH_2{-}\dot{C}H{-}C_6H_5$$

2. Kettenwachstum: Das Monomer-Radikal greift ein weiteres Monomer-Molekül an. Das Folgeradikal reagiert in gleicher Weise, eine fortschreitende Verlängerung der Radikalkette ist die Folge:

```
          H    H                                  H     H     H     H
          |    |     H         H                  |     |     |     |
                      \       /
R—O—C—C•  +   C═C   ———▶  R—O—C———C———C———C•
                      /       \
          |    |     H         C6H5               |     |     |     |
          H    C6H5                               H     C6H5  H     C6H5
```

3. Kettenabbruch: Der Abbruch des Kettenwachstums erfolgt durch „Vernichtung“ von Radikalen, z. B. durch Kombination zweier wachsender Radikalketten:

```
        H    H     H    H          H     H    H     H
        |    |     |    |          |     |    |     |
R——O——C——C——C——C•   +   •C——C——C——C——O——R
        |    |     |    |          |     |    |     |
        H    C6H5  H    C6H5       C6H5  H    C6H5  H
                              |
                              ▼
        H    H     H    H     H     H    H     H
        |    |     |    |     |     |    |     |
R——O——C——C——C——C——C——C——C——C——O——R
        |    |     |    |     |     |    |     |
        H    C6H5  H    C6H5  C6H5  H    C6H5  H
```

1.4 Polykondensation: Polyamide und Polyester

Zu den **Polykondensaten** gehören die als Textilfasern bekannten Polyamide und Polyester, die Polycarbonate und die duroplastischen Amino- und Phenoplaste.

Polyester

Die charakteristische Atomgruppierung der **Polyester** ist die **Estergruppe –COO–**.

Polyester vom **Typ II** werden aus **Dicarbonsäuren** und **Dialkanolen** (Diolen) synthetisiert:

$$(n+1)\ HOOC{-}R_1{-}COOH + n\ HO{-}R_2{-}OH \xrightarrow{-2n\,H_2O} HOOC{-}[R_1{-}CO{-}O{-}R_2{-}O{-}CO]_n{-}R_1{-}COOH$$

Beispiel:
Die Kunstfaser **Trevira** ist ein Polyester aus Benzol-1,4-dicarbonsäure (Terephtalsäure) und 1,2-Ethandiol (Glykol):

$$HOOC{-}C_6H_4{-}COOH + HO{-}CH_2{-}CH_2{-}OH \xrightarrow{-n\,H_2O} [OC{-}C_6H_4{-}CO{-}O{-}CH_2{-}CH_2{-}O]_n\ OC{-}C_6H_4{-}CO{-}\ldots$$

Polyester vom **Typ I** werden aus **Hydroxycarbonsäuren** synthetisiert:

$$(n+1)\ HO{-}R{-}COOH \xrightarrow{-n\,H_2O} HO{-}[R{-}CO{-}O]_n{-}R{-}COOH$$

Polyamide

> Die charakteristische Atomgruppierung der **Polyamide** ist die **Amidgruppe –CO–NH–**.

Die Amidgruppe entspricht der Peptidgruppe der Polypeptide, die bei Verknüpfung von α-Aminosäuren entstehen (siehe S. 157). Polyamide vom **AS-Typ** werden aus **Aminocarbonsäuren** synthetisiert:

$$(n+1)\ H_2N{-}R{-}COOH \xrightarrow{-n\,H_2O} H_2N{-}[R{-}CO{-}NH]_n{-}R{-}COOH$$

Aminocarbonsäure — Polyamid (AS-Typ)

Beispiel:
Das **Polyamid 6** („Perlon") wird aus 6-Aminohexansäure (ε-Aminocapronsäure, $H_2N{-}(CH_2)_5{-}COO$) über deren cyclisches Amid ε-Caprolactam (siehe S. 124) synthetisiert:

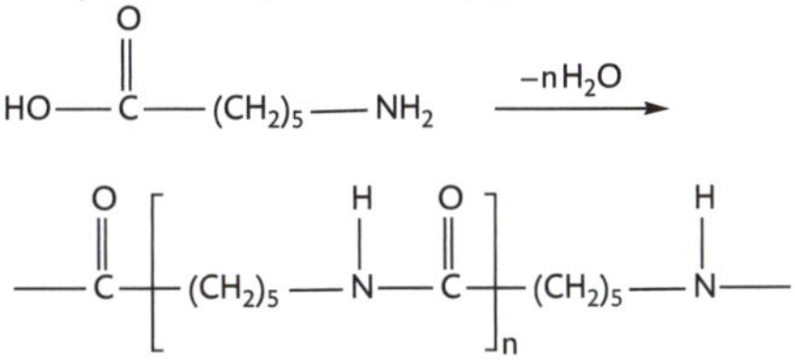

$$HO{-}\overset{O}{\overset{\|}{C}}{-}(CH_2)_5{-}NH_2 \xrightarrow{-nH_2O}$$

$$-\overset{O}{\overset{\|}{C}}\left[{-}(CH_2)_5{-}\overset{H}{\overset{|}{N}}{-}\overset{O}{\overset{\|}{C}}{-}\right]_n(CH_2)_5{-}\overset{H}{\overset{|}{N}}-$$

Repetiereinheit von Perlon

Polyamide vom **AA-SS-Typ** werden aus **Dicarbonsäuren** („S–S") bzw. Dicarbonsäuredichloriden und **Diaminen** („A–A") synthetisiert:

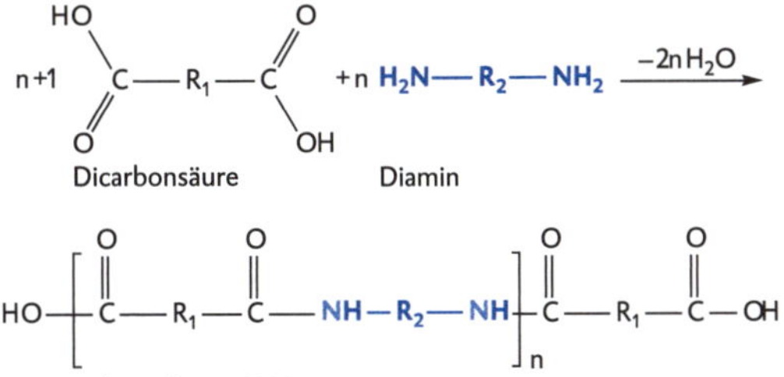

$$(n+1)\ HOOC{-}R_1{-}COOH + n\ H_2N{-}R_2{-}NH_2 \xrightarrow{-2nH_2O}$$

Dicarbonsäure Diamin

$$HO\left[{-}\overset{O}{\overset{\|}{C}}{-}R_1{-}\overset{O}{\overset{\|}{C}}{-}NH{-}R_2{-}NH{-}\right]_n\overset{O}{\overset{\|}{C}}{-}R_1{-}\overset{O}{\overset{\|}{C}}{-}OH$$

Polyamid (AA-SS-Typ)

Beispiel:
Das **Polyamid 6,6** („Nylon") wird aus Hexandisäuredichlorid (Adipinsäuredichlorid) sowie 1,6-Diaminohexan (Hexamethylendiamin) synthetisiert:

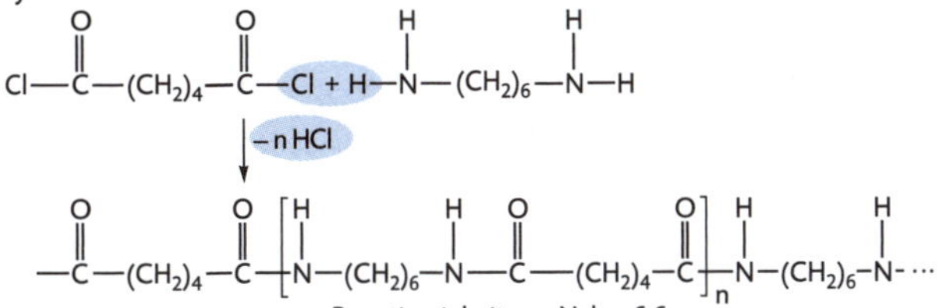

$$Cl{-}\overset{O}{\overset{\|}{C}}{-}(CH_2)_4{-}\overset{O}{\overset{\|}{C}}{-}Cl + H{-}\overset{H}{\overset{|}{N}}{-}(CH_2)_6{-}\overset{H}{\overset{|}{N}}{-}H$$

$$\downarrow -n\,HCl$$

$$-\overset{O}{\overset{\|}{C}}{-}(CH_2)_4{-}\overset{O}{\overset{\|}{C}}\left[{-}\overset{H}{\overset{|}{N}}{-}(CH_2)_6{-}\overset{H}{\overset{|}{N}}{-}\overset{O}{\overset{\|}{C}}{-}(CH_2)_4{-}\overset{O}{\overset{\|}{C}}{-}\right]_n\overset{H}{\overset{|}{N}}{-}(CH_2)_6{-}\overset{H}{\overset{|}{N}}{-}\cdots$$

Repetiereinheit von Nylon 6,6

Nylon und **Perlon** besitzen jeweils sechs aufeinander folgende Kohlenstoffatome in der Molekülkette. Sie unterscheiden sich aber in der Abfolge der Carbonyl- (–CO–) und Iminogruppen (–NH–) innerhalb der Amidgruppen ihrer Makromoleküle.

1.5 Polyaddition: Polyurethan-Schaumstoffe

Die bekanntesten Polyaddukte unter den Kunststoffen sind die **Polyurethane** (PUR). Urethane entstehen bei der Reaktion von Alkanolen und Isocyanaten:

Isocyanat $O=C=N-R_2$
+
Alkanol R_1-O-H $\longrightarrow$ $R_1-O-C(=O)-N(H)-R_2$ Urethan

Die charakteristische Atomgruppierung der Polyurethane ist die Urethangruppe –NH–COO–.

Bei Verwendung bi- oder trifunktioneller Edukte entstehen lineare oder räumlich vernetzte Makromoleküle.

$$HO-R_1-OH + O=C=N-R_2(-N=C=O)-N=C=O \xrightarrow{\text{Polyaddition}}$$

$$\cdots O-R_1-O-CO-NH-R_2(-NH-CO-O-R_1-O\cdots)-NH-CO-O-R_1-O\cdots$$

Polyurethan-**Schaumstoffe** entstehen bei Zusatz von Wasser zur Alkanol-Komponente, da hier in einer Nebenreaktion Kohlenstoffdioxid entsteht, welches als Treibgas den sich bildenden Kunststoff „aufbläht“:

$$R-N=C=O + H_2O \longrightarrow R-NH_2 + CO_2$$

1.6 Naturkautschuk: Polymerisation und Vulkanisation

Naturkautschuk aus dem Milchsaft („Latex") des Kautschukbaums ist ein Polymerisat aus **Isopren**-Monomeren (2-Methylbuta-1,3-dien):

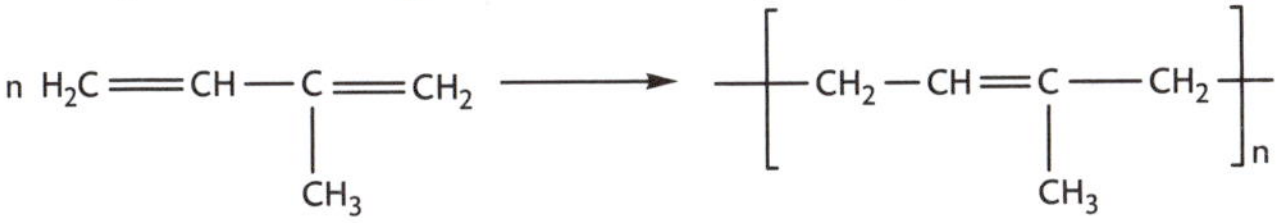

$$n\ H_2C{=}CH{-}\underset{\displaystyle CH_3}{\underset{|}{C}}{=}CH_2 \longrightarrow \left[-CH_2{-}CH{=}\underset{\displaystyle CH_3}{\underset{|}{C}}{-}CH_2- \right]_n$$

2-Methylbuta-1,3-dien Polyisopren

Da das Monomer zwei Doppelbindungen besitzt, weist das lineare Polymer pro Repetiereinheit noch eine Doppelbindung auf und kann vernetzt werden. Dieses geschieht beim **Vulkanisieren** durch den Einbau von Schwefelbrücken (GOODYEAR, 1883). Das Vernetzungsprodukt ist **Gummi**. Weichgummi enthält bis zu 4 %, Hartgummi über 20 % Schwefel. Die Vulkanisation von Polyisopren läuft folgendermaßen ab:

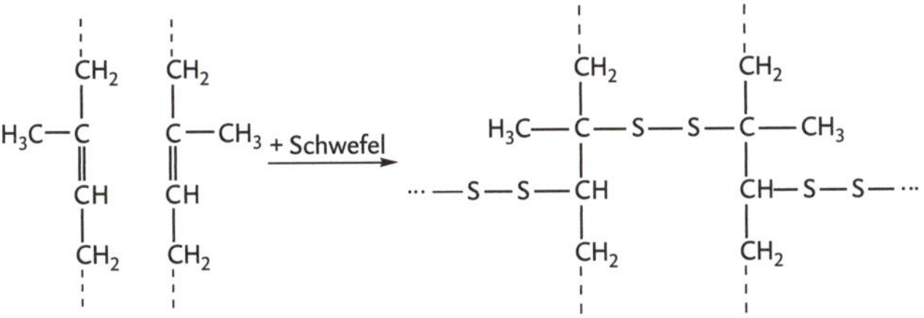

$$\begin{array}{ccc} \vdots & & \vdots \\ CH_2 & & CH_2 \\ | & & | \\ H_3C{-}C & & C{-}CH_3 \\ \| & & \| \\ CH & & CH \\ | & & | \\ CH_2 & & CH_2 \\ \vdots & & \vdots \end{array} \xrightarrow{+\ \text{Schwefel}} \begin{array}{ccc} & \vdots & & \vdots & \\ & CH_2 & & CH_2 & \\ & | & & | & \\ H_3C{-} & C & {-}S{-}S{-} & C & {-}CH_3 \\ & | & & | & \\ \cdots{-}S{-}S{-} & CH & & CH & {-}S{-}S{-}\cdots \\ & | & & | & \\ & CH_2 & & CH_2 & \\ & \vdots & & \vdots & \end{array}$$

1.7 Altkunststoffe: Wiederverwerten oder Verbrennen?

Kunststoffmüll ist problematisch, da die **chemisch resistenten** Stoffe äußerst **langlebig** sind. So sammelt sich auf der Erde immer mehr Kunststoffmüll an, der eine Belastung und eine Gefahr für Ökosysteme darstellt. Im Laufe der Zeit entstehen zudem mikroskopisch kleine Teilchen **(„Mikroplastik")**, die sich in den Nahrungskette anreichern können und sich zudem über Wind und Wasserströmungen weit verbreiten. Auch an den entlegensten Orten der Welt kann Mikroplastik gefunden werden.

Im Grunde gelten Altkunststoffe als Wertstoffe, da sie einen hohen Rohstoff- und Energiegehalt besitzen. Als Prinzipien der **Kunststoffverwertung** lassen sich **werkstoffliche** und **rohstoffliche** („Recycling") Verwertung sowie die **thermische** Nutzung unterscheiden (siehe nachfolgende Tabelle).

Verfahren	Kurzcharakteristik	Vorteile	Nachteile
Werkstoffliches Recycling **Umschmelzen**	**Die chemische Struktur der Polymere bleibt erhalten** Kunststoffmaterial wird zerkleinert und umgeschmolzen	Müllberg wird kleiner Rohstoffe werden eingespart Energieaufwand ist gering	**Umschmelzen nur bei Thermoplasten möglich** Sortenreinheit durch Sortierung muss garantiert sein Qualitätsverlust (Downcycling)
Rohstoffliches Recycling **Pyrolyse**	**Die chemische Struktur der Polymere wird zerstört** Zerlegung in niedermolekulare Produkte durch thermische Spaltung bei 600 – 900 °C, geschlossener Reaktor, Sauerstoffausschluss. Produkte: Pyrolysegas, Pyrolyseöl (diverse Alkane, Alkene, Aromaten)	keine Sortenreinheit erforderlich Einsparung an Erdöl Die Produkte aus dem Pyrolysegas dienen als Edukte für Neusynthesen	hoher Energieeinsatz Trennung der Pyrolyse-Produkte durch Destillation erforderlich erneute Kunststoffsynthese erforderlich
Hydrolyse	Zerlegung der Polymere in ihre Momomere Umkehrung der Polykondensation	die eingesetzten Edukte werden zurück gewonnen Erdöl wird eingespart	endothermer Verlauf der Hydrolyse hohe Energiekosten **Hydrolyse nur mit Polykondensaten möglich**
Thermische Verwertung	**Verbrennen der Kunststoffabfälle**	kostengünstige Beseitigung Reduktion des Kunststoff-Müllvolumens Nutzung des Energiegehalts der Kunststoffe	keine stoffliche Verwertung Schadstoff- und CO_2-Emission unvermeidlich, geringe Akzeptanz von Müllverbrennungsanlagen in der Bevölkerung

2 Farbstoffe machen unser Leben bunt

2.1 „Farben sind das Lächeln der Natur“ (W. HUNT, engl. Maler)

Farben haben großen Einfluss auf die Psyche der Menschen. Und Farben haben **Symbolkraft**, bisweilen eine ambivalente: So sprechen wir von den lebenswichtigen „grünen Lungen“ der Großstädte und den lebensbedrohenden „grünen Höllen“ der Urwälder. Grün ist Farbe des Lebens und der Hoffnung, Grün ist aber auch die Farbe der Galle (des Neides). Auch der Ausdruck „giftgrün“ verheißt mit seinem Bezug auf Toxine eher Ungutes. Im täglichen Sprachgebrauch ist der Begriff „Grün“ mit mindestens drei verschiedenen Bedeutungen verknüpft:

- „Grün“ ist Ausdruck für eine **Sinnesempfindung**.
- „Grün“ ist eine **Spektralfarbe** (Wellenlängenbereich 500–560 nm).
- „Grün“ ist die Bezeichnung für einen farbigen Stoff, für ein **Farbmittel**, wie z. B. Malachitgrün.

2.2 Farbigkeit: Absorption und Emission von Licht

Licht besitzt eine „doppelte Natur“. Es hat **Teilchen-Eigenschaften** (Teilchenstrom von Lichtquanten oder Photonen) **und eine Wellennatur**, mit der z. B. Brechung, Beugung und Reflexion beschrieben werden können. Hinter dieser Modellvorstellung, dem **Welle-Teilchen-Dualismus**, steht richtig verstanden kein „Entweder-Oder“ und kein „Sowohl-als-Auch“, sondern ein „Weder-Noch“. Teilchen- und Wellentheorie haben beide ihre Berechtigung, wobei zur Erklärung der Farbigkeit die Wellentheorie herangezogen wird. Der vom menschlichen Auge wahrnehmbare Anteil des elektromagnetischen Spektrums liegt in einem schmalen Bereich von etwa **400 bis 750 nm**. Jede **Spektralfarbe** kann einem bestimmten Wellenlängenbereich zugeordnet werden (siehe S. 204). Monochromatisches Licht besitzt nur eine einzige Wellenlänge. **Weißes Licht** ist eine Mischung aller Spektralfarben des sichtbaren Bereichs.

Entstehung von Farbigkeit durch Absorption

Farbe entsteht, wenn ein Stoff elektromagnetische Wellen aus einem Bereich des sichtbaren Lichtes **absorbiert**. Voraussetzung ist, dass die Teilchen des Stoffes Elektronen besitzen, die durch das relativ energiearme sichtbare Licht angeregt werden können. Unser Sehsystem registriert die **Komplementärfarbe** zur Farbe des absorbierten Lichts.

Farbe entsteht durch **Absorption** bestimmter Wellenlängen aus dem sichtbaren Bereich des elektromagnetischen Spektrums.

Die folgende Tabelle zeigt den Zusammenhang zwischen absorbiertem Licht und sichtbarer Farbe:

Absorbiertes Licht		
Wellenlänge	**Farbe**	**Farbeindruck** (Komplementärfarbe)
400–435 nm	violett	grüngelb
435–480 nm	ultramarin	gelb
480–490 nm	blau	orange
490–500 nm	blaugrün	rot
500–560 nm	grün	purpur
580–560 nm	grüngelb	violett
580–595 nm	gelb	ultramarin
595–610 nm	orange	blau
610–750 nm	rot	blaugrün

Absorbiert ein Stoff nur Wellenlängen außerhalb von 400–750 nm, erscheint er uns weiß. Absorbiert ein Stoff alle Wellenlängen des sichtbaren Bereichs, erscheint er uns schwarz. Durch geeignete Kombination der drei reinen Pigmente **Rot, Gelb und Blau** können alle Farben durch Mischung hergestellt werden: Mischt ein Künstler bzw. eine Künstlerin auf der Palette Gelb und Blau, ergibt das Grün. Die Mischung aller drei Pigmente auf weißem Hintergrund liefert Schwarz. Man spricht vom Prinzip der **subtraktiven Farbmischung**.

Subtraktive Farbmischung durch Pigmente

In einer Malerfarbe, die aus blauen und gelben Pigmenten besteht, „schlucken“ die blauen Pigmente den komplementären roten, orangefarbigen und gelben Spektralbereich. Die gelben Pigmente absorbieren blaue und violette Spektralfarben. Reflektiert werden nur die von der Subtraktion ausgesparten, „grünen Wellenlängenbereiche“. Die Wahrnehmung der reflektierten „Restfarbe“ ist damit „Grün“.

Entstehung der Farbigkeit durch Emission

Stoffe können auch aufgrund von **Lichtemission** farbig erscheinen. Elektronen ihrer Atome werden zunächst aus ihrem Grundzustand auf ein energetisch höheres Niveau gehoben. Man spricht vom „angeregten Zustand“. Fallen die Elektronen wieder auf ihr Ausgangsniveau zurück, so kann die Energiedifferenz in Form von Licht emittiert werden.

Das Prinzip der menschlichen Farbwahrnehmung

In der Netzhaut des menschlichen Auges finden sich drei verschiedene Farbrezeptoren, rot-, grün- und blauempfindliche **Lichtsinneszellen**, deren Absorptionskurven sich teilweise überlagern („trichromatisches Farbsehen“). Werden alle drei Rezeptortypen gleichzeitig intensiv erregt, entsteht der Sinneseindruck „Weiß“. In allen anderen Fällen resultiert die **Farbwahrnehmung** aus der anteiligen Reizung der drei Zapfentypen. Der optischen Wahrnehmung des Menschen liegt das Prinzip der additiven Farbmischung zugrunde.

Additive Farbmischung mit farbigem Licht

Aus der **Überlagerung** von rotem, grünem und blauem **Licht** („RGB“) gleicher Intensität errechnet das optische System des Menschen den Eindruck „Weiß“. Überlagern sich nur zwei der drei additiven Grundfarben, resultiert eine Mischfarbe: Grün und Rot ergeben Gelb, Grün und Blau ergeben Grünblau, Rot und Blau ergeben Purpur. Nach demselben Prinzip arbeitet ein Farbdisplay eines elektronischen Geräts. Auf diesem ist Gelb also keine Grund- sondern eine Mischfarbe.

2.3 Einteilung der Farbmittel: Farbstoffe und Pigmente

Alle zur Farbgebung geeigneten Verbindungen werden unter dem Begriff **„Farbmittel“** zusammengefasst. Ist ein Farbmittel in Lösungsmitteln unlöslich, so nennt man es **Pigment**. Sind Farbmittel in Lösungsmitteln löslich oder können sie durch geeignete Verfahren löslich gemacht werden, so heißen sie **Farbstoffe**. Sie können in **natürliche** und **synthetische** Farbstoffe unterteilt werden.
Nicht alle löslichen farbigen Verbindungen sind als **Färbemittel** geeignet. Der Farbstoff muss auf dem zu färbenden Untergrund, der so genannten „Matrix“ haften und z. B. als Textilfarbstoff auf die Faser „aufziehen“.

Farbstoffe sind lösliche Farbmittel, **Pigmente** sind unlösliche Farbmittel.

Um Farbstoffe zu ordnen, kann man folgende Kriterien anwenden:

1. Die Einteilung kann aufgrund **struktureller Kriterien** in verschiedene Verbindungsklassen erfolgen und richtet sich nach der Art des **Chromophors** als „farbtragende Komponente“. Solche Klassen sind z. B. die Azo-, Triphenylmethan- oder die Carbonylfarbstoffe.
2. Gruppen von Farbstoffen lassen sich auch unter **anwendungstechnischen** Gesichtspunkten bilden. Küpenfarbstoffe, Reaktivfarbstoffe, Substantive Farbstoffe, Entwicklungsfarbstoffe sind Beispiele hierfür.

2.4 Strukturelle Voraussetzungen für Farbigkeit: push and pull

Organische Farbstoffmoleküle besitzen Elektronen, die durch Licht leicht anregbar sind. Dabei handelt es sich meistens um **π-Elektronen**, wie sie in den delokalisierten Elektronensystemen **konjugierter C=C-Doppelbindungen** und **aromatischer Systeme** vorkommen. Dieser Molekülteil heißt Chromophor.

Als **Chromophor** wird das Strukturelement eines Farbstoffmoleküls bezeichnet, welches **leicht anregbare π-Elektronen** aufweist, also das Doppelbindungssystem des Moleküls.

An dem zentralen π-System des Chromophors sitzen (fast immer) beiderseits geeignete Substituenten als **Endgruppen:**

- Fungiert eine solche Endgruppe als **Elektronendonator** (+M-Substituent), wird sie **Auxochrom** genannt.
- Fungiert die Endgruppe als **Elektronenakzeptor** (–M-Substituent), wird sie **Antiauxochrom** genannt.

Die beiden Endgruppen treten mit dem π-Elektronensystem der konjugierten Doppelbindungen in Wechselwirkung, weshalb man auch von einem **„push-pull-System“** spricht. Das Strukturprinzip organischer Farbstoffmoleküle lässt sich wie folgt darstellen:

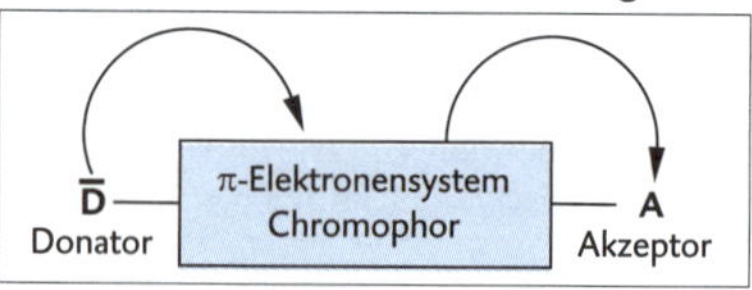

Das gesamte farbgebende System eines Moleküls, also der Chromophor und seine beiden Endgruppen, werden auch als **Chromogen** bezeichnet. Alle auxochromen Substituenten besitzen an ihrem Sauerstoff- oder Stickstoffatom ein **freies Elektronenpaar**, das in die Delokalisation des π-Systems einbezogen werden kann:

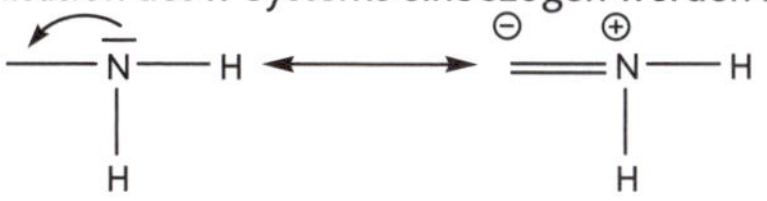

Folgende Auxochrome sind nach steigender Wirkung geordnet:

Auxochrome (+M-Substituenten)	–OR	–Hal	–OH	$-NH_2$	–NHR	$-NR_2$	$-NHC_6H_5$

Antiauxochrome Substituenten (ungesättigte Gruppen oder Gruppierungen mit positiver Ladung) sind in der Lage, Elektronen aus dem delokalisierten π-System abzuziehen, wie es die Formulierung **mesomerer Grenzformeln** verdeutlicht:

Folgende Antiauxochrome sind nach steigender Wirkung geordnet:

Antiauxochrome (–M-Substituenten)	–CR=O	–CH=O	$-NO_2$	–C≡N	$-CH=\overset{\oplus}{N}R_2$	–N=N–R

Bei Kohlenwasserstoffen mit mehreren Doppelbindungen **(Polyene)** lassen sich nur zwei äußerst **ungleichwertige Grenzformeln** angeben, von denen die zweite, energiereichere nur einen unbedeutenden Anteil zur Beschreibung des Moleküls beiträgt.

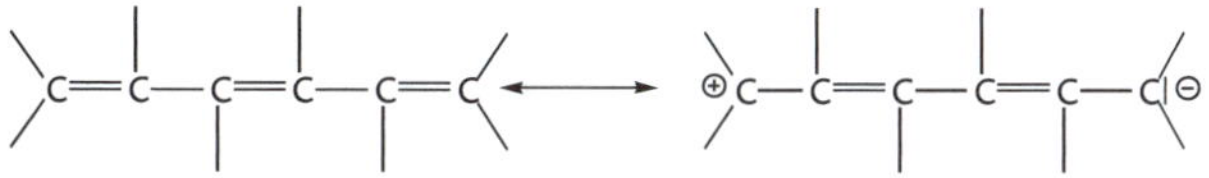

Bei Polyenen ist die Delokalisation der Elektronen im π-System wenig ausgeprägt. Sie besitzen Chromophore **ohne Bindungsausgleich.** Die gezeigte zwitterionische Grenzformel ist irrelevant.
Lassen sich dagegen, wie bei den symmetrischen **Cyaninen**, zwei energetisch **gleichwertige** Grenzformeln formulieren, haben beide glei-

chen Anteil an der Beschreibung der Elektronenverteilung im Molekül. **Bindungsausgleich** und Delokalisierung sind bei den Cyaninen ideal:

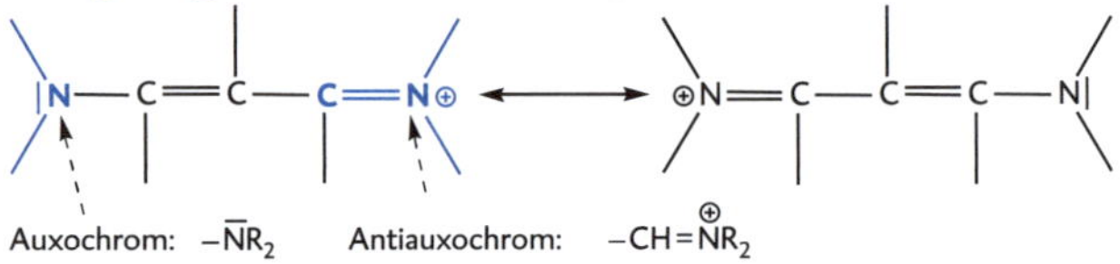

$$\overline{N}-C=C-C=N^{\oplus} \longleftrightarrow {}^{\oplus}N=C-C=C-\overline{N}$$

Auxochrom: $-\overline{N}R_2$ Antiauxochrom: $-CH=\overset{\oplus}{N}R_2$

2.5 Farbbestimmende Strukturmerkmale: Bindungsausgleich

Für die Farbstoffklassen der Polyene und Cyanine zeigt die folgende Tabelle den Zusammenhang zwischen der **Länge** des konjugierten π-Elektronensystems, der **Wellenlänge** des absorbierten Lichts (λ_{max}) und der **Farbe** der Verbindungen:

	Polyene $H_3C-(CH=CH)_n-CH_3$		**Cyanine** $R_2\overline{N}-(CH=CH)_{n-1}-CH=\overset{\oplus}{N}R_2\ X^{\ominus}$	
n (Anzahl der Doppelbindungen)	absorbierte Farbe (λ_{max})	Farbe der Verbindung (Komplementärfarbe)	absorbierte Farbe (λ_{max})	Farbe der Verbindung (Komplementärfarbe)
2	217 nm		313 nm	farblos (UV)
3	257 nm		416 nm	gelbgrün
4	300 nm		519 nm	rot
5	317 nm	farblos (UV) (n = 2–8)	625 nm	blaugrün (n = 5–6)
6	344 nm		735 nm	
7	368 nm		848 nm	
8	386 nm			farblos (IR) (n = 7–9)
9	413 nm	grüngelb		

In beiden Farbstoffklassen zeigt sich folgende Tendenz:

Je **ausgedehnter** das konjugierte π-Elektronensystem eines Moleküls, umso größer ist die Wellenlänge des absorbierten Lichts.

Mit zunehmender Anzahl der π-Elektronenpaare nimmt auch deren **Delokalisation** zu, wodurch der zur Elektronenanregung erforderliche Energiebetrag kleiner wird.

Ein Vergleich der Absorption **zwischen beiden Farbstoffklassen** liefert ein erstaunliches Ergebnis: Ein Cyanin mit nur drei konjugierten Doppelbindungen absorbiert bereits im sichtbaren Bereich. In seiner Farbe ist es vergleichbar mit einem Polyen mit neun Doppelbindungen. Cyanine mit vier Doppelbindungen sind bereits rot gefärbt, während Absorptionswerte über 500 nm bei Polyenen erst bei ca. 16 Doppelbindungen (λ_{max} = 510 nm) erreicht werden.
Die Farbe organischer Farbstoffmoleküle wird also mehr durch die Endgruppen als durch die Größe des konjugierten π-Elektronensystems bestimmt.

Im Zusammenspiel verstärken **Auxochrom** und **Antiauxochrom** die Delokalisation des chromogenen Systems. Sie bewirken damit eine Verschiebung der Absorption zu größeren Wellenlängen. Man spricht von einer farbvertiefenden oder **bathochromen** Verschiebung.

Deutlich wird das Phänomen der **Bathochromie** bei Einführung einer Aminogruppe mit +M-Effekt und einer Nitrogruppe mit –M-Effekt in 1,4-Stellung am Benzolring: Mit ihrem freien Elektronenpaar erweitert die Aminogruppe das delokalisierte π-System. Eine Nitro-Gruppe in para-Stellung verstärkt die bathochrome Verschiebung (Farbvertiefung):

farblos 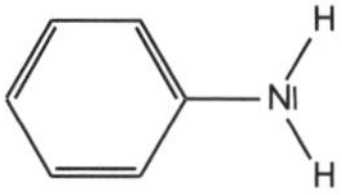　　Anilin: schwach gelblich 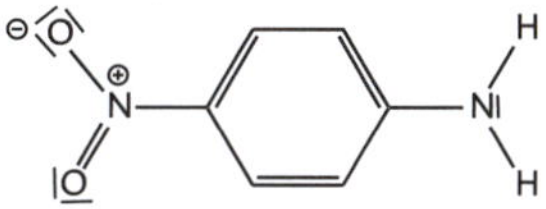　　4-Nitroanilin: gelborange

Zusammenfassend lässt sich zur **Struktur-Farbigkeit-Beziehung** organischer Stoffe festhalten:

Chromophor-Modell (push-pull-System) und **Mesomerie-Modell** (Bindungsausgleich) helfen, den Zusammenhang zwischen Struktur und Farbe organischer Stoffe zu verstehen. Sie erlauben Voraussagen, um neue Farbstoffe gezielt zu synthetisieren.

Die **Lichtabsorption** eines Farbstoffes, d. h. die Anregbarkeit der Elektronen seines Chromogens, hängt von drei Faktoren ab:

- Größe des Chromophors
- Wirksamkeit der Endgruppen
- Geometrie des Chromophors

Das vorgestellte Mesomerie-Modell (siehe S. 207) gilt nur für **lineare** Chromophore. Für verzweigte Systeme ist es mit Einschränkungen anwendbar, für **gekreuzt konjugierte** π-Systeme und **cyclisch konjugierte** Chromophore ist es ungeeignet.

Die folgende Tabelle zeigt vier Chromophorklassen:

Art des Chromophors	Beispiel	Farbe
linear 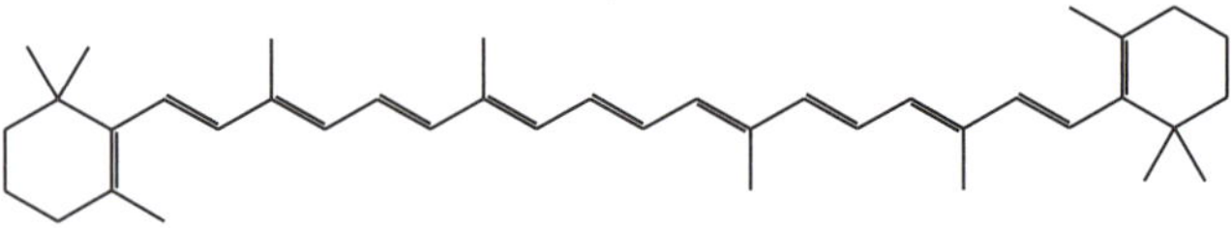	β-Carotin	orange
verzweigt 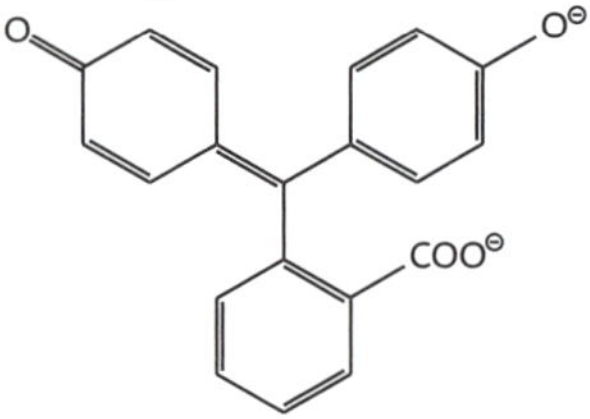 (O, $O^\ominus$, $COO^\ominus$)	Phenolphthalein	rot (im Alkalischen)
gekreuzt 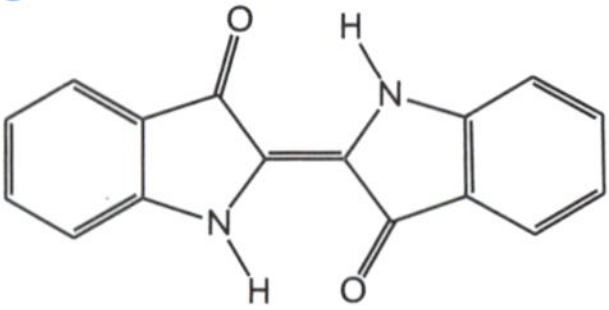 (O, H, N, N, H, O)	Indigo	blau

cyclisch 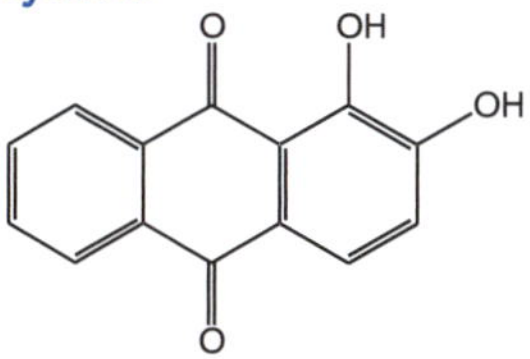	Alizarin	rot

Carotinoide sind Polyene, d. h. Kohlenwasserstoffe mit einer langen Kette konjugierter Doppelbindungen. Sie besitzen ein Kohlenstoffgerüst aus meist 40 Kohlenstoffatomen, wovon 18 das zentrale Strukturelement bilden. Ihre Farben liegen im Gelb-, Orange- und Rotbereich.

2.6 Farbstoffklassen: Klassifizierung nach Chromophoren

Azofarbstoffe

In den Molekülen der Azofarbstoffe tritt die **Azogruppe –N=N–** auf. In vielen Farbstoffen sind zwei Phenylreste über diese Gruppe verbunden. Die Substituenten an den aromatischen Ringen entscheiden über die absorbierte Wellenlänge und damit über die Farbe der Verbindung. Manche Azofarbstoff-Moleküle enthalten mehrere Azogruppen.

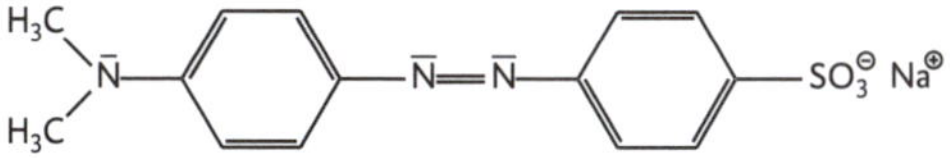

Methylorange (λ_{max} = 511 nm bei pH 2)

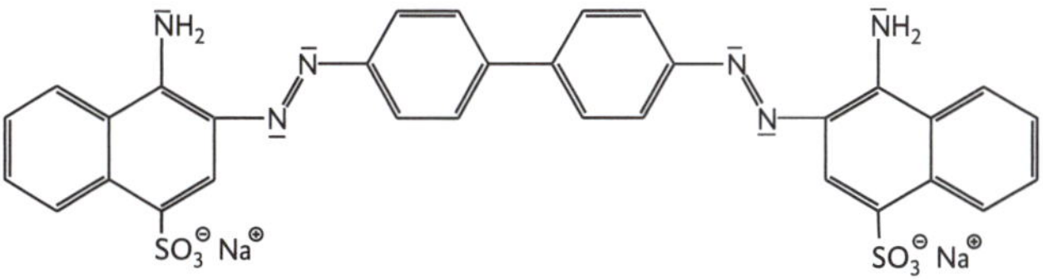

Kongorot (λ_{max} = 486 nm bei pH 8)

Triphenylmethanfarbstoffe

Die Triphenylmethanfarbstoffe leiten sich vom Kohlenwasserstoff Triphenylmethan ab. Das Chromogen liegt als Kation vor. Mindestens zwei der Phenylringe sind mit Auxochromen substituiert:

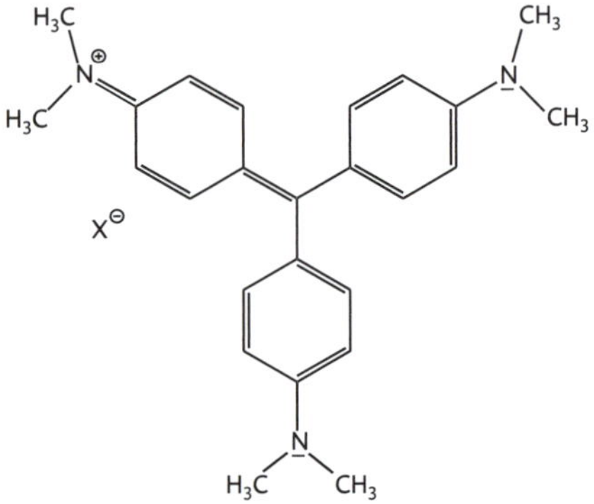

Kristallviolett
(λ_{max} = 585 nm)

Carbonylfarbstoffe

Zu dieser Farbstoffklasse gehören **indigoide Farbstoffe** wie Indigo (λ = 606 nm) und **Anthrachinonfarbstoffe** wie Alizarin (λ = 428 nm). Carbonylfarbstoffe enthalten Systeme mit einander in Konjugation stehender Carbonylgruppen. Diese sind bei Indigo linear (halbchinoid), bei Alizarin cyclisch (chinoid) gebaut:

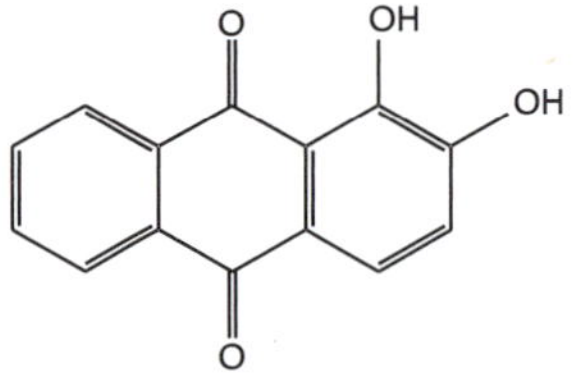

Alizarin (λ_{max} = 428 nm)

2.7 Wichtige Farbstoffgruppen: Gruppierung nach Färbetechnik

Beizenfarbstoffe

Schwach bindende Farbstoffe lassen sich mithilfe von „Beizen" (Metallsalzen) auf der Baumwollfaser (Cellulosefaser) verankern. Durch eine Vorbehandlung kommt es zur Komplexierung von Metallionen (Al^{3+}) auf der Faser. Beim Färben entstehen **unlösliche „Farblacke"** zwischen den Farbstoffmolekülen und den Metallkomplexen. Ein Beispiel für Beizenfarbstoffe sind Anthrachinonfarbstoffe wie das Alizarin.

Direktfarbstoffe

Direktfarbstoffe werden auch substantive oder direktaufziehende Farbstoffe genannt. Die „Bindung" zwischen Farbstoff und Cellulosefaser geschieht über Wasserstoffbrücken- oder VAN-DER-WAALS-Bindungen, also über intermolekulare Wechselwirkung. Sie haften direkt, d. h. **ohne Vorbehandlung** mit einer Beize. Viele Azofarbstoffe wie Kongorot sind Direktfarbstoffe.

Küpenfarbstoffe

Der eigentliche Küpenfarbstoff ist unlöslich. Durch Reduktion wird er in eine **Leukoform** überführt und wasserlöslich, sodass er aus der Küpe auf die Baumwollfaser aufzieht. Durch Luftsauerstoff erfolgt Rückoxidation, etwa vom löslichen Leukoindigo zum wasserunlöslichen **Indigo.**

Entwicklungsfarbstoffe

Der unlösliche Entwicklungsfarbstoff wird erst **auf der Faser** aus zwei Komponenten gebildet. Die Faser wird zunächst mit der Kupplungskomponente getränkt und dann in die Diazoniumlösung überführt. Azofarbstoffe wie Naphtholorange sind Entwicklungsfarbstoffe (siehe S. 214).

2.8 Textilfarbstoffe und ihre Fasern

Damit eine Substanz als **Textilfarbstoff** eingesetzt werden kann, muss sie neben ihrer Farbigkeit auch auf die Faser aufziehen und dort langfristig fixiert werden können. Ziel der Textilfärberei ist, das Farbmittel möglichst stabil auf der Faser zu verankern. Die chemische **Struktur der Faser** bestimmt daher, welcher Farbstoff und welches Färbeverfahren geeignet sind:

- Fasern tierischen Ursprungs (Wolle, Seide) sind aus **Proteinen** aufgebaut und besitzen somit **Carboxylat- bzw. Ammoniumgruppen** der Aminosäure-Seitenketten, an welche polare Farbstoffe über elektrostatische Wechselwirkungen gebunden werden können.
- Baumwolle besteht vor allem aus **Cellulose** und besitzt daher zahlreiche **Hydroxyl-Gruppen**, an welchen polare Farbstoffe über kovalente Bindungen fixiert werden oder über intermolekulare Wechselwirkungen haften können.
- Synthetische Fasern aus **Polyestern** und **Polyamiden** hingegen sind **hydrophob**. Ihre Moleküle besitzen keine polaren Seitengruppen; sie sind daher gut mit **unpolaren** Farbstoffmolekülen (Dispersionsfarbstoffe, Pigmente) anfärbbar.

2.9 Azofarbstoffe: Diazotierung und Azokupplung

Diazotierung

Aus Natriumnitit wird mit Salzsäure **Salpetrige Säure** freigesetzt:

$$NaNO_2\,(aq) + HCl\,(aq) \longrightarrow HNO_2\,(aq) + NaCl\,(aq)$$

Diese bildet bei Reaktion mit Anilin das **Benzoldiazoniumchlorid**:

$$C_6H_5{-}NH_2 + HNO_2 + H_3O^{\oplus} \longrightarrow C_6H_5{-}N_2^{\oplus} + 3\,H_2O$$

In gekühlter Lösung bei 5 °C sind aromatische Diazoniumsalze relativ stabil, in festem Zustand aber explosiv. Das **Diazoniumion** ist wegen der Delokalisation seiner positiven Ladung **nur schwach elektrophil** und kann daher nur reaktionsfähige Aromaten angreifen.

$$\left\{ C_6H_5{-}\overset{\oplus}{N}{\equiv}N| \longleftrightarrow C_6H_5{-}\overline{N}{=}\overset{\oplus}{N}| \right\}$$

Benzoldiazoniumion

Als Reaktionspartner kommen **aromatische Amine und Phenole** infrage, weil diese in ihren Amino- bzw. Hydroxylresten stark elektronenliefernde Substituenten mit aktivierendem +M-Effekt besitzen.

Azokupplung

Im zweiten Verfahrensschritt, in dem das Diazoniumkation als Elektrophil auftritt, wird es an einen Aromaten, der mindestens einen Elektronendonator als Substituenten trägt, gekoppelt. Wird die Kupplungsreaktion mit dem Diazoniumsalz der Sulfanilsäure und Dimethylanilin durchgeführt, so erhält man als Reaktionsprodukt eine Azoverbindung, deren Natriumsalz der Säureindikator **Methylorange** ist:

$$HO_3S{-}C_6H_4{-}\underline{N}{=}\underline{N}^{\oplus} + C_6H_5{-}\underline{N}(CH_3)_2$$

$$\big\downarrow -H^{\oplus}$$

$$HO_3S{-}C_6H_4{-}\underline{N}{=}\underline{N}{-}C_6H_4{-}\underline{N}(CH_3)_2$$

Als **Textilfarbstoffe** zeichnen sich Azofarbstoffe durch hohe Farb- und Lichtechtheit aus.
Der Siegeszug **synthetischer Farbstoffe** begann Mitte des 19. Jahrhunderts mit der Entdeckung des leuchtend rotvioletten Anilinfarbstoffes **Mauvein** durch den englischen Chemiestudenten W. PERKIN.
Synthetische Farbstoffe sind jedoch auch problematisch, da sie oft eine Umweltbelastung darstellen können, z. B. wenn sie nach dem Färbevorgang direkt in Gewässer eingeleitet werden. Zudem muss das allergene und gesundheitsschädliche Potenzial vieler Farbstoffe berücksichtigt werden.

3 Tenside und Waschmittel: Seife & Co.

3.1 Tenside, Detergenzien, Surfactants, Syndets

Diejenigen Substanzen, die als **„Tenside"** zusammengefasst werden, zeichnen sich – anders als z. B. die Stoffe in den Klassen der Alkanole, Carbonsäuren oder Amine – nicht durch den Besitz einer gemeinsamen funktionellen Gruppe, sondern durch ein **gemeinsames Bauprinzip**, den amphipathischen Bau, und eine **gemeinsame Wirkungsweise**, ihre Waschaktivität, aus. Auch „Waschmittel" sind keine systematische Kategorie, sondern sind über ihre **Funktion** definiert. Bei ihnen handelt es sich um komplexe Gemische aus Substanzen, die beim Waschvorgang unterschiedlichste Aufgaben wie Reinigen, Bleichen, Entspannen, Dispergieren, Enthärten etc. zu erfüllen haben.
Der Begriff „Tensid" leitet sich vom lateinischen „*tendere*" für „spannen" ab, weil diese Substanzen die **Oberflächenspannung** des beim Waschen verwendeten Lösungsmittels Wasser herabsetzen. Andere gebräuchliche Fachbegriffe für Stoffe mit dieser Eigenschaft sind:

- **Detergenzien**, abgeleitet vom lateinischen „*detergere*" für „reinigen". Der Begriff wird oft synomym für „Waschmittel" gebraucht.
- **Surfactants**, abgeleitet vom englischen „*surface*" für „Oberfläche". Die Bezeichnung gibt einen Hinweis auf die Grenzflächenaktivität der Substanzen.
- **WAS** als Akronym für „**W**aschaktive **S**ubstanz".
- **Syndets** (Abkürzung für „**syn**thetic **det**ergents"), ein Begriff der für künstliche Tenside in Abgrenzung zu naturstoffbasierten Tensiden, den Seifen, steht.

3.2 Seife: Prototyp einer waschaktiven Substanz

Bei der **Verseifung** eines Fettes mit Alkalilauge entstehen Glycerin und Seife. Das Verfahren der Seifensiederei gehört als eines der ältesten chemischen Gewerbe zur Kulturgeschichte der Menschheit. Mit Kalilauge, die man aus Pottasche (K_2CO_3) und gebranntem Kalk (CaO) gewann, wurden Öle und Tierfette bereits im 9. Jh. zu Seife verkocht.

Seifen sind Natrium- bzw. Kaliumsalze längerkettiger **Fettsäuren**.

Das Reaktionsschema der Verseifung sieht folgendermaßen aus:

$$H_2C{-}O{-}CO{-}(CH_2)_{16}{-}CH_3$$
$$HC{-}O{-}CO{-}(CH_2)_{14}{-}CH_3 \quad + \; 3\,NaOH \longrightarrow$$
$$H_2C{-}O{-}CO{-}(CH_2)_7{-}CH{=}CH{-}(CH_2)_7{-}CH_3$$

Triglycerid

$$H_2C{-}OH \qquad H_3C{-}(CH_2)_{16}{-}COO^{\ominus}\,Na^{\oplus}$$

Natriumstearat (Natriumoctadecanoat)

$$HC{-}OH \quad + \quad H_3C{-}(CH_2)_{14}{-}COO^{\ominus}\,Na^{\oplus}$$

Natriumpalmitat (Natriumhexadecanoat)

$$H_2C{-}OH \qquad H_3C{-}(CH_2)_7{-}CH{=}CH{-}(CH_2)_7{-}COO^{\ominus}\,Na^{\oplus}$$

Glycerin

Natriumoleat (Natriumoctadecenoat)

Seifen, die aus Fetten gewonnen werden, sind immer **Gemische** der Alkalisalze verschiedener Fettsäuren. Für „die Seife“ lässt sich daher keine chemische Formel angeben. Mit Natronlauge hergestellte **Natriumseifen** sind von harter Konsistenz. Sie sind als **Kernseifen** bekannt. Einer ihrer Hauptbestandteile ist Natriumlaureat (Natriumdodecanoat) $C_{11}H_{23}-COO^{-}Na^{+}$. Mit Kalilauge hergestellte **Kaliseifen** sind weicher, es sind so genannte **„Schmierseifen“**.

> Natriumseifen liegen als feste **Kernseifen**, Kaliumseifen als weiche **Schmierseifen** vor.

In der großtechnischen Seifenproduktion werden heutzutage andere Verfahren eingesetzt: Zunächst werden die Fettsäuren durch **Hydrolyse** bei einem Druck von 100 bar, mit 180 °C heißem Wasserdampf und unter Einsatz von Katalysatoren aus pflanzlichen oder tierischen Fetten freigesetzt. Nach Abtrennung des wertvollen Rohstoffs Glycerin wird das Fettsäurehydrolysat gereinigt. Dann wird mit Lauge (NaOH) oder Soda (Na_2CO_3) die **Neutralisation** durchgeführt. Das folgende Schema zeigt zwei Synthesewege zur Seife:

$H_2C-\overline{O}-C(=O)-(CH_2)_{14}-CH_3$
$HC-\overline{O}-C(=O)-(CH_2)_{14}-CH_3$
$H_2C-\overline{O}-C(=O)-(CH_2)_{14}-CH_3$

Edukt: Glycerintripalmitat (Fett)

NaOH → Glycerin

Edukt: Palmitinsäure (Fettsäure)

$H_3C-(CH_2)_{14}-COOH$

NaOH → Wasser

$H_3C-(CH_2)_{14}-COOH^{\ominus}\ Na^{\oplus}$

Produkt: Natriumpalmitat (Seife)

3.3 Amphiphiler Bau: „Sowohl-als-Auch“ der Polarität

Wie alle grenzflächen- und waschaktiven Substanzen besitzen Seifen, genauer die Seifenanionen, einen amphipathischen Bau. Der lange unpolare Alkylrest stellt den **lipophilen** „Schwanz“, die negativ geladene, polare Carboxylatgruppe den **hydrophilen** „Kopf“ der Teilchen dar.

Eine Teilchenstruktur bei Molekülen oder Ionen, in der polare bzw. geladene und unpolare Bauelemente vereint sind, wird mit dem Begriff **amphiphil** (griech. *amphi*: „zweifach“) umschrieben.

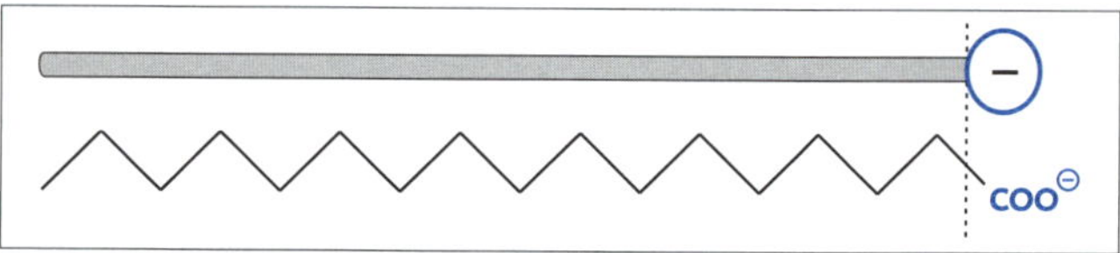

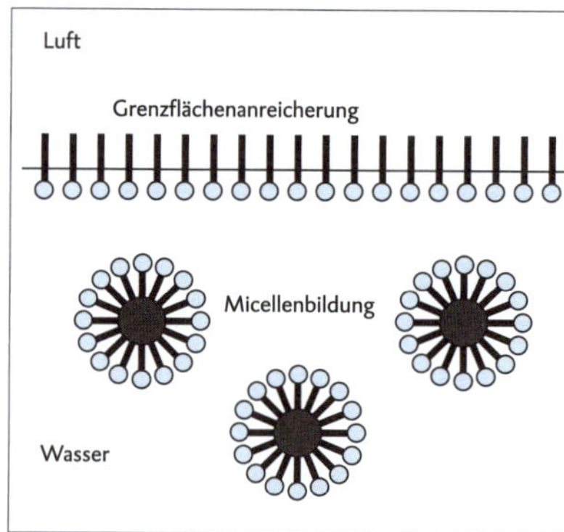

Der amphiphile Bau macht das Verhalten von Seifenanionen an Wasseroberflächen und im Wasser verständlich. An der Wasser-Luft-**Grenzfläche** ragen die Seifenanionen mit ihren polaren „Köpfchen“ ins polare Lösungsmittel Wasser, während die unpolaren „Schwänzchen in die Höh“, d. h. in die Luft weisen.

So entsteht eine **monomolekulare Schicht** aus Seifenanionen an der Wasseroberfläche, die den durch Wasserstoffbrückenbindungen bewirkten Zusammenhalt der Wassermoleküle stört und damit die Oberflächenspannung des Wassers deutlich vermindert.

Im Wasser ordnen sich die Seifenanionen so an, dass sich ihre hydrophoben Alkylreste zusammenlagern, dem polaren Wasser wenden sie die geladenen Carboxylatgruppen zu. Auf diese Weise entstehen kugelige Aggregate der Seifenionen, die im Inneren unpolaren **Micellen**.

3.4 Seife gegen Schmutz: Was eine WAS können muss

Waschaktive Substanzen sollen „Schmutz“ beseitigen. Wäscheschmutz setzt sich im Wesentlichen aus vielen verschiedenen „Zutaten“ zusammen (siehe nachfolgende Tabelle).

Bestandteile	**Herkunft**	**Massenanteile**
Proteine	Hautschuppen, Blut, Ei, Milch	20–25 %
Kohlenhydrate	Stärke, Cellulose	20 %
Pigmente	Staub, Ruß, Asche	20–30 %
Öle und Fette	Hautfett, Kosmetika, Speisen	5–10 %
Kochsalz	Schweiß	15–20 %
Harnstoff	Urin	5–7 %
Farbstoffe	Rotwein, Kaffee, Gras, Obst	wechselnd

Während wasserlösliche hydrophile Stoffe wie Harnstoff oder Kochsalz bereits ohne Waschhilfsmittel allein durch das Lösungsmittel Wasser von der Faser gelöst und abtransportiert werden, stellen v. a. die Fette, Öle und der unpolare Ruß ein Problem dar. Wasser kann diese hydrophoben Rückstände nicht einmal benetzen, geschweige denn von der Faser lösen und wegspülen.
Seifen besitzen Eigenschaften, die als Anforderungskatalog an ein Tensid betrachtet werden können:

Seifen und andere Tenside sind **Mittler zwischen Fett und Wasser:**
- Sie reichern sich in heterogenen Systemen an **Grenzflächen** zwischen polaren und unpolaren Phasen an.
- Sie setzen die **Oberflächenspannung** des Wassers herab.
- Sie besitzen **Schaumvermögen**.
- Sie machen fettigen Schmutz und hydrophobe Fasern benetzbar **(Netzkraft)**.
- Sie besitzen Schmutzablöse- und Schmutztragevermögen (Bildung von **Emulsionen** bzw. **Suspensionen**).

Die Fähigkeit, Ruß und Fett zu dispergieren und Öle zu emulgieren beruht darauf, dass die Lipide in **Micellen** „verpackt" werden. Fetttröpfchen und Feststoffpartikel werden in den unpolaren Hohlräumen der Micellen eingeschlossen. Die an der Außenseite negativ geladenen Micellen stoßen einander ab. Der Schmutz bleibt in der wässrigen Lösungen verteilt, ein „Zusammenfließen" der Fetttröpfchen wird verhindert.

3.5 Nachteile der Seifen: nicht mit allen Wassern gewaschen

Die waschaktive Wirkung von Seifen ist sehr stark vom pH-Wert abhängig. Seifen zeigen Schwächen bei Einsatz in hartem („kalkhaltigem") Wasser und in sauren Lösungen. Im Einzelnen besitzen Seifen die folgenden nachteiligen Eigenschaften:

- In **saurer** Lösung, z. B. im Regenwasser, entstehen durch Protolyse aus den Seifenanionen die **unlöslichen Fettsäuren**. Der Seifenverbrauch steigt. Stearinsäure $C_{17}H_{35}COOH$ etwa lagert sich in Form schmierig-weißer Flocken auf der Wäsche ab:

  $$C_{17}H_{35}-COO^{\ominus} + H_3O^{\oplus} \rightleftharpoons C_{17}H_{35}-COOH + H_2O$$

- In **hartem Wasser**, das Ca^{2+}-Ionen in gelöster Form enthält, fallen **unlösliche Kalkseifen** aus. Auch hier steigt der Seifenverbrauch. Wasserunlösliches Calciumstearat lagert sich auf dem Gewebe ab und verkrustet dieses („Grauschleier"):

  $$2\,C_{17}H_{35}-COO^{\ominus}(aq) + Ca^{2\oplus}(aq) \rightleftharpoons [(C_{17}H_{35}-COO)_2Ca]\,(s)$$

- Fettsäureanionen sind die korrespondierenden Basen der schwachen Fettsäuren. Daher besitzen sie relativ große Basizität und machen die wässrige Lösung deutlich **alkalisch** („Wasch**lauge**"). Daher kann es zur Zerstörung empfindlicher Gewebe wie Seide kommen.
  Auch der „natürliche Säureschutzmantel" der menschlichen Haut mit einem pH-Wert von ca. 5,5 wird durch alkalisch reagierende Seifenlösungen mit pH-Werten > 9,0 angegriffen. Hydroxidionen bilden sich z. B. durch die Protolyse von Stearatanionen in Wasser:

  $$C_{17}H_{35}-COO^{\ominus} + H_2O \rightleftharpoons C_{17}H_{35}-COOH + OH^{\ominus}$$

  Die Haut ist damit einem erhöhten **Infektionsrisiko** ausgesetzt.

In saurem und hartem Wasser sind **Seifen unwirksam**. Auch ihre alkalische Reaktion in wässriger Lösung ist ein gravierender Nachteil.

3.6 Künstliche Tenside: Seifenersatz in vier Klassen

Künstliche Tenside sollen alle Vorteile der Seifen als waschaktive Substanzen besitzen, ohne deren Nachteile in hartem und saurem Wasser. Ihre Lösungen sollen neutral reagieren. Die ersten **vollsynthetischen Tenside** wiesen, genau wie die Seifen-Prototypen, **anionische** Endgruppen auf. Heute sind drei weitere Tensidklassen im Einsatz:

- **Kationische Tenside** weisen quartäre Ammoniumionen (NR_4^+) mit langkettigen Alkylresten auf.
- **Amphotenside** (auch **zwitterionische Tenside** oder „Betaine") tragen eine anionische und eine kationische Gruppe.
- Bei **nichtionischen Tensiden** ist die polare Gruppe ungeladen.

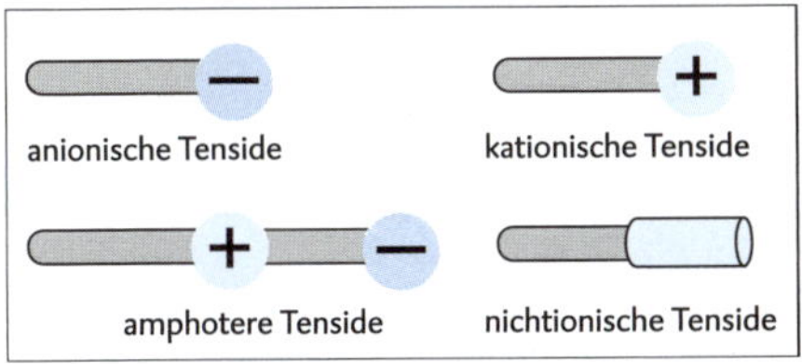

Die vier Klassen der Tenside

Die folgende Übersicht stellt die vier Tensidklassen detaillierter vor:

Anionische Tenside:

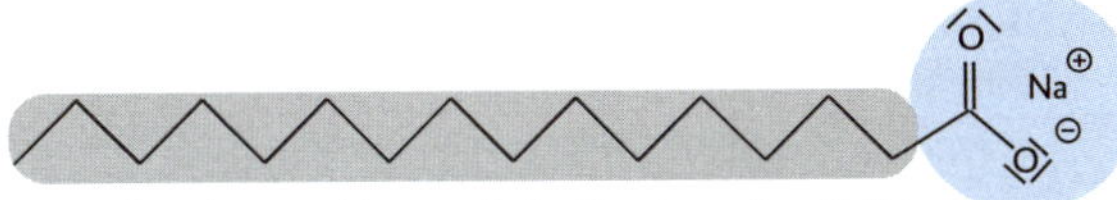

Natriumhexadecanoat, Natriumsalz der Hexadecansäure (Seife)

Bei synthetischen anionischen Tensiden wird die härtempfindliche Carboxylatgruppe (COO^-) der Seifen durch Sulfonat- ($-SO_3^-$) oder Sulfatgruppen ($-SO_4^-$) abgelöst (s. u.).

Kationische Tenside:

Distearyldimethylammoniumchlorid

Das quartäre Ammoniumkation ist dem Ammoniumion (NH_4^+) strukturell sehr ähnlich. Das positiv geladene Stickstoffatom trägt zwei Methyl- und zwei langkettige Alkylreste. Kationische Tenside werden als Weichspüler zur Wäschenachbehandlung verwendet.

Amphotere Tenside:

Alkylbetain

Zwitterionische Tenside sind gut hautverträglich und haben hervorragende Wascheigenschaften. Allerdings sind sie sehr teuer. Sie kommen in Shampoos, Kosmetika und Spezialreinigungsmitteln zum Einsatz

Nichtionische Tenside:

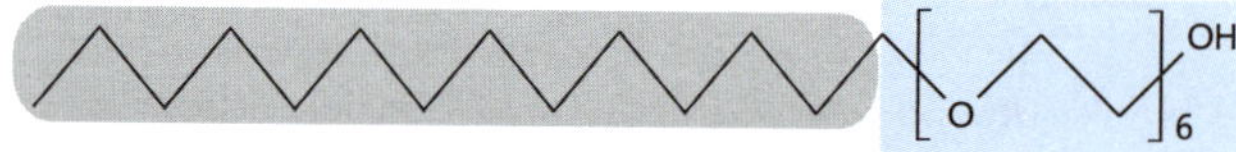

Fettalkoholethoxylat

Nichtionische Tenside sind gegen Ca^{2+}-Ionen im Wasser völlig unempfindlich. Wasserhärte stellt für sie kein Problem dar. Sie finden in Maschinenwaschmitteln Verwendung.

3.7 LAS und ABS dominieren in Waschmitteln

Wichtige Tenside in Vollwaschmitteln sind die **linearen Alkylsulfate** (LAS) und die **Alkylbenzolsulfonate** (ABS). Sie werden auf Erdölbasis hergestellt und sind somit nicht nachhaltig, aber kostengünstig. Sie sind den nicht-ionischen und zwitterionischen Tensiden in ihrer Waschwirkung unterlegen.

Tetrapropylenbenzolsulfonat

Die Herstellung der Alkylbenzolsulfonate **(ABS)** ist ein anschauliches Beispiel für einen **mehrstufigen organischen Syntheseweg**. Er geht von langkettigen Alkenen aus, die als Produkte der Petrochemie in großen Mengen verfügbar sind.

- In einer **elektrophilen Substitution** (Alkylierung) reagieren sie mit Benzol zu Alkylbenzolen.

- Durch elektrophile **Zweitsubstitution** (Sulfonierung) erhält man Alkylbenzolsulfonsäuren.
- Als starke Säuren bilden diese aromatischen Säuren durch **Neutralisation** mit Natronlauge Salze, die eigentlichen Alkylbenzolsulfonate.

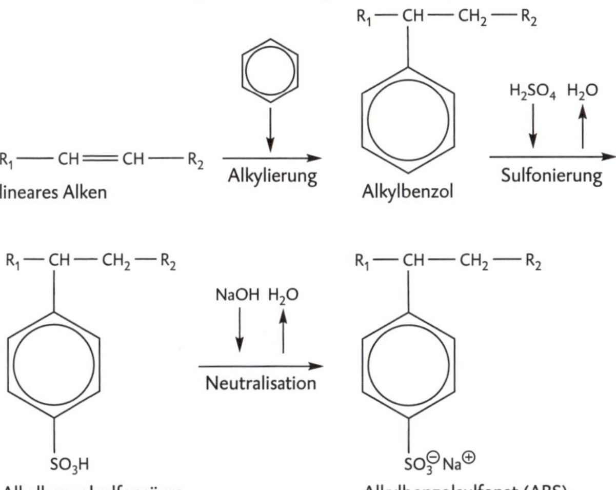

Die **Alkylbenzolsulfonat-Ionen** mit ihrem großen Kohlenwasserstoffrest und der negativ geladenen Sulfonatgruppe sind Musterbeispiele für das **Bauprinzip** anionischer Tenside.

Inzwischen wird nach alternativen Tensiden auf Basis **nachwachsender Rohstoffe** geforscht. **Alkylpolyglycosiden (APG)** sind ein Beispiel:

- Langkettige Fettsäuren aus hydrolysiertem Kokosfett werden zu Fettalkoholen reduziert **(Hydrierung)**.
- Glucose wird aus Saccharose (z. B. aus Zuckerrüben) gewonnen.
- Durch **Kondensationsreaktionen** entsteht das Alkylpolyglycosid.

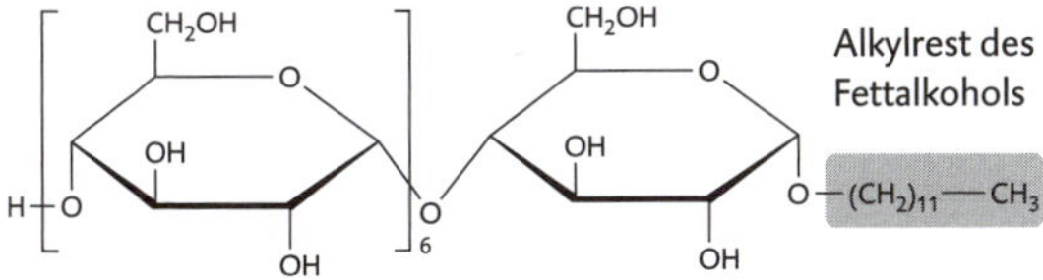

Stichwortverzeichnis